a)

b)

c)

d)

图 10-33 建筑色彩

a) 色彩取决于材料的西方古典建筑 b) 色彩浓烈的中国古建筑

c) 粉墙黛瓦的江南民居 d) 讲究色彩统一的当代新建筑

图 10-34 上海某花园住宅的色彩

a)
b)

图 10-35　赖特作品中的材质运用

a）流水别墅，利用天然石材所具有的极其粗糙的质感特点与光滑的抹面进行对比

b）西塔里埃森，石材和木材的质感对比

a)
b)
c)

图 10-36　混凝土建筑

a）鲁道夫的作品，耶鲁大学建筑馆，"灯心绒"式的混凝土墙面

b）、c）安藤作品中常见的细腻、光滑的混凝土墙面

高等职业教育建筑设计类专业系列教材

建筑设计原理

主　编　邢双军

副主编　青　宁

参　编　王亚莎　方勇锋　齐海元

　　　　汪　喆　牛筱茗

主　审　俞名涛

机械工业出版社

本书作为高职高专建筑学专业或建筑设计类专业开设"建筑设计原理"、"建筑设计"课程使用的教材,在内容安排上力求体现建筑设计的特点,优化理论系统,紧密结合专业,突出与设计课程的配套,拉近理论和实践的距离,以通俗的语言和直观的插图介绍了建筑设计的内容、依据、要求和特点,空间与结构造型,建筑构图法则,建筑设计方法论,建筑外部环境及群体组合设计,建筑平面、剖面、体型和立面设计,建筑技术经济等内容,并首次把建筑策划和建筑节能的内容纳入进来,填补了该方面的理论教学空白。全书内容简捷,紧贴应用实际,具有较强的实用性。

本书可作为高职高专建筑学专业或建筑设计类专业的教材和教学参考书,也可作为从事建筑设计的工程技术人员和建筑相关专业师生的参考用书。

图书在版编目(CIP)数据

建筑设计原理/邢双军主编 . —北京:机械工业出版社,2008.5
(2024.8重印)

高等职业教育建筑设计类专业系列教材
ISBN 978-7-111-24134-8

Ⅰ. 建⋯ Ⅱ. 邢⋯ Ⅲ. 建筑设计—高等学校:技术学校—教材
Ⅳ. TU2

中国版本图书馆 CIP 数据核字(2008)第 070666 号

机械工业出版社(北京市百万庄大街 22 号 邮政编码 100037)
策划编辑:李俊玲 责任编辑:李 鑫 版式设计:霍永明
责任校对:陈延翔 封面设计:饶 薇 责任印制:单爱军
北京虎彩文化传播有限公司印刷
2024 年 8 月第 1 版第 13 次印刷
184mm×260mm · 18 印张 · 2 插页 · 443 千字
标准书号:ISBN 978-7-111-24134-8
定价:39.00 元

电话服务　　　　　　网络服务
客服电话:010-88361066　　机 工 官 网:www.cmpbook.com
　　　　　010-88379833　　机 工 官 博:weibo.com/cmp1952
　　　　　010-68326294　　金 书 网:www.golden-book.com
封底无防伪标均为盗版　　机工教育服务网:www.cmpedu.com

前 言
PREFACE

"建筑设计原理"是高职高专建筑设计类专业的核心课程。由于高职高专学制为 3 年，时间较短，学时有限，导致建筑设计课程的教学要求有别于本科层次。随之带来教学内容上、授课方式上、选择教材上等一系列问题。如果直接套用本科现有的教材，无论是内容上、深度上都不合适。对于高职高专的学生来说，这些教材内容上过于繁琐，使用上不够简单明确。可以说目前为止，还没有适合高职高专建筑设计专业方向"建筑设计原理"课程的教材。

本书的编写力求做到以下几点：

定位准确：根据高职高专建筑设计方向人才培养目标和定位，围绕建筑设计方向的特点，充分考虑到高职高专学时较少的实际情况，舍弃了一些比较繁琐的理论，优化理论系统，内容简洁实用。

实践性强：选择典型案例进行分析和介绍，集理论与实践为一体。

系统性强：内容安排循序渐进，有针对性地为建筑设计课提供相关的设计理论、设计方法、设计构图以及设计规范，并首次把建筑策划和建筑节能纳入进来，填补了该方面理论教学的空白。

为方便教学，本书配有电子课件，供选用本书作为教材的老师参考，可登录机械工业出版社教材服务网 www.cmpedu.com 下载。或发送电子邮件至 cmpgaozhi@sina.com 索取。咨询电话：010-88379375。

本书由邢双军任主编。编写的具体分工如下：浙江万里学院邢双军编写第 1 章和第 2 章；山东城市建设职业学院青宁编写第 3 章和第 11 章；浙江万里学院王亚莎编写第 8 章和第 9 章；宁波工程学院齐海元编写第 6 章和第 7 章；浙江万里学院方勇锋编写第 4 章和第 10 章；浙江万里学院汪喆和邢双军编写第 5 章；宁波市建委培训中心牛筱茗编写第 12 章和第 13 章。全书由俞名涛教授主审，俞教授进行了认真仔细的审阅，并在前期提出了许多建设性的意见，对本书的编写给予了大力支持，在此表示感谢。

本书在编写过程中参考借鉴了一些国内外著名学者著作，在此，对他们一并表示衷心的感谢。

编 者

目 录
CONTENTS

第 1 章　建　筑　概　述

1.1　建筑的含义

　　《辞汇》对建筑的注释是：建造房屋、道路、桥梁、碑塔等一切工程。

　　《韦氏英文词典》对建筑的解释是：设计房屋与建造房屋的科学及行业，创造的一种风格。

　　建造房屋是人类最早的生产活动之一。最早的建筑是人类为自己建起的提供躲避风雨和野兽侵袭的场所。随着阶级的出现，"住"也发生了分化，平民与贵族的居住与生活方式均发生了改变；生产形式的扩展，使"住"的形式也增多了。房屋的集中形成了街道、村镇和城市，建筑活动的范围也因此而扩大，个体建筑物的建构与城市建设乃至在更大范围内为人们创造各种必需环境的城市规划工作，均属于建筑的范围。

　　由此可见，建筑是为人们活动提供的场所；是一门工程；是一门科学；是一个行业……。建筑涉及多个学科与行业，而围绕它的中心议题是"人"，建筑是人们每天接触，十分熟悉之物，人们也因此赋予建筑丰富的诠释。

　　建筑是房子；

　　建筑是空间的组合；

　　建筑是石头的史书；

　　建筑是凝固的音乐；

　　建筑是技术与艺术的结合；

　　建筑是首富含哲理的诗；

　　……

1.2　建筑的基本构成要素

　　公元前1世纪，古罗马建筑师维特鲁威在其论著《建筑十书》中认为，"实用、坚固、美观"为构成建筑的三要素。"实用、坚固、美观"这三要素主要通过建筑的功能、建筑技术和建筑形象加以体现。

1.2.1　建筑的功能

建筑是供人们生活、学习、工作、娱乐的场所，不同的建筑有不同的使用要求。如影剧院要求有良好的视听环境，火车站要求人流线路流畅，工业建筑则要求符合产品的生产工艺流程等。

建筑不仅仅要满足各自的使用功能要求，而且还应满足人体活动尺度、人的生理和心理的要求，为人们创造一个舒适、安全、卫生的环境。

1. 人体的各种活动尺度的要求

人体的各种活动尺度与建筑空间有着十分密切的关系。为了满足使用活动的需要，应该了解人体活动的一些基本尺度（图1-1）。如幼儿园建筑的楼梯阶梯踏步高度、窗台高度、黑板的高度等均应满足儿童的使用要求；医院建筑中病房的设计，应考虑通道必须能够保证移动病床顺利进出的要求等。家具尺寸也反映出人体的基本尺度，不符合人体尺度的家具对使用者会带来不舒适感。

2. 人的生理要求

人对建筑的生理要求主要包括人对建筑物的朝向、保温、防潮、隔热、隔声、通风、采光、照明等方面的要求（图1-2），这些是满足人们生产或生活所必需的条件。

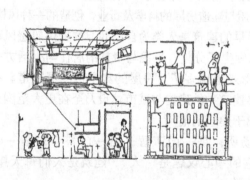

图1-1　建筑与人体基本尺度

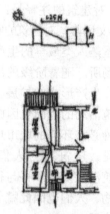

图1-2　建筑符合人的生理要求

3. 人的心理要求

建筑中对人的心理要求的研究主要是研究人的行为与人所处的物质环境之间的相互关系。不少建筑因无视使用者的需求，对使用者的身心和行为都会产生各种消极影响。如居住建筑私密性与邻里沟通的问题，老年居所与青年公寓由于使用主体生活方式和行为方式的巨大差异，对具体建筑设计也应有不同的考虑，如若千篇一律，将会导致使用者心理接受的不利。

1.2.2　建筑技术

建筑技术是建造房屋的手段，包括建筑结构、建筑材料、建筑施工和建筑设备等内容。

建筑不可能脱离建筑技术而存在，建筑结构和建筑材料构成建筑的骨架，建筑设备是保证建筑物达到某种要求的技术条件，建筑施工是保证建筑物实施的重要手段。

1. 建筑结构

结构是建筑的骨架，结构为建筑提供合乎使用的空间；承受建筑物及其所承受的全部荷载，并抵抗自然界作用于建筑物的活荷载，如风雪、地震、地基沉陷、温度变化等可能对建筑引起的损坏。结构的坚固程度直接影响着建筑物的安全与寿命。

柱梁板结构和拱券结构是人类最早采用的两种结构形式。钢和钢筋混凝土材料的使用，使梁和拱的跨度可以大大增加，使这两种结构成为目前常用的结构形式。

随着科学技术的进步，人们能够对结构的受力情况进行分析和计算，相继出现了桁架、刚架、网架、壳体、悬索和薄膜等大跨度结构形式。

2. 建筑材料

建筑材料是建筑工程不可缺少的原材料，是建筑的物质基础。建筑材料决定了建筑的形式和施工方法。建筑材料的数量、质量、品种、规格以及外观、色彩等，都在很大程度上影响建筑的功能和质量，影响建筑的适用性、艺术性和耐久性。新材料的出现，促使建筑形式发生变化、结构设计方法得到改进、施工技术得到革新。现代材料科学技术的进步为建筑学和建筑技术的发展提供了新的可能。

为了使建筑满足适用、坚固、耐久、美观等基本要求，材料在建筑物的各个部位，应充分发挥各自的作用，分别满足各种不同的要求。如高层或大跨度建筑中的结构材料，要求是轻质、高强的；冷藏库建筑必须采用高效能的绝热材料；防水材料要求致密不透水；影剧院、音乐厅为了达到良好的音响效果需要采用优质的吸声材料；大型公共建筑及纪念性建筑的立面材料，要求较高的装饰性和耐久性。

材料的合理使用和最优化设计，应该是使用于建筑上的所有材料能最大限度地发挥其本身的效能，合理、经济地满足建筑功能上的各种要求。

在建筑设计中，常常需要通过对材料和构造上的处理来反映建筑的艺术性。如通过对材料、造型、线条、色彩、光泽、质感等多方面的运用，来实现设计构思。建筑设计的技巧之一，就是要通过设计人员对材料学知识的认识和创造性的劳动，充分利用并显露建筑材料的本质和特性。要善于利用材料作为一种艺术手段，加强和丰富建筑的艺术表现力。要注意利用建筑和建筑群的饰面材料及其色彩处理，巧妙地选用材料，美化人们的工作和居住环境。

3. 建筑施工与设备

人们通过施工把建筑从设计变为现实。建筑施工一般包括两个方面：一是施工技术，即人的操作熟练程度、施工工具和机械、施工方法等；二是施工组织，即材料的运输、进度的安排、人力的调配等。

装配化、机械化、工厂化可以大大提高建筑施工的速度，但它们必须以设计的定型化为前提。目前，我国已逐步形成了设计与施工配套的全装配大板、框架挂墙板、现浇大模板等工业化体系。

设计工作者不但要在设计工作之前周密考虑建筑的施工方案，而且还应该经常深入施工现场，了解施工情况，以便与施工单位共同解决施工过程中可能出现的各种问题。

建筑除了土建施工以外还需一些设备使之完善，以创造适合人居的环境，建筑设备主要有以下几个系统：

1) 保证建筑的热、光、声的物理环境控制系统。

2) 给水排水系统（冷水贮存、加压及分配，热水供应，消防给水，污水排放，雨水的集合与控制等）。

3) 暖通空调系统（供暖与空调、高层建筑的防火排烟等）。

4) 建筑电气及供电系统（室内外配线、电器照明、动力、防雷等）。

5) 弱电火灾自动报警系统（电话及音响、有线电视等）。

随着生产和科学技术的发展，各种新材料、新结构、新设备的运用和施工工艺水平的提高，新的建筑形式将不断涌现，同时也更好地满足了人们对各种不同功能的需求。

一个建筑物就像一个肌体，有骨骼也有各个系统，只有精心设计，精心施工，保证质量，才能营造适宜的人居环境。

1.2.3 建筑形象

建筑形象是建筑内外观感的具体体现，它包括内外空间的组织，建筑体形与立面的处理，材料、装饰、色彩的应用等内容。建筑形象处理得当能产生良好的艺术效果，如庄严雄伟、朴素大方、简洁明快、生动活泼等，给人以感染力。建筑形象因社会、民族、地域的不同而不同，它反映出了绚丽多彩的建筑风格和特色。建筑形象主要通过以下手段加以体现（图1-3）。

（1）空间 建筑有可供使用的空间，这是建筑区别于其他造型艺术的最大特点。

（2）形和线 和建筑空间相对存在的是它的实体所表现出的形和线。

（3）色彩和质感 建筑通过各种实际的材料表现出它们不同的色彩和质感。

（4）光线和阴影 天然光或人工光能够加强建筑的形体起伏以及凹凸的感觉，从而增添它们的艺术表现力。

图1-3 建筑形象表现手段

运用上述表现手段时应注意美学的一些基本原则，如比例、尺度、均衡、韵律、对比等。

建筑形象的问题涉及文化传统、民族风格、社会思想意识等多方面的因素，并不单纯是一个美观的问题。

功能、技术、形象三者的关系是辩证统一的关系。总的说来，功能要求是建筑的主要目的，材料、结构等物质技术条件是达到目的的手段，而建筑形象则是建筑功能、技术和艺术内容的综合表现。采用不同的处理手法，可以产生不同风格的建筑形象。

1.3 建筑设计的内容与基本原则

建筑设计是建筑工程设计的一部分。建筑工程设计是指设计一个建筑物或一个建筑群体所要做的全部工作，一般包括建筑设计、结构设计和设备设计等几部分内容。

建造建筑是一个比较复杂的物质生产过程，它需要多方面的配合，因此在施工之前，必须对建筑或建筑群的建造作一个全面的研究，制订出一个合理的方案，编制出一套完整的施工图样和文件，为施工提供依据。

1.3.1 建筑设计的内容

建筑工程一般要经过设计和施工两个步骤（图1-4）。古代建筑设计和施工是合二为一的，后来由于建筑功能、技术日益复杂，才有了建筑师与工程师的分工。目前在设计工作中，一般分工是建筑、结构和设备（包括水、暖、电等）分别由不同专业的工程师负责（图1-5）。在工业建筑设计中，又有负责工艺设计的工程师参与。

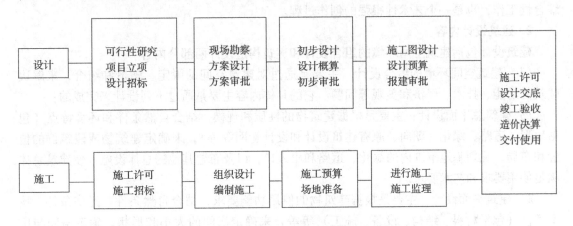

图1-4 建筑工程设计和施工过程示意图

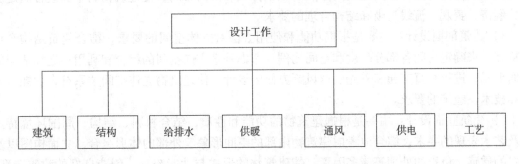

图1-5 专业分工示意图

1. 建筑设计应考虑解决的问题

建筑设计在整个建筑工程设计中起着主导和"龙头"作用，一般是由建筑师来完成，它主要是根据计划任务书（包括设计任务书），在满足总体规划的前提下，对基地环境、建筑功能、结构施工、材料设备、建筑经济和艺术形象等方面做全面的综合分析，在此基础上提出建筑设计方案，再进行初步设计和施工图设计，对于大型和复杂工程还有一个技术设计阶段。建筑师在建筑设计过程中应统筹考虑以下几个方面的问题：

1）考虑建筑的功能和使用要求。创造良好的空间环境，以满足人们生产、生活和文化等各种活动的需求。

2）考虑建筑与城镇和周围自然条件的关系，使建筑物的总体布局满足城镇建设和环境规划的要求。

3）考虑建筑的内外形式，创造良好的建筑形象，以满足人们的审美要求。

4）考虑材料、结构与设备布置的可能性与合理性，妥善地解决建筑功能和艺术要求与材料、结构和设备之间的矛盾。

5）考虑经济条件，使建筑设计符合各项技术经济指标，降低造价，节省投资。

6）考虑施工技术问题，为施工创造有利条件，并促进建筑工业化。

总之，建筑设计是在一定的思想和方法指导下，根据各种条件，运用科学规律和美学规律，通过分析、综合和创作，正确处理各种要求之间的相互关系，为创造良好的空间环境提供方案和建造蓝图所进行的一种活动。它既是一项政策性和技术性很强的、内容非常广泛的综合性工作，也是一个艺术性很强的创作过程。

2. 建筑设计内容

建筑设计包括建筑空间环境的组合设计和建筑构造设计两部分内容。

（1）建筑空间环境的组合设计　主要是通过对建筑空间的限定、塑造和组合，来解决建筑的功能、技术、经济和美观等问题。它的具体内容主要是通过下列设计来完成的：

1）建筑总平面设计：主要是根据建筑物的性质和规模，结合自然条件和环境特点（包括地形、道路、绿化、朝向、原有建筑设计和设计管网等等），来确定建筑物或建筑群的位置和布局，规划基地范围内的绿化、道路和出入口，以及布置其他的总体设施，使建筑总体满足使用要求和艺术要求。

2）建筑平面设计：主要是根据建筑物的使用功能要求，结合自然条件、经济条件、技术条件（包括材料、结构、设备、施工）等等，来确定房间的大小和形状，确定房间与房间之间以及室内与室外空间之间的分隔与联系方式和平面布局，使建筑物的平面组合满足实用、经济、美观、流线清晰和结构合理的要求。

3）建筑剖面设计：主要是根据功能和使用方面对立体空间的要求，结合建筑结构和构造特点，来确定房间各部分高度和空间比例；考虑垂直方向空间的组合和利用；选择适当的剖面形式；进行垂直交通和采光、通风等方面的设计，使建筑物立体空间关系符合功能、艺术和技术、经济的要求。

4）建筑立面设计：主要是根据建筑物的功能和性质，结合材料、结构、周围环境特点以及艺术表现的要求，综合地考虑建筑物内部的空间形象、外部的体形组合、立面构图以及材料的质感、色彩的处理等诸多因素，使建筑物的形式与功能统一，创造良好的建筑造型，以满足人们的审美要求。

（2）建筑构造设计　主要是对房屋建筑的各组成构件，确定材料和构造方式，来解决建筑的功能、技术、经济和美观等问题。它的具体设计内容主要是包括对基础、墙体、楼地面、楼梯、屋顶、门窗等构件进行详细的构造设计。

值得注意的是，建筑空间环境组合设计中，总平面设计以及平、立、剖各部分设计是一个综合考虑的过程，并不是相互孤立的设计步骤；而建筑空间环境的组合设计与构造设计，虽然两者具体的设计内容有所不同，但其目的和要求却是一致的，即都是为了建造一个实用、经济、坚固、美观的建筑物，因此设计时也应综合起来考虑。

1.3.2　建筑设计的基本原则

"适用、经济、在可能的条件下注意美观"是 1953 年我国第一个五年计划开始时提出来建筑设计的基本原则。

适用是指合乎我国经济水平和生活习惯，包括满足生产、生活或文化等各种社会活动需要的全部功能使用要求。

经济是指在满足功能使用要求、保证建筑质量的前提下，降低造价，节约投资。

美观是指在适用、经济条件下，使建筑形象美观悦目，满足人们的审美要求。

"适用、经济、在可能的条件下注意美观"说明三者的关系既辩证统一，又主次分明。因此它符合建筑发展的基本规律，反映了建筑的科学性。

由于建筑本身包括功能、技术、经济、艺术等多方面的因素，因此在坚持建筑设计的基本原则的同时，还必须考虑相关方面的方针政策和规范的要求，例如在规划方面，要贯彻"工农结合、城乡结合，有利生产，方便生活"的方针；在技术方面，要贯彻"坚固适用，技术先进，经济合理"的方针；在艺术方面，要贯彻"古为今用，洋为中用，百花齐放，百家争鸣"的方针等等。

此外，由于我国幅员辽阔，民族众多，各地的自然条件、经济水平、生活习惯等都不尽相同，因此在进行具体设计时，还必须根据具体情况，从实际出发来贯彻建筑设计的基本原则。

在建筑设计中，要完全达到适用、经济、美观，往往是有矛盾的。建筑设计的任务就是要善于根据设计的基本原则，把这三者有机地统一起来。

1.4 建筑的分类

建筑分类一般从以下几个方面进行划分。

1.4.1 按建筑的使用功能分类

1. 居住建筑

居住建筑主要是指提供家庭和集体生活起居用的建筑物，如住宅、宿舍、公寓等。

2. 公共建筑

公共建筑主要是指提供人们进行各种社会活动的建筑物，其中包括：

（1）行政办公建筑　如机关、企业单位的办公楼等。

（2）文教建筑　如学校、图书馆、文化宫、文化中心等。

（3）托教建筑　如托儿所、幼儿园等。

（4）科研建筑　如研究所、科学实验楼等。

（5）医疗建筑　如医院、诊所、疗养院等。

（6）商业建筑　如商店、商场、购物中心、超级市场等。

（7）观览建筑　如电影院、剧院、音乐厅、影城、会展中心、展览馆、博物馆等。

（8）体育建筑　如体育馆、体育场、健身房等。

（9）旅馆建筑　如旅馆、宾馆、度假村、招待所等。

（10）交通建筑　如航空港、火车站、汽车站、地铁站、水路客运站等。

（11）通信广播建筑　如电信楼、广播电视台、邮电局等。

（12）园林建筑　如公园、动物园、植物园、亭台楼榭等。

（13）纪念性建筑　如纪念堂、纪念碑、陵园等。

3. 工业建筑

工业建筑主要是指为工业生产服务的各类建筑，如生产车间、辅助车间、动力用房、仓储建筑等。

4. 农业建筑

农业建筑主要是指用于农业、牧业生产和加工的建筑，如温室、畜禽饲养场、粮食与饲料加工站、农机修理站等。

1.4.2　按建筑的规模分类

1. 大量性建筑

大量性建筑主要是指量大面广、与人们生活密切相关的那些建筑，如住宅、学校、商店、医院、中小型办公楼等。

2. 大型性建筑

大型性建筑主要是指建筑规模大、耗资多、影响较大的建筑，与大量性建筑比，其修建数量有限，但这些建筑在一个国家或一个地区具有代表性，对城市的面貌影响很大，如大型火车站、航空站、大型体育馆、博物馆、大会堂等。

1.4.3　按建筑的层数分

（1）低层建筑　指 1～2 层建筑。

（2）多层建筑　指 3～6 层建筑。

（3）高层建筑　指超过一定高度和层数的多层建筑。世界上对高层建筑的界定，各国规定有差异。我国《民用建筑设计通则》（GB 50352—2005）规定，民用建筑按层数或高度的分类是按照《住宅设计规范》（GB 50096—1999）、《建筑设计防火规范》（GB 50016—2006）《高层民用建筑设计防火规范》（GB 50045—1995）为依据来划分的。简单说，10 层及 10 层以上的居住建筑，以及建筑高度超过 24m 的其他民用建筑均为高层建筑。根据 1972 年国际高层建筑会议达成的共识，确定高度 100m 以上的建筑物为超高层建筑。表 1-1 列出几个国家对高层建筑高度的有关规定。

表 1-1　高层建筑起始高度划分界线表

国　名	起始高度	国　名	起始高度
德国	>22m（至底层室内地板面）	英国	24.3m
法国	住宅：>50m，其他建筑：>28m	俄罗斯	住宅：10 层及 10 层以上
日本	31m（11 层）	美国	22～25m 或 7 层以上
比利时	25m（至室外地面）		

1.4.4　按民用建筑耐火等级划分

在建筑设计中，应对建筑的防火与安全给予足够的重视，特别是在选择结构材料和构造做法上，应根据其性质分别对待。现行《建筑设计防火规范》（GB 50016—2006）把建筑物的耐火等级划分成四级，一级耐火性能最好，四级最差。性质重要的或规模较大的建筑，通常按一、二级耐火等级进行设计；大量性或一般的建筑按二、三级耐火等级设计；次要或临时建筑按四级耐火等级设计。

（1）构件的耐火极限 对任一建筑构件按时间—温度标准曲线进行耐火实验，从受到火的作用时起，到失去支持能力或完整性被破坏或失去隔火作用时为止的这段时间，称为耐火极限，用小时（h）表示。不同耐火等级建筑物相应构件的燃烧性能和耐火极限不应低于表1-2的规定。

表1-2　建筑物构件的燃烧性能和耐火极限　　　　（单位：h）

名　称		耐　火　等　级			
构件		一级	二级	三级	四级
墙	防火墙	不燃烧体 3.00	不燃烧体 3.00	不燃烧体 3.00	不燃烧体 3.00
	承重墙	不燃烧体 3.00	不燃烧体 2.50	不燃烧体 2.00	难燃烧体 0.50
	非承重外墙	不燃烧体 1.00	不燃烧体 1.00	不燃烧体 0.50	燃烧体
	楼梯间的墙 电梯井的墙 住宅单元之间的墙 住宅分户墙	不燃烧体 2.00	不燃烧体 2.00	不燃烧体 1.50	难燃烧体 0.50
	疏散走道两侧的隔墙	不燃烧体 1.00	不燃烧体 1.00	不燃烧体 0.50	难燃烧体 0.25
	房间隔墙	不燃烧体 0.75	不燃烧体 0.50	难燃烧体 0.50	难燃烧体 0.25
柱		不燃烧体 3.00	不燃烧体 2.50	不燃烧体 2.00	难燃烧体 0.50
梁		不燃烧体 2.00	不燃烧体 1.50	不燃烧体 1.00	难燃烧体 0.50
楼板		不燃烧体 1.50	不燃烧体 1.00	不燃烧体 0.50	燃烧体
屋顶承重构件		不燃烧体 1.50	不燃烧体 1.00	燃烧体	燃烧体
疏散楼梯		不燃烧体 1.50	不燃烧体 1.00	不燃烧体 0.50	燃烧体
吊顶（包括吊顶搁栅）		不燃烧体 0.25	难燃烧体 0.25	难燃烧体 0.15	燃烧体

注：1. 除本规范另有规定者外，以木柱承重且以不燃烧材料作为墙体的建筑物，其耐火等级应按四级确定。

2. 二级耐火等级建筑的吊顶采用不燃烧体时，其耐火极限不限。

3. 在二级耐火等级的建筑中，面积不超过100m²的房间隔墙，如执行本表的规定确有困难时，可采用耐火极限不低于0.3h的不燃烧体。

4. 一、二级耐火等级建筑疏散走道两侧的隔墙，按本表规定执行确有困难时，可采用0.75h不燃烧体。

（2）构件的燃烧性能　按建筑构件在空气中遇火时的不同反应将燃烧性能分为三类。

1）非燃烧体：用非燃烧材料制成的构件。此类材料在空气中受到火烧或高温作用时，不起火、不炭化、不微燃，如砖石材料、钢筋混凝土、金属等。

2）难燃烧体：用难燃烧材料做成的构件，或用燃烧材料做成，而用非燃烧材料作保护层的构件。此类材料在空气中受到火烧或高温作用时难燃烧、难炭化，离开火源后燃烧或微燃立即停止，如石膏板、水泥石棉板、板条抹灰等。

3）燃烧体：用燃烧材料做成的构件。此类材料在空气中受到火烧或高温作用时立即起火或燃烧，离开火源继续燃烧或微燃，如木材、苇箔、纤维板、胶合板等。

1.4.5　按建筑的耐久年限分类

建筑物的耐久年限主要是根据建筑物的重要性和规模大小来划分，作为基本建设投资、建筑设计和材料选择的重要依据，见表1-3。

表1-3　按主体结构确定的建筑耐久年限分级

级　别	耐久年限	适用于建筑物性质
一	100年以上	适用于重要的建筑和高层建筑
二	50~100年	适用于一般性建筑
三	25~50年	适用于次要建筑
四	15年以下	适用于临时性建筑

1.4.6　按主要承重结构材料分类

1）砖木结构建筑：砖（石）砌墙体，木楼板、木屋顶的建筑。

2）砖混结构建筑：砖（石）砌墙体，钢筋混凝土楼板和屋顶的多层建筑。

3）钢筋混凝土建筑：钢筋混凝土柱、梁、板承重的多层和高层建筑，以及用钢筋混凝土材料制造的装配式大板、大模板建筑。

4）钢结构建筑：全部用钢柱、钢梁组成承重骨架的建筑。

5）其他结构建筑：生土建筑、充气建筑、塑料建筑等。

1.5　建筑的发展

建造房屋是人类最早的生产活动之一，随着社会的不断发展，人类对建造房屋的功能和形式的要求也发生了巨大的变化，建筑的发展反映了时代的变化与发展，建筑形式也深深地留下了时代的烙印。建筑史上，一般将世界建筑分为西方建筑和东方建筑，他们分别是砖石结构与木结构所反映的两个不同的建筑文化形态。

1.5.1　外国建筑发展的状况

1. 原始社会时期建筑

原始人最初栖居形式有巢居和穴居，随着生产力的发展，开始出现了竖穴居、蜂巢形石屋、圆形树枝棚等形式（图1-6）。

这个时期还出现了不少宗教性与纪念性的巨石建筑，如崇拜太阳的石柱、石环等。

2. 奴隶制社会时期建筑

在奴隶制时代，古埃及、西亚、波斯、古希腊和古罗马的建筑成就比较高，对后世的影响比较大。

古埃及、西亚和波斯的建筑传统都曾因历史的变迁而中止。唯古希腊和古罗马的建筑，两千多年来一脉相承，因此欧洲人习惯于把希腊、罗马文化称为古典文化，把它们的建筑称为古典建筑。

图1-6 原始建筑

（1）古埃及建筑 古埃及是世界上最古老的国家之一，在这里产生了人类第一批巨大的纪念性建筑物。其建筑形式主要有金字塔、方尖碑、神庙等。

金字塔是古埃及最著名的建筑形式，它是古埃及统治者"法老"的陵墓，距今已有5000余年的历史。散布在尼罗河下游两岸的金字塔共有70多座，最大的一座为胡夫金字塔（图1-7）。胡夫金字塔建于公元前2613－前2494年的埃及古王国时期，是法国1889年建起埃菲尔铁塔之前世界上最高的建筑，其用230万块重2.5t的巨石砌成，高达146.4m，底面边长230.6m。

图1-7 古埃及金字塔

方尖碑是古埃及人崇拜太阳的纪念碑（图1-8）。常成对竖立于神庙的入口处，高度不等，已知最高者达50余米，一般修长比为9:1～10:1，用整块花岗岩制成，碑身刻有象形文字的阴刻图案。

神庙在古埃及是仅次于陵墓的重要建筑类型之一。神庙有两个艺术处理的重点部位，一个是大门，群众性的宗教仪式在其前面举行，因此，艺术处理风格力求富丽堂皇，和宗教仪式的戏剧性相适应；另一个是大殿内部，皇帝在这里接受少数人的朝拜，力求幽暗而威压，和仪典的神秘性相适应。卡拉克的太阳神庙是规模最大的神庙之一（图1-9），总长366m，宽110m，前后一共建造了六道大门。大殿内部净宽103m，进深52m，密排134棵柱子。中

图1-8 方尖碑

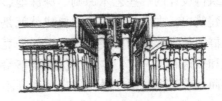

图1-9 卡拉克神庙

央两排 12 棵柱子高 21m，其余的柱子高 12.8m，柱子净空小于柱径，用这样密集的柱子，是有意制造神秘的压抑人的效果。

（2）古代西亚建筑　古代西亚建筑包括公元前 3500～前 539 年的两河流域，又称美索不达米亚，即幼发拉底河与底格里斯河流域的建筑，公元前 550～637 年的波斯建筑和公元前 1100～前 500 年叙利亚地区的建筑。

古代两河流域的人们崇拜天体和山岳，因此他们建造了规模巨大的山岳台和天体台。如今残留的乌尔观象台（图 1-10），是夯土的外面帖一层砖，第一层的基底尺寸为 65m×45m，高约 9.75m；第二层基底尺寸为 37m×23m，高 2.5m，以上部分残毁，据估算总高大约 21m。

琉璃是美索不达米亚人为防止土坯群建筑遭暴雨冲刷和侵袭而创造的伟大发明，这应当说是两河流域的人在建筑上最突出的贡献。公元前 6 世纪前半叶建起来的新巴比伦城，重要的建筑物已大量使用琉璃砖贴面。如保存至今的新巴比伦的伊什达城门（图 1-11），用蓝绿色的琉璃砖与白色或金色的浮雕作装饰，异常精美。

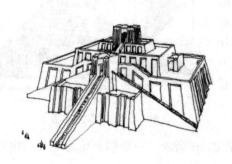

图 1-10　乌尔观象台

图 1-11　新巴比伦伊什达城门

而后兴起的亚述帝国，在统一西亚、征服埃及后，在两河流域留下了规模巨大的建筑遗址。如建于公元前 772～前 705 年的萨垠王宫（图 1-12），建设于距离地面 18m 的人工砌筑的土台上，宫殿占地约 17 公顷，30 个院落 210 个房间。

（3）古希腊建筑　古希腊是欧洲文化的摇篮，古希腊的建筑同样也是西欧建筑的开拓者。它的一些建筑物的型制，石质梁柱结构构件和组合的特定的艺术形式，建筑物和建筑群设计的一些艺术原则，深深地影响着欧洲两千年的建筑史。古希腊建筑的主要成就就是纪念性建筑和建筑群的艺术形式的完美处理，正如马克思评论古希腊艺术和史诗时说，它们"……仍然能够给我们以艺术享受，而且就某方面说还是一种规范和高不可及的范本。"

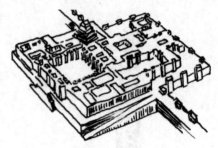

图 1-12　萨垠王宫

古希腊纪念性建筑在公元前 8～前 6 世纪大致形成，到公元前 5 世纪趋于成熟，公元前 4 世纪进入一个型制和技术更广阔的发展时期。

于公元前 5 世纪建成的雅典卫城是古希腊建筑的代表作，卫城位于今雅典城西南。卫城，原意是奴隶主统治者的驻地，公元前5世纪，雅典奴隶主民主政治时期，雅典卫城成为国家的宗教活动中心，自雅典联合各城邦战胜波斯入侵后，更被视为国家的象征。每逢宗教节日或国家庆典，公民列队上山进行祭神活动。卫城建在一陡峭的山岗上，仅西面有一通道盘旋而上。建筑物分布在山顶上一片约280m×130m的天然平台上。卫城的中心是雅典城的保护神雅典娜的铜像，主要建筑有帕特农神庙（又称雅典娜神庙）、伊瑞克先神庙、胜利神庙以及卫城山门。建筑群布局自由，高低错落，主次分明，无论是身处其间或是从城下仰望，都可看到较为完整与丰富的建筑艺术形象。卫城在西方建筑史中被誉为建筑群体组合艺术中的一个极为成功的实例，特别是巧妙地利用地形方面的杰出成就（图1-13）。

古希腊留给世界最具体而且直接的建筑遗产是柱式。柱式就是石质梁柱结构体系各部件的样式和它们之间组合搭接方式的完整规范，包括柱、柱上檐部和柱下基座的形式和比例。有代表性的古典柱式是多立克、爱奥尼和科林斯柱式（图1-14）。多立克柱式刚劲雄健，用来表示古朴庄重的建筑形式；爱奥尼柱式清秀柔美，适用于秀丽典雅的建筑形象；科林斯柱式的柱头由忍冬草的叶片组成，宛如一个花篮，体现出一种富贵豪华的气派。

图1-13 雅典卫城

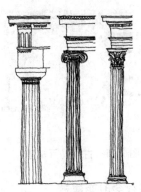

图1-14 希腊古典柱式

（4）古罗马建筑　古罗马帝国是历史上第一个横跨欧、亚、非大陆的奴隶制帝国。罗马人是伟大的建设者，他们不但在本土大兴土木，建造了大量雄伟壮丽的各类世俗性建筑和纪念性建筑，而且在帝国的整个领土里普遍建设。公元1~3世纪是古罗马建筑最繁荣的时期，也是世界奴隶制时代建筑的最高水平。

古罗马人在建筑上的贡献主要有：

1）适应生活领域的扩展，扩展了建筑创作领域，设计了许多新的建筑类型，每种类型都有相当成熟的功能型制和艺术样式。

2）空前地开拓了建筑内部空间，发展了复杂的内部空间组合，创造了相应的室内空间艺术和装饰艺术。

3）丰富了建筑艺术手法，增强了建筑艺术表现力，增加了许多构图形式和艺术母题。

这三大贡献，都以另外两项成就为基础，即完善的拱券结构体系和以火山灰为活性材料制作天然混凝土。混凝土和拱券结构相结合，使罗马人掌握了强有力的技术力量，创造了辉煌的建筑成就。

古罗马的建筑成就主要集中在有"永恒之都"之称的罗马城，以罗马城里的大角斗场、万神庙和大型公共浴场为代表。

古罗马万神庙是穹顶技术的成功一例。万神庙是古罗马宗教膜拜诸神的庙宇，平面由矩形门廊和圆形正殿组成，圆形正殿直径和高度均为 43.3m，上覆穹隆，顶部开有直径 8.9m 的圆洞，可从顶部采光，并寓意人与神的联系。这一建筑从建筑构图到结构形式，堪称为古罗马建筑的珍品（图 1-15）。

古罗马大角斗场是古罗马帝国强大的标志。大角斗场是角斗士与野兽或角斗士之间相互角斗的场所，建筑平面呈椭圆形，长轴 188m，短轴 156m，立面高 48.5m，分为 4 层，下三层为连续的券柱组合，第 4 层为实墙（图 1-16）。它是建筑功能、结构和形式三者和谐统一的楷模，有力地证明了古罗马建筑已发展到了相当成熟的地步。

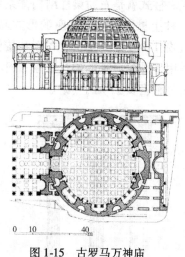

图 1-15 古罗马万神庙

图 1-16 古罗马大角斗场

3. 封建社会时期建筑

12~13 世纪，西欧建筑又树立起一个新的高峰，在技术和艺术上都有伟大成就而又具有非常强烈的独特性，这就是哥特建筑。

哥特式建筑是垂直的，据说有感于森林里参天大树，人们认为那些高高的尖塔与上帝更接近。哥特式建筑与"尖拱技术"同步发展，使用两圆心的尖券和尖拱也大大加高了中厅内部的高度。在这一时期建造的法国巴黎圣母院为哥特式教堂的典型实例（图 1-17）。它位于巴黎的斯德岛上，平面宽47m，长 125m，可容纳万人，结构用柱墩承重，柱墩之间全部开窗，并有尖券六分拱顶、飞扶壁。建筑形象反映了强烈的宗教气氛。

4. 文艺复兴时期建筑

文艺复兴是"人类从来没有经历过的最伟大、进步的变革"。这是一个需要巨人，亦产生巨人的伟大时代，这一时期出现了一大批在建筑艺术上创造出伟大成就的巨匠，达·芬奇、米开朗基罗、拉

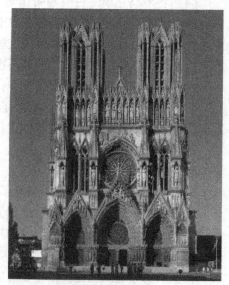

图 1-17 哥特建筑

菲尔、但丁……这些伟大的名字，是文艺复兴时代的象征。

文艺复兴举起的是人文主义大旗，在建筑方面的表现主要有：

1）为现实生活服务的世俗建筑的类型大大丰富，质量大大提高，大型府邸成了这个时期建筑的代表作品之一。

2）各类建筑的型制和艺术形式都有很多新的创造。

3）建筑技术，尤其是穹顶结构技术进步很大，大型建筑都用拱券覆盖。

4）建筑师完全摆脱了工匠师傅的身份，他们中许多人是多才多艺的"巨人"和个性强烈的创作者。建筑师大多身兼雕刻家和画家，将建筑作为艺术的综合，创造了很多新的经验。

5）建筑理论空前活跃，产生一批关于建筑的著作。

6）恢复了中断数千年之久的古典建筑风格，重新使用柱式作为建筑构图的基本元素，追求端庄、和谐、典雅、精致的建筑形象，并一直发展到19世纪。这种建筑形式在欧洲各国都占有统治地位，甚至有的建筑师把这种古典建筑形式绝对化，发展成为古典主义学院派（图1-18）。

这一时期的代表性建筑有罗马圣彼德大教堂。它是世界上最大的天主教堂，历时120年建成（1506—1626年），意大利最优秀的建筑师都曾主持过设计与施工，它集中了16世纪意大利建筑设计、结构和施工的最高成就。它的平面为拉丁十字形，大穹顶轮廓为完整的整球形，内径41.9m，从采光塔到地面为137.8m，是罗马城的最高点。这座建筑被称为意大利文艺复兴时期最伟大的"纪念碑"（图1-19）。

图1-18 文艺复兴时期几种建筑构图

图1-19 罗马圣彼德教堂

5. 近现代时期建筑

19世纪欧洲进入资本主义社会。在此初期，虽然建筑规模、建筑技术、建筑材料都有很大发展，但是受到根深蒂固的古典主义学院派的束缚，建筑形式没有发生大的变化，到19世纪中期，建成的美国国会大厦仍采用文艺复兴式的穹顶。但社会在进步，技术在发展，建筑新技术、新内容与旧形式之间矛盾仍在继续。19世纪中叶开始，一批建筑师、工程师、艺术家纷纷提出各自见解，倡导"新建筑"运动。到20世纪20年代出现了名副其实的现代建筑，即注重建筑的功能与形式的统一，力求体现材料和结构特性，反对虚假、繁琐的装饰，并强调建筑的经济性及规模建造。对20世纪建筑作出突出贡献的人很多，但有四个人的影响和地位是别人无法替代的，一般称为"现代建筑四巨头"，他们分别是格罗皮乌斯、勒·柯布西埃、密斯·凡·德·罗和赖特。

格罗皮乌斯的"包豪斯"校舍（图1-20）体现了现代建筑的典型特征，形式随从功能；勒·柯布西埃的萨伏伊别墅（图1-21）体现了柯布西埃对现代建筑的深刻理解；密斯·凡·德·罗的巴塞罗那德国馆（图1-22）渗透着对流动空间概念的阐释；赖特的流水别墅（图1-23）是对赖特的"有机建筑"论解释的范例。

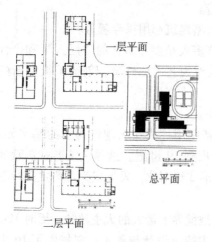

图1-20　包豪斯校舍　　　　　　　　　　图1-21　萨伏伊别墅

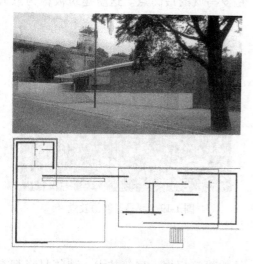

图1-22　巴塞罗那德国馆　　　　　　　　　图1-23　流水别墅

随着社会的不断发展，特别是19世纪以来，钢筋混凝土的应用、电梯的发明、新型建筑材料的涌现和建筑结构理论的不断完善，高层建筑、大跨度建筑相继问世。特别是第二次世界大战后，建筑设计出现多元化时期，创造了丰富多彩的建筑形式及经典建筑作品。

罗马小体育馆的平面是一个直径60m的圆，可容纳观众5000人，兴建于1957年，它是由意大利著名建筑师和结构工程师耐尔维设计的。他把使用要求、结构受力和艺术效果有机地进行了结合，可谓体育建筑的精品（图1-24）。

　　巴黎国家工业和技术中心陈列馆平面为三角形，每边跨度 218m，高度 48m，总建筑面积 90000m²，是目前世界上最大的壳体结构，兴建于 1959 年（图 1-25）。

图 1-24　罗马小体育馆

图 1-25　巴黎国家工业与技术中心陈列馆

　　纽约机场候机厅充分地利用了钢筋混凝土的可塑性，将机场候机厅设计成形同一只凌空欲飞的鸟，象征机场的功能特征。该建筑于 1960 年建成，由美国著名建筑师伊罗·萨里宁设计（图 1-26）。

图 1-26　纽约机场候机厅

　　中世纪最高的建筑完全是为宗教信仰的目的而建，到 19 世纪末的埃菲尔铁塔显示的是新兴资产阶级的自豪感。现代几乎所有的摩天大厦都是商业建筑，如在"9·11"事件中已经倒塌的纽约世界贸易中心双子塔（图 1-27）。

图 1-27　纽约世界贸易中心

1.5.2　中国建筑的发展概况

1. 中国古代建筑

我国古代建筑经历了原始社会、奴隶社会和封建社会三个历史阶段，其中封建社会是形成我国古代建筑形式的主要阶段。

原始社会建筑发展极其缓慢，在漫长的岁月里，我们的祖先从建造穴居和巢居开始，逐步地掌握了营建地面房屋的技术，创造了原始的木架建筑，满足了最基本的居住和公共活动要求。

在距今已有六七千年历史的浙江余姚河姆渡遗址中，就发现了大量的木制卯榫构件（图1-28），说明当时已有了木结构建筑，而且达到了一定的技术水平。从我国的西安半坡遗址可以看出距今五千多年的院落布局及较完整的房屋雏形（图1-29）。

 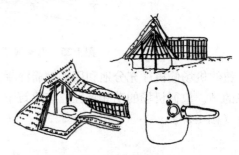

图1-28　浙江余姚河姆渡遗址木构件　　　　　图1-29　西安半坡遗址

中国在公元前21世纪到公元前476年为奴隶社会，大量奴隶劳动力和青铜工具的使用，使建筑有了巨大发展，出现了宏伟的都城、宫殿、宗庙、陵墓等建筑。考古发现中显示，夏代已有了夯土筑成的城墙和房屋的台基，商代已形成了木构夯土建筑和庭院，西周时期在建筑布局上已形成了完整的四合院格局（图1-30）。

中国封建社会经历了三千多年的历史，在这漫长的岁月中，中国古代建筑逐步形成了一种成熟的、独特的体系，不论在城市规划、建筑群、园林、民居等方面，还是在建筑空间处理、建筑艺术与材料结构方面，其设计方法、施工技术等，都有卓越的创造与贡献。

长城被誉为世界建筑史上的奇迹，它最初兴建于春秋战国时期，是各国诸侯为相互防御而修筑的城墙。秦始皇于公元前221年灭六国后，建立起中国历史上的第一个统一的封建帝国，逐步将这些城墙增补连接起来，后经历代修缮，形成了西起嘉峪关、东至山海关，总长6700km的"万里长城"（图1-31）。

兴建于隋朝，由工匠李春设计的在河北赵县安济桥是我国古代石建筑的瑰宝，在工程技术和建筑

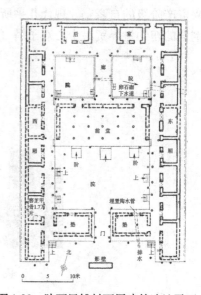

图1-30　陕西凤雏村西周建筑遗址平面

造型上都达到了很高的水平。其中单券净跨 37.37m，这是世界上现存最早的"空腹拱桥"，即在大拱券之上每端还有两个小拱券。这种处理方式一方面可以防止雨季洪水急流对桥身的冲击，另一方面可减轻桥身自重，并形成桥面缓和曲线（图 1-32）。

图 1-31　长城

图 1-32　赵州桥

唐朝是我国封建社会经济文化发展的一个顶峰时期，著名的山西五台山佛光寺大殿建于唐大中十一年（875 年），面阔七开间，进深八架椽，单檐四阿顶（图 1-33）。是我国保存年代最久、现存最大的木构件建筑，该建筑是唐朝木结构庙堂的范例，它充分地表现了结构和艺术的统一。

山西应县佛宫寺释迦塔位于山西应县城内建于辽清宁二年（1056 年），是我国现存唯一最古与最完整的木塔（图 1-34），高 67.3m，是世界上现存最高的木结构建筑。

图 1-33　山西五台山佛光寺大殿

图 1-34　应县木塔

到了明清时期，随着生产力的发展，建筑技术与艺术也有了突破性的发展，兴建了一些举世闻名的建筑。明清两代的皇宫紫禁城（又称故宫）就是代表建筑之一，它采用了中国传统的对称布局的形式，格局严整，轴线分明，整个建筑群体高低错落，起伏开阔、色彩华丽、庄严巍峨，体现了王权至上的思想（图 1-35）。

　　民居以四合院形式最为普遍，而且又以北京的四合院为代表。四合院虽小，但却内外有别、尊卑有序、讲究对称。大门位置一般位于东南，进了大门一般设有影壁，影壁后是院落，有地位的人家，可有几进院落，普通人家则相对简单。进了院子，一般北屋为"堂"，即正房；左右为"厢"，堂后为"寝"，分别有接待、生活、住宿等功用（图1-36）。

图1-35　故宫

图1-36　北京四合院

　　"曲径通幽处，禅房花木深。"这是诗中的园林景色，"枯藤老树昏鸦，小桥流水人家"这是田园景色的诗意。中国园林就是这样与诗有着千丝万缕的联系，彼此不分，相辅相成。苏州园林是私家园林中遗产最丰富的，最为著名的有网狮园、留园、拙政园（图1-37）等。

图1-37　拙政园

2. 中国近代建筑

　　中国近代建筑大致可以分为三个发展阶段。

　　（1）19世纪中叶到19世纪末　该时期是中国近代建筑活动的早期阶段，新建筑无论在类型上、数量上、规模上都十分有限，但它标志着中国建筑开始突破封闭状态，迈开了向现代转型的初始步伐，通过西方近代建筑的被动输入和主动引进，酝酿着近代中国新建筑体系的形成。

　　该时期的建筑活动主要出现在通商口岸城市，一些租界和外国人居留地形成的新城区。这些新城区内出现了早期的外国领事馆、工部局、洋行、银行、商店、工厂、仓库、教堂、饭店、俱乐部和洋房住宅等。这些殖民统治者输入的建筑以及散布于城乡各地的教会建筑是本时期新建筑活动的主要体现。它们大体上是一二层楼的砖木混合结构，外观多为"殖民地式"或欧洲古典式的风貌，北京陆军部南楼的立面形式就是这个时期的典型风格（图1-38）。

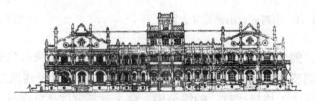

图1-38　清末陆军部南楼立面

（2）19世纪末到20世纪30年代末 该时期为近代建筑活动的繁荣期。19世纪90年代前后，各主要资本主义国家先后进入帝国主义阶段，中国被纳入世界市场范围。在建筑领域的表现为租界和租借地、附属地城市的建筑活动大为频繁；为资本输出服务的建筑，如工厂、银行、火车站等类型增多；建筑的规模逐步扩大；洋行打样间的匠商设计逐步为西方专业建筑师所取代，新建筑设计水平明显提高。

在这样的历史背景下，中国近代建筑的类型大大丰富了，居住建筑、公共建筑、工业建筑的主要类型已大体齐备；水泥、玻璃、机制砖瓦等新建筑材料的生产能力有了明显发展；近代建筑工人队伍壮大了，施工技术和工程结构也有较大提高，相继采用了砖石钢骨混合结构和钢筋混凝土结构。这些都表明，近代中国的新建筑体系已经形成，并在此基础上发展，在1927年到1937年间，达到繁盛期。

这个时期的上海典型的居住建筑形式为石库门里弄住宅。石库门里弄的总平面布局吸取欧洲联排式住宅的毗连形式，单元平面则脱胎于中国传统三合院住宅，将前门改为石库门，前院改为天井，形成三间二厢及其他变体（图1-39）。

北京的商业建筑往往是在原有基础上的扩大。对于某些商业、服务行业建筑，如大型的绸缎庄、澡堂、酒馆等，单纯的门面改装仍不能满足多种商品经营和容纳更多人流的需要，因此，出现了在旧式建筑的基础上，扩大活动空间的尝试。它们的共同特点是在天井上加钢架天棚，使原来室外空间的院子变成室内空间，并与四合院、三合院周围的楼房连成一片，形成串通的成片的营业厅。北京前门外谦祥益绸缎庄就是这类布局的代表性实例（图1-40）。

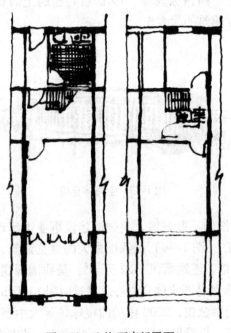

图1-39 上海石库门平面

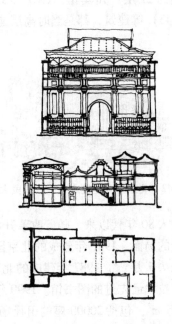

图1-40 北京前门谦祥益绸缎庄

1925年南京中山陵设计竞赛，是中国建筑师开始传统复兴的设计活动探索的开始。中山陵选用了获竞赛头奖的中国建筑师吕彦直的方案（图1-41）。这是中国建筑师第一次规划设计大型纪念性建筑组群，也是中国建筑师规划、设计传统复兴式的近代大型建筑组群的重要起点。

（3）20世纪30年代末到40年代末　该时期中国陷入了12年之久的战争状态，近代化进程趋于停滞，建筑活动很少。40年代后半期，通过西方建筑书刊的传播和少数新回国建筑师的影响，中国建筑界加深了对现代主义的认识。梁思成于1946年创办清华大学建筑系，并实施"体形环境"设计的教学体系，为中国的现代建筑教育奠定了基础。只是处在国内战争环境中，建筑业极为萧条，现代建筑的实践机会很少。总的来说，这是近代中国建筑活动的一段停滞期。

3. 中国现代建筑

1949年新中国成立以来，随着国民经济的恢复和发展，建设事业取得了很大的成就。1959年在建国10周年之际，北京市兴建了人民大会堂、北京火车站、民族文化宫等首都十大建筑，从建筑规模、建筑质量、建设速度都达到了很高水平（图1-42）。

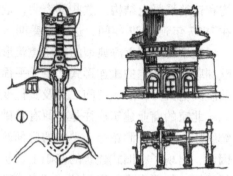

图1-41　南京中山陵

在我国60年代到70年代的广州、上海、北京等地兴建了一批大型公共建筑，如1968年兴建的27层广州宾馆，1977年兴建的33层广州白云宾馆，1970年兴建的上海体育馆（图1-43）等建筑，都是当时高层建筑和大跨度建筑的代表作。

图1-42　北京十大建筑之一——人民大会堂

图1-43　上海体育馆

进入80年代以来，随着改革开放和经济建设的不断发展，我国的建设事业也出现了蓬勃发展的局面。1985年建成的北京国际展览中心（图1-44）是我国最大的展览建筑，总建筑面积7.5万 m^2。1987年建成的北京图书馆新馆，建筑面积14.2万 m^2，是我国规模最大、设备与技术最先进的图书馆。1990年建成的国家奥林匹克体育中心总建筑面积12万 m^2，占地66万 m^2，包括20000座的田径场，6000座的游泳馆，2000座的曲棍球场等大中型场馆，以及两座室内练习馆，田径练习场，足球练习场，投掷场和检录处等辅助设施。其中游泳馆（英东游泳馆）建筑面积38000m^2，建筑风格独特，设备性能良好，附属设备完整，是具有世界一流水准的游泳馆（图1-45）。20世纪90年代后，我国还兴建了一大批超高层建筑，如上海的金茂大厦等，标志着我国高层建筑发展已达到或接近世界先进水平（图1-46）。

图 1-44 北京国际展览中心

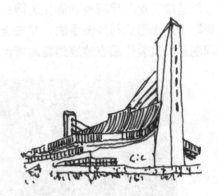

图 1-45 北京亚运村游泳馆

图 1-46 金茂大厦

1.5.3 近现代建筑风格与流派

1. 19 世纪下半叶～20 世纪初对新建筑的探求

19 世纪末，生产力快速的发展，技术飞速的进步，资本主义世界的一切都处在变化之中，建筑作为物质生产的部门，不能不跟上社会发展的要求。随着钢和钢筋混凝土应用的日益频繁，新功能、新技术与旧形式之间的矛盾也日趋尖锐。于是引起了对古典建筑形式所谓"永恒性"的质疑，并在一些对新事物敏感的建筑师中掀起了一场积极探求新建筑的运动，目的是要探求一种能适应变化着的社会时宜的新建筑。其中关于建筑的时代性、建筑形式与建造手段的关系以及建筑功能与形式的关系，成为了探求新建筑的焦点。

（1）工艺美术运动　出现在 19 世纪末的英国，代表人物是以莫里斯、拉金斯为首的一些社会活动家，其主导思想是热衷于手工艺的效果和自然材料的美，把机器看成一切文化的敌人，主张用手工艺生产，表现自然材料，以改革传统的形式。其代表作品有建筑师魏布为莫里斯设计的住宅肯特的"红屋"（图 1-47）。

（2）新艺术运动　19 世纪最后十年和 20 世纪头十年起源于比利时的布鲁塞尔，其主导思想是想解决建筑和工艺品的艺术风格问题。该流派反对历史样式，想创造出一种前所未见的、能适应工业时代精神的简化装饰；装饰主题是模仿自然界生长繁盛的草木形状的曲线，只局限于艺术形式与装饰手法，并未能全面解决建筑形式与内容的关系，以及与新技术结合的问题；其代表作品有建筑师霍尔塔设计的布鲁塞尔都灵路 12 号住宅（图 1-48）。

图 1-47　肯特的红屋

图 1-48　布鲁塞尔都灵路 12 号住宅

（3）维也纳学派　19 世纪末出现在奥地利首都维也纳，以维也纳学院派教授瓦格纳为代表，其主导思想是在工业时代到来之际，主张新结构、新材料必导致新形式的出现，反对历史样式的重演；代表建筑有建筑师瓦格纳设计的维也纳邮政储蓄银行（图 1-49）。

（4）高层建筑与芝加哥学派　1873 年芝加哥大火，使大批建筑物化为灰烬，这一场火灾给这个新兴的大都会创造了条件，为利用一百年来欧美发展起来的新建筑技术和材料，清除了场地。为了在有限的市中心区内建造尽可能多的房屋，现代高层建

图 1-49　维也纳邮政储蓄银行

筑开始在芝加哥出现，"芝加哥学派"也就应运而生。芝加哥学派最兴盛的时期是在 1883 年到 1893 年之间，它在工程技术上的重要贡献是创造了高层金属框架结构和箱形基础。1893 年，芝加哥国际博览会全面复活的折衷主义建筑风格，是对刚刚兴起的新建筑思潮的一次沉重打击，从此，芝加哥学派只好让位于象征美国大工商企业的"商业古典主义"风格。沙里文是芝加哥学派中最著名的建筑师，最先提出"形式随从功能"，为功能主义的建筑设计思想开辟了道路。芝加哥百货公司大厦是他的代表作品之一（图 1-50）。

（5）德意志制造联盟　1907 年在批评家兼教育家马蒂修斯（时任普鲁士工艺美术学校管理部门的总监）的积极推动下，建筑师同企业家、艺术家、技术人员组成了"德意志制造联盟"。宗旨是促进企业界、贸易界同美术家、建筑师之间的共同活动，推动德国工业设计的标准，促进建筑领域的创新活动，许多著名建筑师认同"建筑必须和工业结合"这一方向。其著名建筑师及其作品有：贝伦斯，德国通用电气公司透平机制造车间与机械车间（图 1-51）；格罗皮乌斯（与麦耶合作），法古斯工厂（图 1-52）。

图1-50 芝加哥百货公司大厦

图1-51 透平机制造车间

（6）风格派　出现于第一次世界大战期间的荷兰，1917年出版的名为《风格》的期刊，鼓吹"传统绝对地贬值，……揭露抒情和感情的整个骗局。"成为该流派起源的标志。该流派的艺术家们强调艺术"需要抽象和简化"，以数学式的结构反对印象主义和所有"巴洛克"艺术形式，他们追求纯洁性、必然性和规律性。其主要作品及建筑师有里特维尔德设计的施罗德住宅（图1-53）。

图1-52 法古斯工厂

图1-53 施罗德住宅

（7）表现派　20世纪初兴起的艺术流派（第一次世界大战前后），主要在德国、奥地利等国盛行。表现主义者认为：艺术的任务在于表现个人的主观感受和体验，比如画家认为天空是蓝色的，他就不会顾及时间地点，把天空画成蓝色，目的是引起观者情绪上的激动。该流派在建筑上常常采用奇特、夸张的建筑形体来表现某些思想情绪，象征某种时代精神。代表建筑师及其作品有蒙德尔松（德国）及其设计的波茨坦爱因斯坦天文台，该建筑强调混凝土材料的连续性和流动性，整体造型设计成一个纪念物，同时建筑也有一个合乎功能要求的内部空间，具有一种基本的有机性（图1-54）。

2. 第二次世界大战后的建筑活动与建筑思潮

第二次世界大战后，新传统派在西欧国家中，由于它所代表与宣传的意识形态使人反感而受到谴责；而现代建筑派却因它的经济效率、灵活性与时代进步感，特别是对战后经济恢复时期的适应而受到欢迎，并逐渐成为主流。随着社会经济的迅速恢复与增长、工业技术的日新月异、物质生产的日趋丰富，社会对建筑内容与质量的要求也越来越高。20世纪50年代便先后出现了各种不同的物质与感情需求结合起来的设计倾向。这些倾向虽然表现各异，但事实上是战前的现代建筑派在新形式下的发展。他们在既要满足人们的物质需要又满足情感需要的推动下，一方面坚持建筑功能与技术合理性的原则，同时重视建筑形式的艺术感受、室外环境的舒适性和生活情趣以及建筑创作中的个性表现。

图1-54　爱因斯坦天文台

这种局面一直维持到20世纪70年代，现代主义受到批判与后现代主义的兴起后才得到改变。

（1）对理性主义进行充实与提高的倾向　"理性主义"形成于两次大战之间，以格罗皮乌斯和他的包豪斯学派，勒·柯布西埃等人为代表的欧洲"现代建筑"思潮，该思潮因强调建筑的功能而又称"功能主义"。其不足之处是在反对形式主义时，过分强调功能与技术，对艺术形式顾及过少；在反对复古主义、折衷主义时，否定历史，将现代建筑与历史传统截然分开；在反对设计脱离实际时，过分强调建筑的客观性与时代普遍性，认为建筑只有共性而没有个性，造成设计手法比较生硬，建筑形式容易雷同。二战后，对"理性主义"的认识有所充实与提高，特别是在讲究功能与技术合理的同时，注意结合环境与服务对象的生活兴趣需要。

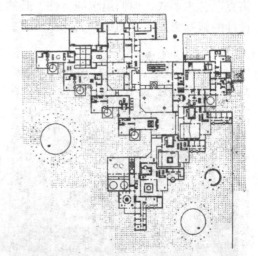

由荷兰建筑师凡·艾克设计的阿姆斯特丹的儿童之家是一个十分成功且影响极大的建筑。儿童之家的空间形式与组合形态属"多簇式"，即把一个标准化单元，按功能、结构、设备、施工要求组成若干小组，成为可发展图形。一个单位为七个教室，中央是一个有机玻璃方形穹隆，是几个班级共用服务设施，与教室外的户外活动场地相连；每一个设计单位与学校集中行政办公空间、公共活动空间、服务设施用廊联系（图1-55）。

（2）粗野主义倾向　20世纪50年代后期到60年代中期喧噪一时的建筑设计倾向；这是

图1-55　阿姆斯特丹儿童之家

1954 年选自英国的名词，用来识别像勒·柯布西埃的马赛公寓（图 1-56）和印度昌迪加尔行政中心那样的建筑形式，或那些受它启发而作出的此类形式，粗野主义经常采用混凝土，把它最粗糙的方面暴露出来，极其夸大那些沉重的构件，并把它们冷酷地碰撞在一起。代表建筑师有英国的斯特林、戈文，意大利的弗甘若，美国的鲁道夫，日本的前川国男等。

图 1-56　马赛公寓

（3）讲究技术精美的倾向　20 世纪 40 年代末到 50 年代后期占主导地位的设计倾向；最先流行于美国，设计方法比较注意理性，以密斯为代表的纯净、透明与施工精确的钢和玻璃"方盒子"作为这一倾向的代表，探讨结构逻辑性（结构的合理运用及忠实表现）和自由分隔空间在建筑造型中的表现。以"少就是多"为理论根据，以"全面空间"、"纯净形式"和"模数构图"为特征的设计方法与手法被密斯广泛套用到各种不同类型的建筑中去，被建筑界称为"国际式"。以钢和玻璃的"纯净形式"为特征的、讲求技术精美的倾向到 20 世纪 60 年代末开始降温，从 20 世纪 70 年代资本主义世界的经济危机与能源危机后开始，该设计倾向会被作为浪费能源的标本而受到指责。

密斯战后讲求技术精美的主要代表作品有：1955 年建成伊立诺伊工学院建筑馆（又名克郎楼）、范斯沃斯住宅（图 1-57）、湖滨公寓、西格拉姆大厦（理想中的摩天大楼变成现实，国际式）、西柏林新国家美术馆（1962—1968，密斯建筑生涯的最后一个建筑作品）。

（4）典雅主义倾向　该倾向 20 世纪 50 年代至 60 年代末出现于美国，致力于运用传统的美学法则来使现代的材料与结构产生规整、端庄与典雅的庄严感，讲求钢筋混凝土梁柱在形式上的精美，这类建筑作品使人联想到古典主义或古代的建筑形式，于是称为"典雅主义"。

代表建筑师及其作品有：约翰逊设计的美内布拉斯加州立大学的谢尔顿艺术纪念馆；斯东设计的新德里美国驻印度大使馆（获得 1961 年美国 AIA 奖）；雅马萨基设计的美国韦恩州立大学的麦格拉格纪念会议中心（图1-58）。

（5）注重高度工业技术的倾向　该倾向从 20 世纪 50 年代末开始，在 20 世纪 60 年代最为活跃，科技的迅速发展，电子计算机的发明

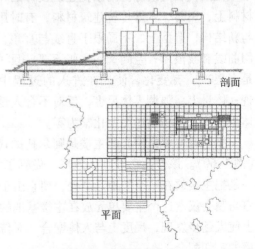

剖面

平面

图 1-57　范斯沃斯住宅

应用等方面影响着人们的思想。该风格的建筑师主张用最新的材料，如高强度钢、硬铝、塑料、玻璃幕墙等来制造体量轻、用料少、能够快速与灵活装配、拆卸与改建的结构与房屋。在设计上它们强调系统设计和参数设计。

1976年在法国巴黎建成的蓬皮杜国家艺术与文化中心是这类建筑中最轰动的代表（图1-59），又称为"翻肠倒肚"式，设计者第三代建筑师皮阿诺、罗杰斯，该中心包括四个内容：现代艺术博物馆、公共情报图书馆、工业设计中心、音乐与声乐研究所；大楼不仅暴露了它的结构，连设备也全暴露在外，沿街主立面挂满各种颜色管道，它们分别是：红色，交通设备；绿色，供水系统；蓝色，空调系统；黄色，供电系统；西面由底层蜿蜒而上是自动扶梯和水平向的多层走廊；在平面布局上有两排28根钢管柱，柱子把空间分为三部分，中间开间48m，两旁开间6m；各层结构是由14榀跨度为48m并向两边各悬挑6m的桁架梁组成。

图1-58 美国韦恩州立大学麦格拉格纪念会议中心

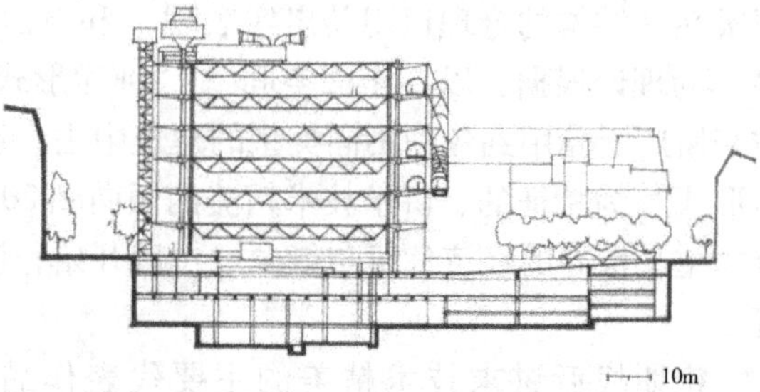

图1-59 蓬皮杜国家艺术与文化中心

（6）人情化与地域性倾向 讲究人情化与地域性的倾向最先活跃于北欧，它是20世纪20年代的"理性主义"设计原则结合北欧的地域性与民族习惯发展而成的。北欧建筑一向都是比较朴素的，即使在学院派盛行时期，也不是那么夸张与造作。

芬兰建筑师阿尔托被认为是北欧"人情化"与地域性的代表建筑师。阿尔托建筑设计的特点是在材料上，用砖、木等传统建筑材料，有时用新材料与新结构；造型上，不局限于直线与直角，还喜欢用曲线和波浪形；空间上，主张不要一目了然，而是有层次、有变化，使人在进入的过程中逐步发现；体量上，强调人体尺度，反对不合人情的庞大体积，将大体积在造型上化整为零。

图1-60 珊纳特赛罗镇中心主楼

珊纳特赛罗镇中心的主楼是阿尔托的代表作品（图1-60）。该作品巧妙利用地形，做到了两突出，一是把主楼放在一个坡地近高处，使它由于基地的原因而突出于其他房屋；二是把镇长办公室与镇会议室这个主要单元放在主楼基地的最高处，使它们再突出于主楼的其他部分。布局上使人逐步发现，尺度上与人体配合，对传统材料砖和木的创造性运用以及它同周围自然环境的密切配合。

（7）讲究个性与象征的倾向　该种设计倾向是要使每一房屋与每一场地都要具有不同于他人的个性和特征。挪威的建筑历史与建筑评论家舒尔茨说："建筑首先是精神上的庇护所，其次才是身躯的蔽所。"

讲究个性与象征的倾向的设计手段大致有三种：运用几何图形、运用抽象的象征、运用具体的象征。

代表建筑师及其作品有：贝聿铭，美国华盛顿国家美术馆东馆（图1-61）；夏隆，柏林爱乐音乐厅（图1-62）；路易斯·康（Louis Kalm），理查医学研究楼（图1-63）；伍重，（丹麦建筑师）悉尼歌剧院（图1-64）。

一层平面　　二层平面

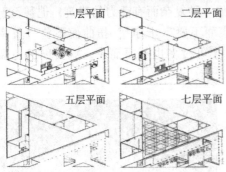

五层平面　　七层平面

图1-61　美国华盛顿国家美术馆东馆

图1-62　柏林爱乐厅

图1-63　理查医学研究楼

图1-64　悉尼歌剧院

3. 现代主义之后的建筑思潮

进入20世纪80年代，建筑界又不断涌现出形形色色的思潮、流派与新的探索，以至很难用某个统一名称来概括，一般来说，学术界将这些纷繁复杂的建筑现象统称作"现代主义之后的建筑"。

20 世纪 70 年代，逐渐突显的城市问题、环境问题、能源危机问题以及第三世界问题等使得西方世界对自身建立起来的工业文明与现代化模式开始了全方位的反思。人们开始关注个性与差异，并试图将西方当时被主流文化所淹没的或在传统中从未发出的声音传达出来，建筑多元化是这个时期的最大特征。这个时期所包含的纷繁复杂的建筑思潮与倾向存在的共性，就是人们开始对现代建筑运动的质疑与批判。按照大致的时间脉络，对现代主义之后影响较大的建筑思潮、建筑观念与建筑设计倾向有以下几种。

（1）后现代主义　20 世纪 60 年代后期开始，由部分建筑师和理论家以一系列批判现代建筑派的理论与实践而推动形成的建筑思潮，它既出现在西方世界开始对现代主义提出广泛质疑的时代背景中，又有自身发展的特点。到 20 世纪 80 年代，后现代主义的作品在西方建筑界引起广泛关注时，更多地被用来描述那种乐于吸收各种历史建筑元素、并运用讽喻手法的折衷风格。

美国建筑师与建筑理论家文丘里是后现代主义思潮的核心人物。其 1966 年发表的《建筑的复杂性与矛盾性》一书，是最早对现代建筑公开宣战的建筑理论著作，针对密斯的"少就是多"提出"少是厌烦"的观点。文丘里提倡一种复杂而有活力的建筑，他甚至直接表明，"我喜欢基本要素混杂而不要'纯粹'，折衷而不要'干净'，扭曲而不要'直率'，含糊而不要'分明'，……宁可迁就也不要排斥，宁可过多也不要简单，既要旧的也要创新"等等。

文丘里不仅是理论家，还在实践中贯穿自己的建筑主张。其代表作品位于宾夕法尼亚州的栗子山文丘里母亲住宅，平面和立面似对称又不对称，形式似传统又不传统，是后现代主义的经典作品，具有极大的启发性（图 1-65）。

图 1-65　文丘里母亲住宅

查尔斯·摩尔是另一位美国后现代主义建筑思潮的代表人物。他参加设计的美国新奥尔良市意大利广场是其代表作之一，也是后现代主义建筑群和广场设计的一个典型实例（图 1-66）。

（2）新理性主义　20 世纪 60 年代后期在西方出现的批判现代建筑的思潮中，欧洲和美国的情形有所不同。在欧洲，上述所谓的后现代主义并没有引起太多的响应，而与其几乎同时出现的意大利新理性主义运动却形成了一股颇有影响力的建筑思潮。

新理性主义的代表人物是意大利建筑师、建筑理论家阿尔多·罗西。罗西在 20 世纪 60 年代将现象学的原理和方法用于建筑与城市，提出了自己的建筑学理论。他的理论关注点是围绕着建筑的历史与传统问题展开的，他的众多实践作品

图 1-66　新奥尔良市意大利广场

也体现了强烈的历史传统意识，寻找的是一种基于文化与历史的发展逻辑来建立的、合乎理性的建筑生成原则。罗西在建筑设计中倡导类型学，其类型学方法有着两个关键的特征：一方面他立足于抽象的和形而上学的概念，试图建立一种绝对的、普遍而永恒的建筑形式原则；另一方面，罗西又极为强调与一项设计任务相关的具体历史环境，立足于对传统建筑的学习和理解，以寻找形式创造的依据。

罗西为1980年威尼斯双年展设计的水上剧场是其代表作品之一（图1-67）。在这一建筑中，他把纯粹几何体的寂静与水城纪念建筑的欢快意象结合起来，使人联想起文艺复兴时期的剧场和中世纪时期的钟楼；蓝色的八角形屋顶也是为附近圣玛利亚教堂的大穹隆所作的现代阐释。城市纪念性主题一直贯穿在罗西所设计的公共建筑中，无论是他设计的市政厅还是博物馆，都传达着罗马建筑般的尊贵或帕拉第奥式的严谨。

图1-67 威尼斯艺术节水上剧场

（3）解构主义 20世纪80年代后期，西方建筑舞台上出现了一种很具有先锋派特征的、被称为解构主义的新思潮，并成为建筑界关注的新焦点。解构主义是一个具有广泛批判精神和大胆创新姿态的建筑思潮，它不仅质疑现代建筑，还对现代主义之后已经出现的那些历史主义或通俗主义的思潮和倾向都持批判态度，并试图建立起关于建筑存在方式的全新思考。在建筑形态上出现的共同特征是：建筑形式就像是多向度或不规则的几何体叠合在一起，以往建筑造型中均衡、稳定的秩序被完全打破。

法国建筑师屈米在1982年法国政府举办的，为纪念法国大革命200周年的巴黎十大建设工程之一的拉维莱特公园国际竞赛中夺魁，成为解构主义思潮的中心人物，拉维莱特公园也成了解构主义思潮最重要的作品之一。公园实际上由"点"、"线"、"面"三个迥然不同的系统叠合。"点"是网格的节点上，他都放置了一个边长10米的、被称为"疯狂"的红色立方体小品建筑，满足公园所需的一些基本功能；"线"是125英亩基地上建立的长度单位为120米的方格网，这方格正是巴黎老城典型街坊的尺度；"面"系统是包含科学域、广场、巨大的环行体和三角形的围合体。每个系统自身完整有序，但叠合起来就会相互作用（图1-68）。

美国建筑师弗兰克·盖里是解构主义思潮中最具有形式创新精神的代表人物。盖里的作品对20世纪末建筑发展的影响和贡献是无法忽视的，他发展了一种富于强烈时代精神的建筑艺术。盖里的作品展现了一种全新定义的、复杂的、富于冒险性的建筑美学，他创作的作品常常引起争议，但超凡的形态创造也恰恰反映了他永不厌倦的探索精神。代表作品有圣·莫尼卡的自宅改

图1-68 巴黎拉维莱特公园

建、西班牙毕尔巴鄂古根汉姆博物馆（图1-69、图1-70）。

图1-69　圣·莫尼卡自宅改建　　　　　图1-70　毕尔巴鄂古根汉姆博物馆

小　结

1. 建筑的三要素：建筑的功能、建筑技术和建筑形象。功能、技术、形象三者的关系是辩证统一的关系。总的说来，功能要求是建筑的主要目的，材料结构等物质技术条件是达到目的的手段，而建筑形象则是建筑功能、技术和艺术内容的综合表现。

2. 建筑设计包括建筑空间环境的组合设计和构造设计两部分内容。建筑空间环境的组合设计具体内容主要是建筑总平面设计、建筑平面设计、建筑剖面设计、建筑立面设计等。构造设计的具体设计内容主要是包括对基础、墙体、楼地面、楼梯、屋顶、门窗等构件进行详细的构造设计等。

3. 建筑设计的基本原则如下：

（1）适用：指合乎我国经济水平和生活习惯，包括满足生产、生活或文化等各种社会活动需要的全部功能使用要求。

（2）经济：指在满足功能使用要求、保证建筑质量的前提下，降低造价，节约投资。

（3）美观：指在适用、经济条件下，使建筑形象美观悦目，满足人们的审美要求。

4. 建筑分类一般从以下几个方面进行划分：

（1）按建筑的使用功能分类。

（2）按建筑的规模分类。

（3）按建筑的层数分。

（4）按民用建筑耐火等级划分。

（5）按建筑的耐久年限分类。

（6）按主要承重结构材料分类。

5. 建筑史上，一般将世界建筑分为西方建筑和东方建筑，他们分别是砖石结构与木结构所反映的两个不同的建筑文化形态。

复习思考题

1. 建筑构成的基本要素及其要素之间的关系各是什么？

2. 建筑按照规模分有几类? 按照耐久年限分有几类?

3. 雅典卫城为古希腊时期典型的代表建筑, 请说出该建筑群的特点。

4. 古罗马建筑空间有哪些特点并与古希腊建筑空间的处理有什么不同?

5. 列举两到三种建筑风格, 并请谈谈它们对中国当代建筑发展的启示。

第 2 章　建筑设计的依据、要求和程序

学习目标

　　本章包括建筑设计的依据、建筑设计的程序、建筑设计的要求、建筑设计的深度等。其中，重点内容是建筑设计的依据，要求必须掌握。其他的内容可以作为一般了解。

2.1　建筑设计的依据

2.1.1　人体尺度和人体活动所需的空间尺度

　　在建筑设计中，首先必须满足人体尺度和动作域所需的尺寸和空间范围的要求，另外，还要考虑人际交流心理需求的范围（图2-1）。

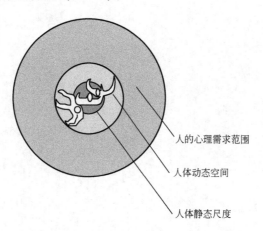

人的心理需求范围

人体动态空间

人体静态尺度

图2-1　人体的静态尺度、动态空间与心理要求范围示意

　　在我国，由于幅员辽阔，人口众多，人体尺度随年龄、性别、地区的不同而各不相同，同时，随着人们生活水平的逐渐提高，人体的尺度也在发生变化，因此，要有一个全国范围

内的人体各部位尺寸的平均测定值是一项繁重而细致的工作。1962年建筑科学研究院发布的《人体尺度的研究》中有关我国人体的测量值，可作为设计时的参考依据（图2-2）。

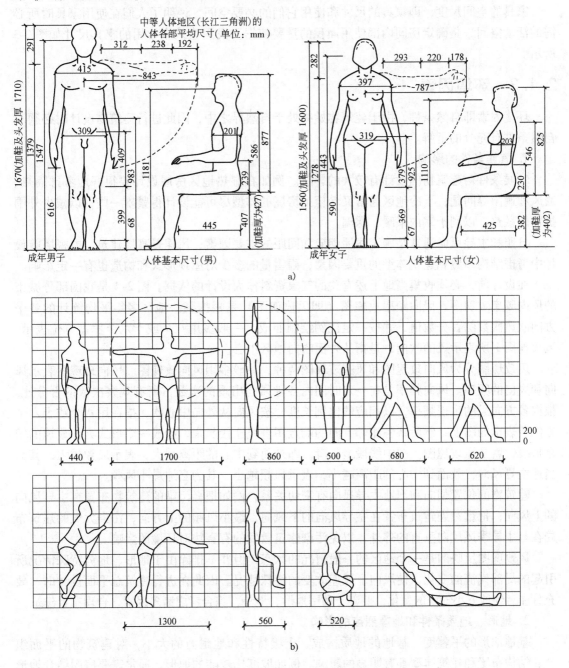

图 2-2 人体尺度和人体活动所需的空间尺度

a）人体尺度 b）人体活动所需的空间

建筑物中家具的尺寸，踏步、窗台、栏杆的高度，门洞、走廊、楼梯的宽度和高度，以及各类房间的高度和面积，都和人体尺度以及人体活动所需的空间尺度有直接或间接的关系，因此人体尺度和人体活动所需的空间尺度，是确定建筑空间的基本依据之一。

2.1.2 家具尺寸

家具的空间尺度，即家具的尺寸和使用它们的必要空间，说明了人们在使用家具时所必需的活动空间，是确定房间内部使用面积的重要依据。民用建筑中常用的家具尺寸如图 2-3 所示。

2.1.3 环境因素

环境因素即自然条件，由于建筑物始终处于自然界之中，因此进行建筑物设计时必须对自然条件有充分的了解。

1. 气候条件的影响

气候条件对建筑物的设计有较大的影响。例如在湿热地区房屋设计要很好地考虑隔热、通风和遮阳等问题；干冷地区通常又希望把房屋的体型尽可能设计得紧凑一些，以减少外围护面的散热，以利于室内采暖、保温。

日照和主导风向通常是确定房屋朝向和间距的主要因素，风速是高层建筑、电视塔等设计中考虑结构布置和建筑体型的重要因素，雨雪量的多少对屋顶形式和构造也有一定影响。

在设计前，必须收集当地上述有关的气象资料作为设计的依据。图 2-4 是我国部分城市的风向频率玫瑰图。风向频率玫瑰图（即风玫瑰图）是根据某一地区多年平均统计的各个方向吹风次数的百分数值，并按一定比例绘制而成，一般多用八个或十六个罗盘方位表示。风玫瑰图上所表示风的吹向，是指从外面吹向地区中心。

风玫瑰图分为风向玫瑰图和风速玫瑰图两种，一般多用风向玫瑰图。风向玫瑰图表示风向和风向的频率。风向频率是在一定时间内各种风向出现的次数占所有观察次数的百分比。根据各方向风的出现频率，以相应的比例长度，按风向从外向中心吹，描在用八个或十六个方位所表示的图上，然后将各相邻方向的端点用直线连接起来，绘成一个形式宛如玫瑰的闭合折线，就是风玫瑰图。图中线段最长者，即外面到中心的距离越大，表示风频越大，其为当地主导风向，外面到中心的距离越小，表示风频越小，其为当地最小风频。

建筑物的位置朝向和当地主导风向有密切关系，例如把轻污染的建筑物布置在主导风向的上风向；把重污染建筑布置在主导风向的下风向，最小风频的上方向；污染大气的建筑布局在与主导季风风向垂直的郊外，以免污染建筑散发的有害物对环境的影响。

风玫瑰图反映的是一个地区的一般情况的状态，但并不排除由于地形、地势特殊情况所引起的局部气流的变化，使风向、风速改变的特殊情况。因此在进行建筑总平面设计时，要充分注意到地方小气候的变化，要善于利用地形、地势，综合考虑诸多因素，合理布置建筑。

2. 地形、地质条件和地震烈度的影响

基地地形的平整度、基地的地质构成、土壤特性和地耐力的大小，对建筑物的平面组合、结构布置和建筑体型都有明显的影响。例如坡度比较陡的地形，通常需要房屋结合地形错层建造；复杂的地质条件下，要求房屋的构造和基础的设置采取相应的结构构造措施。

衡量地震强弱的指标有两种：地震震级和地震烈度。地震震级是衡量地震大小的一种度量，每一次地震只有一个震级。它是根据地震时释放能量的多少来划分的，震级可以通过地震仪器的记录计算出来，震级越高，释放的能量也越大。我国使用的震级标准是国际通用震级标准，叫"里氏震级"。

图 2-3　常见家具尺寸（单位：mm）

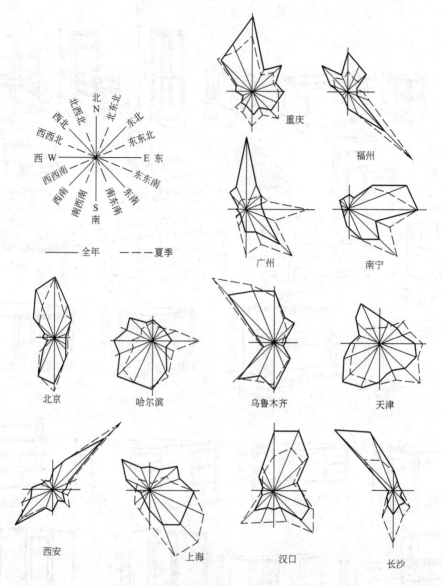

图 2-4 我国部分城市风向频率玫瑰图

地震烈度表示某一地区遭受地震后，地面及房屋建筑遭受地震破坏的程度，距离地震中心区越近，地震烈度越大，破坏也越大。我国和世界上大多数国家把地震烈度划分为 12 度。建筑地震设防的依据是抗震设防烈度，它是经国家批准审定的、作为一个地区抗震设防依据的地震烈度。在烈度 6 度及 6 度以下地区，地震对建筑物的损坏影响较小。9 度以上的地区，由于地震过于强烈，从经济因素及耗用材料考虑，除特殊情况外，一般应尽量避免在这些地区修建建筑物。房屋抗震设防的重点是 7 度、8 度、9 度地震烈度的地区。地震区的房屋设计主要应考虑以下因素：

1）选择对抗震有利的场地和地基，应选择地势平坦、较为开阔的场地，避免在陡坡、深沟、峡谷地带，以及处于断层上下的地段建造房屋。

2）房屋设计的体型应尽可能规整、简洁，避免在建筑平面及体型上有凹凸。例如住宅设计中，地震区应避免采用突出的楼梯间和凹阳台等。

3）采取必要的加强房屋整体性的构造措施，不做或少做地震时容易倒塌或脱落的建筑附属物，如女儿墙、附加的花饰等。

4）从材料选用和构造做法上尽可能减轻建筑物的自重，特别需要减轻屋顶和围护墙的重量。

3. 其他影响因素

其他影响因素主要是指业主影响因素；航天及通信限高；古迹遗址、古树保护等。

2.1.4 建筑模数

为了使建筑设计、构件生产以及施工等方面的尺寸相互协调，从而提高建筑工业化的水平，降低造价并提高房屋设计和建造的质量和速度，建筑设计应采用国家规定的建筑统一模数制。

建筑模数是选定的标准尺度单位，作为建筑物、建筑构配件、建筑制品以及有关设备尺寸相互间协调的基础。根据国家制订的《建筑统一模数制》，我国采用的基本模数 M = 100mm，整个建筑物和建筑物的各部分以及建筑构配件的模数化尺寸，应是基本模数的倍数。

为了适应建筑设计中对建筑部位、构件尺寸、构造节点以及断面、缝隙等的尺寸的不同要求，建筑模数还分别采用扩大模数和分模数两种变化模数。

扩大模数又分水平扩大模数和竖向扩大模数，水平扩大模数的基数为 3M、6M、12M、15M、30M、60M，其相应尺寸分别为 300mm、600mm、1200mm、1500mm、3000mm、6000mm，适用于建筑物的跨度（进深）、柱距（开间）及建筑制品的尺寸等。竖向扩大模数的基数为 3M 与 6M，其相应尺寸为 300mm、600mm。竖向扩大模数主要用于建筑物的高度、层高和门窗洞口等处。在扩大模数中，12M、30M、60M 特别适用于大型建筑物的跨度（进深）、柱距（开间）、层高及构配件的尺寸等。

分模数也叫"缩小模数"，一般为 1/10M、1/5M、1/2M，相应的尺寸为 10mm、20mm、50mm。分模数数列主要用于成材的厚度、直径、构件之间缝隙、构造节点的细小尺寸、构配件截面及建筑制品的公偏差等。

2.2　建筑设计的要求

2.2.1　建筑的功能要求

满足建筑物的功能要求，为人们的生产和生活活动创造良好的环境，是建筑设计的首要任务。例如设计学校，首先要考虑满足教学活动的需要，教室设置应分班合理，采光通风良好，同时还要合理安排教师备课、办公等行政管理用房和贮藏间、饮水间、厕所等辅助用房，并配置良好的体育场馆和室外活动场地等。

2.2.2　建筑的技术要求

建筑的技术要求包括正确选用建筑材料，根据建筑空间组合的特点，采用合理的技术措施，选择合理的结构、施工方案，使房屋坚固耐久、建造方便。例如近年来，我国设计建造的一些大跨度屋面的体育馆，由于屋顶采用钢网架空间结构和整体提升的施工方法，既节省了建筑物的用钢量，又缩短了施工工期，也反映出施工单位的技术实力。

2.2.3　建筑的经济要求

建造房屋是一个复杂的物质生产过程，需要大量的人力、物力和资金，在房屋的设计和建造中，要因地制宜、就地取材，尽量做到节省劳动力，节约建筑材料和资金。设计和建造房屋要有周密的计划和核算，重视经济领域的客观规律，讲究经济效益。房屋设计的使用要求和技术措施，要和相应的造价、建筑标准统一起来，使其具有良好的经济效益。

2.2.4　建筑的美观要求

建筑物是社会物质和精神文化财富的体现，它在满足使用要求的同时，还需要考虑满足人们在审美方面的要求，考虑建筑物所赋予人们在感官和精神上的感受。建筑设计要努力创造美观实用的建筑空间组合与建筑形象。历史上创造的具有时代印记和特色的各种建筑形象，往往是一个国家、一个民族文化传统宝库中的重要组成部分。

2.2.5　建筑的规划及环境要求

单体建筑是总体规划中的组成部分，单体建筑应符合总体规划提出的要求。建筑设计还要充分考虑和周围环境的关系，例如原有建筑的状况、道路的走向、基地面积大小以及绿化等方面和拟建建筑物的关系等。新设计的单体建筑，应使所在基地形成协调的室外空间组合、良好的室外环境。

2.3　建筑设计的程序

2.3.1　工程建设的基本程序

工程建设的基本程序是指一个工程建设项目或一栋房屋由开始拟定计划至建成投入使用所必须遵循的程序，包括可行性研究、基建计划任务书的编制、上报和审批，城建部门的拨地批文，建筑设计、施工和设备安装，最后竣工验收、使用期的维护等环节。设计工作是其中重要环节，具有较强的政策性和综合性。

建筑工程设计是指设计一个建筑或建筑群所要做的全部工作，一般包括建筑设计、结构设计、设备设计等几个方面的内容。他们之间既有分工，又有密切配合，形成一个整体。各专业设计的图纸、计算书、说明书及预算书汇总，就构成一个建筑工程的完整文件，作为建筑工程施工的依据。

1. 批文阶段

（1）计划任务书　计划任务书是工程项目建设单位向上级主管部门呈报的工程建设文件。该文件包括工程建设项目的性质、内容、用途、总建筑面积、总投资、建筑标准及房屋使用期限要求等。

（2）可行性研究　一个建筑项目在正式列入基建计划之前，应对其投资进行客观的分析，研究其建成后的经济效益、社会效益和环境效益，以决定其是否列入计划投资兴建。

（3）主管部门对计划任务书的批文　批文就是经上级主管部门审核、对建设单位呈报的计划任务书的批复文件。该文件包括核定的工程建设项目的性质、内容、用途、总建筑面积、总投资、建筑标准（每平方米建筑面积造价）及房屋使用期限要求等。

（4）规划管理部门同意拨地的批文　是指城建规划管理部门，对一项工程同意拨地兴建的文件。文件内容包括基地地形图及划出的用地范围，并规定出建筑红线（指城市沿街建筑物的外墙、台阶、橱窗等不得超越的临街界线），并根据城市规划、环境要求对拟建房屋提出有关要求。

2. 设计阶段

（1）设计前的准备工作　有了上述两个批文后，建设单位即可据此向建筑设计单位进行委托设计或招投标设计。当设计人接受了设计任务后，首先要熟悉设计任务书，了解本设计的建筑性质、功能要求、规模大小、投资造价以及工期要求等，同时对影响建筑设计的有关因素进行调查研究。设计前期的准备工作主要内容有以下几方面。

1）基地情况：如地形、地貌、地物、周围建筑及树木现状等。

2）水文地质：用作地基的土壤类别、承载力、地质构造，有无冲沟、河道、古墓以及地下水等不良的地质情况。

3）气象条件：如日照情况、温度变化、降雨量、主导风向、风荷载、雪荷载和冻土深度等。

4）市政设施：如给排水、煤气、热力管网的排供能力、电力负荷能力等。

5）道路交通：是否有路可通，通行车种及运输能力等。

6）施工能力及材料供应：施工机具的装备程度，施工人员的技术水平和管理水平，能保证材料供应的品种、数量、期限以及地方性材料可利用的情况等。

（2）初步（方案）设计　初步设计就是设计人员根据设计任务书的要求，做出"草图"或概念设计，进行方案构思，绘制建筑方案设计图，重要建筑还需绘制各类表现图（透视图、鸟瞰图等）并制作模型。在多方案比较的基础上，经建设单位（重要建筑还需城建规划管理部门）认定。

初步设计的图纸文件包括：总平面图（比例尺 1:500），建筑各平面图、立面图、剖面图（比例尺 1:100 ~ 1:200），彩色效果图或模型及简要说明。

（3）技术设计　一般建设项目按两个阶段进行设计，即初步（方案）设计和施工图设计。但是对于技术要求复杂的建设项目，可在两个设计阶段之间，增加技术设计阶段。

在初步设计完成以后，建筑、结构、设备（水、暖气、通风、电）等专业人员在初步设计的基础上，进一步具体解决各种技术问题，经过充分的讨论，合理地解决建筑、结构、设备等专业之间在技术方面存在的矛盾。互提要求，反复磋商，取得各专业的协调统一，并为各专业的施工图设计打下基础。

技术设计文件是在初步设计的图纸文件基础上，增加结构系统的说明，某些项目还包括节能、环保、使用新技术、新工艺的说明等内容，以及采暖通风、给排水、电气照明、煤气供应等系统的说明，再增加总概算及主要材料用料、各项技术经济指标等。

上述图纸文件应有一定的深度，以满足设计审查、主要材料及设备订购、施工图设计的编制等方面的需要。

（4）施工图设计　初步设计或是技术设计被批准后，即可进行施工图设计。施工图设计阶段主要是将初步设计或技术设计的内容进一步具体化。各专业绘制的施工图样（包括详图）和施工说明必须满足建筑材料、设备订货、施工预算和施工组织计划的编制等要求，以保证施工质量和加快施工的进度。施工图一般包括以下几种：

1）建筑施工图，由建筑专业完成。

2）结构施工图，由结构专业完成。

3）给排水施工图，由给排水专业完成。

4）电气施工图，由电气专业完成。

5）电梯等设备施工图，由建筑设备专业完成。

6）空调施工图，由暖通专业完成。

7）通信施工图，由通信工程专业完成。

8）网络施工图，由网络工程专业完成。

除了以上八种以外，依照建筑工程项目的复杂程度还可有其他特殊种类的施工图。施工图的数量种类可以少于八种，但是最少也要有前四种必需的施工图方可施工。

3. 施工阶段

工程项目或者房屋的施工过程，大体可分为施工前准备、工程施工和工程竣工验收三个阶段。

2.3.2　设计分工

建造一栋建筑物，从拟定计划到建成投入使用，设计工作是比较重要的环节，需要建筑、结构、采暖通风、给排水和电气照明等多工种协同工作（工业建筑还需要由工艺师牵头设计），而建筑设计又是整个设计工作的先行，常处于主导地位。

建筑设计是在总体规划的前提下，根据建设任务要求和工程技术条件进行全面设计，并具体确定建筑物的空间组合形式与详细尺寸，明确房屋各组成部分的材料做法，最后编制完整的建筑设计文件（包括图样与说明）。进行建筑设计时要与其他专业工作密切配合，创造实用、经济、美观的建筑物。建筑设计一般是由建筑师来完成。

结构设计的主要任务是配合建筑设计选择经济合理的结构方案，进行结构构件的计算和设计，然后编制完整的设计文件。结构设计一般是由结构工程师来完成。

设备设计是指建筑物中采暖、通风、给排水和电气照明方面的设计，最后分别编制采暖、通风、给排水和电气照明方面的设计文件，设备设计一般是由有关专业的工程师来完成。

2.4　建筑设计的深度

2.4.1　初步（方案）设计文件编制内容

（1）初步设计文件内容　初步设计文件根据设计任务书或批准的可行性研究报告进行编制，由设计说明书（包括设计总说明和各专业设计说明）、设计图样、主要设备及材料表和工程概算书等四部分组成，其编排顺序为：

1）封面。

2）扉页。

3）初步设计文件目录。

4）设计说明书。

5）图样。

6）主要设备及材料表。

7）工程概算书。

在初步设计阶段，各专业应对本专业内容的设计方案或重大技术问题的解决方案进行综合技术经济分析，论证技术上的实用性、可靠性和经济上的合理性，并将其主要内容写进本专业初步设计说明书中。另外设计总负责人对工程项目的总体设计在设计总说明中应予以论述。

为编制初步设计文件，应进行必要的内部作业，有关的计算书、计算机辅助设计的计算资料、方案比较资料、内部作业草图、编制概算所依据的补充资料等，均须妥善保存。

依照建设部（1995）230 号文件《城市建筑方案设计文件编制深度规定》，方案设计文件根据设计任务书进行编制，应包括设计说明书、设计图样、投资估算、透视图等四部分。一些大型或重要的建筑根据需要可加作建筑模型。

（2）总平面设计说明及图纸　总平面设计说明书应对总体方案构思意图做出详尽的文字阐述，并应列出技术经济指标表（包括总用地面积，总建筑面积，建筑占地面积，各主要建筑物的名称、层数、高度，以及建筑容积率、建筑密度，道路广场铺砌面积，绿地面积，绿地率，必要时还需计算场地初平土方工程量等）。

总平面图纸应包括以下内容：

1）用地所在的区域位置。

2）用地红线范围（各角点测量坐标值、场地现状标高、地形地貌及其他现状情况反映）。

3）用地与周围情况反映（用地外围城市道路，市政工程管线设施，原有建筑物、构筑物，周围拟建建筑及原有古树名木、历史文化遗址等）。

4）总平面布局，功能分区、总体布置及空间组合的考虑，道路广场布置，场地主要出入口车流、人流的交通组织分析（并应说明按规定计算的停车泊位数和实际布置的停车泊位数量），以及其他反映方案特性的有关分析，如清防分析、绿化分析等。

（3）建筑设计说明书　建筑设计说明书的内容包括：

1）设计依据及设计要求：

① 计划任务书或上级主管部门下达的立项批文、项目的可行性报告批文、合资协议书批文等。

② 红线图或土地使用批准文件。

③ 城市规划、人防等对建筑设计的要求。

④ 建设单位签发的设计委托书及使用要求。

⑤ 可作为设计依据的其他有关文件。

2）建筑设计的内容和范围：简述建筑地点及其周围环境、交通条件以及建筑用地的有关情况，如用地大小、形状及地形地貌，水文地质，供水、供电、供气，绿化，朝向等情况。

3）方案设计所依据的技术准则：包括建筑类别、防火等级、抗震烈度、人防等级和建筑及装修标准等。

4）设计构思和方案特点：包括功能分区，交通组织，防火设计和安全疏散，自然环境条件和周围环境的利用，日照、自然通风、采光，建筑空间的处理，立面造型，结构选型和柱网选择等。

5）垂直交通设施的说明：包括楼梯、自动扶梯和电梯的选型、数量和功能划分。

6）关于节能措施方面的必要说明：特殊情况下还要对温度、湿度等作专门说明。

7）有关技术经济指标及参数：包括总建筑面积和各功能分区的面积，层高和建筑总高度。其他包括住宅中的户型、户室比，每户建筑面积和使用面积，旅馆建筑中不同标准的客房间数、床位数等。

（4）建筑设计图纸　建筑设计图纸包括以下内容：

1）主要使用层平面图：

① 底层平面及其他主要使用层的总尺寸、柱网尺寸或开间、进深尺寸（可用比例尺表示）。

② 功能分区和主要房间的名称（少数房间，如卫生间、厨房等可以用室内布置表示房间使用功能），必要时要画标准间或特殊功能建筑中的主要功能用房的平面放大图和室内布置。

③ 要反映各个出入口水平和垂直交通的关系，室内车库还要画出停车位和行车路线。

④ 要反映结构受力体系中承重墙、柱网、剪力墙等的位置关系。

⑤ 注明主要楼层、地面、屋面的标高关系。

⑥ 剖面位置及编号。

2）立面图：根据立面造型特点，选绘有代表性的和主要的立面，并表明立面的方位、主要标高以及与之有直接关系的其他（原有）建筑和部分立面。立面较复杂的建筑，四个方向的立面图均需要绘制。

3）剖面图：剖切线应剖在高度和层数不同、空间关系比较复杂的主体建筑的纵向或横向相应部位。一般应剖到楼梯，并注明各层的标高。建筑层数多、功能复杂时，还要注明层次及各层的主要功能。

4）透视图或鸟瞰图：图纸数量和表现手法视需要而定，设计方案一般应有一个外立面透视图或鸟瞰图。

5）建筑模型：可根据建设单位要求或设计部门认为有必要时制作，一般用于大型或复杂工程的方案设计。

（5）初步设计文件的深度应满足的要求

1）应符合已审定的设计方案。

2）能据以确定土地征用范围。

3）能据以确定主要设备和材料。

4）应提供工程设计概算，作为审批确定投资的依据。

5）能据以进行施工图设计。

6）能据以进行施工准备。

2.4.2 施工图设计文件编制内容

（1）施工图设计文件内容 施工图设计应根据已批准的初步设计进行编制，内容以图样为主，应包括封面、图纸目录，设计说明（或首页）、图样、工程预算书等。

施工图设计文件一般以子项为编排单位，各专业的工程计算书（包括计算机辅助设计的计算资料）应经校审、签字后，整理归档。

（2）施工图设计文件的深度应满足的要求

1）能据以编制施工图预算。

2）能据以安排材料、设备订货和非标准设备的制作。

3）能据以进行施工和安装。

4）能据以进行工程验收。

关于施工图设计文件编制深度规定的细则，可查阅建设部文件《建筑工程设计文件编制深度规定》。

小 结

1. 建筑设计的依据是：人体尺度和人体活动所需的空间尺度、家俱尺寸、环境因素和建筑模数。

2. 建筑设计的要求是：建筑的功能要求、建筑的技术要求、建筑的经济要求、建筑的美观要求、建筑的规划及环境要求。

3. 建筑设计通常包括初步（方案）设计、技术设计和施工图设计三个阶段。

复习思考题

1. 建筑设计的依据是什么？

2. 建筑模数是什么？

3. 建筑设计的程序是怎样的？

4. 建筑设计的要求是什么？

第3章 空间与结构造型

学习目标

本章包括结构的种类、建筑空间与结构的有机结合等内容。重点掌握建筑结构形式的分类及特点，以及结构形式与建筑空间的关系。其他的内容可以作为一般了解。

3.1 空间与结构概述

建筑是艺术与技术相结合的产物，技术是建筑的构思、理念转变为现实的重要手段，建筑技术包涵的范围很广，包括结构、消防、设备、施工等诸多方面的因素，其中结构与建筑空间的关系最为密切。

建筑空间是人们凭借着一定的物质材料从自然空间中围隔出来的人工环境。人们创造建筑空间有着双重的目的，首先也是最根本的目的是要满足一定的使用功能要求，其次还要满足一定的审美要求。要想达到上述两方面的目的就必须依靠一定的技术手段。人们建造房屋使用各种材料，并根据不同材料的力学性能，巧妙地将它们组合在一起，使之具备合理的荷载传递方式，整体与各个部分都具有一定的刚性并符合静力平衡条件，这就形成了建筑的空间结构，它是诸多技术手段的主体。

任何建筑空间都是为了达到上述两重目的而围隔的。对使用功能要求而言，就是要符合于功能的规定性，也就是该围隔的空间必须具有确定的量（大小、容量）、确定的形（形状）和确定的质（能避风雨、御寒暑、具有适当的采光通风条件）；就审美要求而言，则是要使该围隔符合美的法则，即具有统一和谐而又富有变化的形式和艺术表现力。

我们通常将符合功能要求的空间称之为适用空间，将符合审美要求的空间称之为视觉空间或意境空间，将符合材料性能和力学规律的空间称之为结构空间。三者由于形成的根据不同，各自受到的条件制约和所遵循的法则也不同，但在建筑中它们是有机统一的。建筑设计就是要将三者统一为一个整体。

在古代，功能、审美和结构三者之间的矛盾并不突出，当时的建筑设计师既是艺术家又是工程师，他们在建筑创作的初始阶段就将三方面的问题综合考虑并加以调和了。到了近现代，随着科学技术的不断进步和发展，工程结构已经从建筑学中分离出来，成为相对独立的专业，现代的建筑师必须和结构工程师相互配合才能最终确定建筑设计方案，因此正确地处理好功能、审美和结构三者的关系就显得更为重要了。

由此可见，结构作为实现建筑功能和审美要求的技术手段，要受到它们的制约。就互相之间的关系而言，结构与功能之间通常更为紧密一些，任何一种结构形式的出现，都是为了适应一定的功能要求而被人们创造出来的，只有当它所围合的空间形式能够适应某种特定的功能要求，它才有存在的价值。随着功能的发展和变化，结构自身也不断地趋于成熟，从而更好地适应于功能的要求。然而结构并不是一个完全消极被动的因素，相反，它对建筑空间形式同时具有很强的反作用。恰当地运用合理的结构形式往往会对空间的功能和美观起到很大的促进作用，而当某种结构形式不再适应建筑的功能要求时，它必然会被淘汰。

不同的建筑功能对建筑空间要求是不同的。这就要求有相应的结构形式来提供与功能相适应的空间形式。例如为了适应宿舍、小型住宅等小开间的蜂窝式空间组合形式，可以采用内墙承重的梁板式结构；为了适应展览馆等灵活划分空间的要求，可以采用框架承重的结构；体育馆、影剧院等为求得开敞无遮挡的室内空间，可以采用大跨度结构来实现。每一种结构形式由于受力特点不同，构件组成方法不同，所形成的空间形式必然是既有其特点优势又有其局限性。如果用得恰到好处，将可以避免它的局限性而使之适合于功能的要求，最大限度地发挥自己的优势。为了做到这一点，建筑师从着手开始设计时，就应当充分考虑建筑功能的空间要求和使之实现的结构型式之间的有机结合。

另一方面，结构形式的选择不仅要受功能要求影响，同时还要服从审美的要求。一个好的结构方案应该是满足使用功能的同时，还应具有一定的艺术感染力，而且不同的结构形式各自具有独特的表现力。

古代的建筑师在创造结构时一般都把满足功能要求和满足审美要求联系在一起考虑，例如古罗马人采用拱券和穹顶结构为当时的浴场、法庭等建筑提供了巨大的室内空间，同时表现出宏伟、博大、庄严的气氛，创造出了光彩夺目的艺术形象。哥特式教堂高直的尖拱和飞扶壁结构，则有助于营造高耸、轻盈和神秘的宗教气氛。西方古典建筑一般都采用砖石结构，因此都具有敦实厚重的感觉，而我国传统的木构建筑，则易于获得轻巧、空灵和通透的效果。与功能相比，虽然结构形式满足审美方面的要求居于从属地位，但也不是可有可无的。

现代科学的伟大成就所提供的技术手段，不仅使建筑能够更加经济有效的满足功能的需要，而且其艺术表现力也为我们提供了极其广阔的可能性。巧妙地利用这种可能性必将能创造出丰富多彩的建筑艺术形象。

如今，在建筑设计中常用的结构形式，基本上可以概括为三种主要类型，即墙柱梁板结构（混合结构）、框架结构和大跨度结构。结合我国的具体情况，在新型建筑材料不甚发达的地区，对于一般标准的中小型建筑，如中小学校和多层住宅等，多选用墙体承重结构，即混合结构体系。在大中城市，设计和施工技术比较发达，在高层公共建筑中，如宾馆、大型办公楼等，多选择框架或框剪结构体系。而对于大跨度的公共建筑，如剧院、会堂、体育馆、大型仓库、超级市场等多选择大跨度结构体系。随着我国经济技术的发展，高科技的新型建筑材料日趋发达，支撑建筑空间的结构体系也不断地更新换代，这就给建筑创作带来无限的生机。在建筑领域中，所谓现代技术所包括的内容是相当广泛的，但是结构在其中却占据着特别突出的地位。这不仅是由于它在实现对于自然空间围隔过程中起着决定性的作用，而且还因为它直接关系到空间的量、形、质等三个方面。

为此，在本章中将系统地来讨论空间与结构的关系问题。面对这种情况，我们应当怎样对待现代技术？毫无疑问，我们应当利用它、驾驭它，力求扩大它的表现力，并使之为建筑创作服务。在结构选型上，不仅需要坚持因地制宜的观点，还需坚持因时制宜的观点，才有可能使建筑的设计构思与结构选型相辅相成，配合默契。

3.2 结构的种类

3.2.1 墙柱梁板结构（混合结构）

墙柱梁板结构是由承重墙（柱）、梁、板等结构构件组成的结构体系，又称混合结构。这是一种古老的结构体系，早在公元前两千多年的古埃及建筑中就已经被广泛地采用，至今它仍然是最广泛使用的结构体系之一。

这种结构体系主要由两类基本构件共同组合而形成空间：一类构件是墙柱，另一类构件是梁板。前者是形成空间的垂直面，后者是形成空间的水平面。墙和柱所承受的是垂直的压力，梁和板所承受的是弯曲力。例如古埃及、西亚建筑所采用的石梁板、石墙柱结构，古希腊建筑所采用的木梁、石墙柱结构，近代各种形式的混合结构、大型板材结构、箱形结构等。凡是利用墙、柱来承担梁、板荷重的一切结构形式都可以归在这种结构体系的范围之内。

墙柱梁板结构体系的最大特点是：墙体本身既要起到围隔空间的作用，同时又要承担屋面的荷重，把围护结构和承重结构这两重任务合并在一起。

古埃及、西亚建筑所采用的结构型式，可以说是一种最原始的石梁柱（墙）结构。因为天然石材不仅自重大而且又不可能跨越较大的空间，用石梁柱当作屋顶结构，并用墙作为它的支承，只能形成一条狭长窄小的空间，因此在平面上会形成间距很小而又相互平行的多条墙。这种结构方法的局限性十分明显，古埃及、西亚建筑不可能获得较大的室内建筑空间就是由于受到该种结构形式的限制（图3-1）。

古埃及的神庙建筑由于祭祀活动公共性，通常要求有宽大的室内空间，而用墙来支承屋顶结构显然不可能获得这样的空间，面对这种情况只好用石柱来支托屋顶结构。采用这种方法虽然可以扩大室内空间，但是终究由于石梁板的跨度有限，加之石

图3-1 古埃及卡纳克阿蒙神庙局部

柱本身又十分粗大，结果仍然是柱子林立，而使内部空间局促拥塞。

古希腊神庙的屋顶结构由于用木梁代替石梁，从而使正殿部分的空间有所扩大，这是因为木材本身的自重较轻而且又适合承受弯力，用它作梁显然要比石梁可以跨越更大的空间。与埃及神庙相比，希腊神庙显然要开畅、明快一些，这固然取决于人的主观意图，但也和各

自所采用的结构方法有着一定的联系。

近代钢筋混凝土梁板是由两种材料组合在一起而共同工作的，由于较充分地发挥了混凝土的抗压能力和钢筋的抗拉能力，因而是一种比较理想的结构构件。和天然的石料、木材不同，钢筋混凝土梁板可以不受长度的限制而做成多跨连续形式的整体构件，这样就可以使弯矩分布比较均匀，从而能够较有效地发挥出材料的潜力。

如图 3-2 所示的东京国立博物馆是日本最大的博物馆，位于东京台东区上野公园北端，创建于明治四年（公元 1871 年），现在的建筑完工于 1938 年，是典型的混合结构建筑。

图 3-2　东京国立博物馆

尽管多跨连续的钢筋混凝土梁板具有整体性强和较好的经济效益等特点，但是在施工中梁板必须在现场浇制，不仅需要大量的模板，而且施工速度慢。为此，当前我国多采用预制钢筋混凝土构件。

有些建筑由于功能要求需要有较大的室内空间，为此就需要用梁柱体系来代替内隔墙来承受楼板所传递的荷重，从而形成外墙内柱承重的结构形式。

当前我国所采用的墙柱梁板结构形式，以砖或石墙承重及钢筋混凝土梁板系统最为普遍，这种结构体系的特点是：墙体本身是围护结构，同时又是承重结构。墙体承重布置形式可分为：横墙承重形式、纵墙承重形式、纵横墙承重形式。横墙承重形式中，楼层的荷载通过梁板传至横墙，横墙作为主要承重竖向构件，纵墙仅起围护、分隔、自承重及形成整体作用，此结构由于外纵墙不是承重墙，立面处理比较方便、灵活，可以开设较大的门窗洞口，但由于横墙的间距较密，房间平面划分的灵活性差，只能形成开间小，层高低的蜂窝型建筑空间，故此种承重形式多用于宿舍、住宅等居住建筑。纵墙承重形式中，纵墙是主要承重构件，横墙的间距比较大，因此平面布置的灵活性有所增强，建筑空间相应增大，此种承重形式多用于教学楼、小型办公楼等一般标准的公共建筑。纵横墙承重形式是根据建筑开间和进深要求，采取的纵横墙同时承重的形式。

总之，以墙或柱承重的梁板结构形式虽然历史悠久，但因墙柱梁板结构受梁板经济跨度的制约，在平面布置上，常形成矩形网格承重墙的特点，使该结构体系无法自由灵活地分隔空间，不能适应建筑有较复杂的使用功能，所以该结构形式对于那些房间不大、层数不高，功能较为单一，房间组成相对简单的一般标准建筑比较适用。

如图3-3和图3-4所示为居住别墅，在它们的平面布局中，内外墙的划分皆显示出了墙柱梁板结构的特点，即内墙和外墙起到分隔建筑空间和支撑上部结构重量的双重作用。另外，从承重墙布置的形式看，有纵墙承重与横墙承重之分，应结合布局的需要加以选择。

图3-3　居住别墅（一）　　　　　　　　图3-4　居住别墅（二）

墙柱梁板结构中的承重墙体，因需要承受上部屋顶或楼板的荷载，应充分考虑屋顶或楼板的合理布置，并要求梁板或屋面的结构构件规格整齐，模数统一，为方便施工创造有利的条件。针对这种结构特点，在进行建筑结构布局时，应注意以下要求：

1）为了保证墙体有足够的刚度，承重墙的布置应做到均匀、交圈，并应符合相关规范的规定。

2）为了使墙体传力合理，在多层建筑中，上下承重墙应尽量对齐，门窗洞口的大小和位置也应有一定的限制。

3）墙体的厚度和高度（即自由高度与厚度之比）应在合理的允许范围。

墙柱梁板结构的建筑，除承重墙之外，还有非承重墙，也称隔断墙。因其不承受荷载，只起分隔空间的作用，一般多选用轻质材料，如空心砖、轻质砌块、石膏板、加气混凝土墙板等。

在墙柱梁板结构类型中，还有砖木结构体系，即采用砖墙承重和木楼板或木屋顶结构建造的建筑，但由于木材消耗量大，当前我国已很少采用。此外，也有采用石墙承重混合结构体系的建筑及其他类型承重墙的混合结构体系的建筑。由于选材不同，对建筑的空间组合会产生不同的影响，应在设计构思中权衡利弊，经过深入分析研究，综合地取优除弊后，谨慎地加以解决。在设计中应依据建筑空间与结构布置的合理性和可能性，分清承重墙与非承重墙的作用，做到两者分工明确、布置合理，使整体建筑在适用、坚固、经济、美观等几个方面都能达到良好的空间效果。只有这样，才能把建筑空间组合与结构体系密切地结合起来。

当然，墙体承重结构体系，在就地取材和节约三材（钢材、木材、水泥）等方面有它可取之处，但是，由于墙体是承重构件，在刚度、胀缩、抗震等方面要求苛刻，对开设门窗或洞口受到极大的限制，并在功能和空间的处理上，存在着不少制约，这些都是此种结构体系存在的弱点。

为了提高劳动生产率和加快施工速度，近年来随着建筑工业化的不断深入，混合结构中的大型板材结构和箱形结构已大量被采用。大型板材结构是装配式建筑的主导做法，而箱形结构则是装配化程度最高的一种形式，它以"间"为单位进行预制。这种结构的优越性首先表现在生产的工厂化，其次，由于可以采用机械化的施工方法，大大地加快了施工速度。这两种结构形式尽管具有一定的优点，但是由于把承重结构和维护结构合二为一，特别是由于构件跨度加大，因而使空间的组合极不灵活，也不可能获得较大的室内空间，所以这两种结构形式的运用范围也是很有局限的，一般仅适用于功能要求比较确定、房间组成比较简单的住宅建筑。

3.2.2　框架结构

框架结构是由梁和柱刚性连接的骨架结构。在此结构中梁和柱分别承受并传递着整个建筑的水平荷载和竖向荷载。

框架结构体系最明显的特点是承重系统与非承重系统有明确的分工，即支撑建筑空间的骨架是承重系统，而分割室内外空间的围护结构和轻质隔断，是不承受荷载的。因此，柱与柱之间可依据需要做成填充墙或全部开窗，也可部分填充，部分开窗，或做成空廊，使室内外空间灵活通透。在框架结构体系下，室内空间常依照功能要求进行分隔，可以是封闭的，也可以是半封闭或开敞的。隔墙的形状也是多种多样的，可以是直线的，也可以是折线或曲线的。与墙柱梁板结构相比较，框架结构建筑的平面分隔更加灵活，室内空间造型更加丰富。另外，从虚实效果上看，或虚、或实、或实中有虚、或虚中有实皆可表达一定的设计意图，充分表明了承重柱与轻隔墙的布置与分工，显示出框架结构体系的特色和优越性。

框架结构也是一种古老的结构形式。在原始社会时期，原始人类在开始由穴居而转化为自己搭建围合居住空间时，就逐渐学会了用树干、树枝、兽皮等材料搭成类似于后来北美印第安人式的帐篷，这实际上就是框架结构。人们在长期的生活实践中逐渐地认识到：不同的材料其各种性能的差别是非常大的。有的材料抗压能力很强，因此可以选它们当作承重的骨架；有的材料不易透水透气，就可以用它们来防风挡雨，把它们覆盖在承重的骨架上，从而形成一个可供人们栖息的空间。

北美印第安人式的帐篷是框架结构的典型例子。他们用树干或树枝当作承重的骨架，把树干或树枝的下端插入地下，上端集中在一起，周围用兽皮、树皮或席子加以覆盖、围合，这样就形成了一个圆锥形的室内空间。但这种原始形式的帐篷结构非常简单、内部空间狭窄局促，人在其中生活会受到很大的局限。

在欧洲逐渐发展起来的半木结构，是一种露明的木框架结构。由于构件之间的结构技巧日趋完善，从而可以形成高达数层，并具有相当稳定性的整体木框架结构。这种结构不仅具有规则的平面形状，而且使立柱、横梁、屋顶结构、斜撑等不同构件明确地区分开来，各自担负着不同的功能，同时又互相连接成为一个整体。另外，按照建筑物的规模，这种结构可以将空间分成若干个开间，每一开间之间设置立柱，门窗等开口可以安放在两根相邻立柱之间，内部空间随着开间的划分可作灵活的分隔。由于具有上述优点，欧洲的许多国家，特别是英国，曾广泛地以这种结构方法来建造住宅建筑。

半木结构虽然具有很多优点，但是由于木框架与填充墙之间不可能结合得十分严密，因而它只流行于气候比较温暖的中欧地带。随着英国殖民主义的发展，这种半木结构被带到北美洲，但由于存在上述缺点，这种露明的框架就逐渐地被覆盖起来，从而形成为一种殖民地式的建筑风格。

我国古代建筑所运用的木构架也是一种框架结构，它具有悠久的历史，据估计这种木构架系统的结构早在公元前 2 世纪至公元 2 世纪的汉代就已经趋于成熟（图 3-5、图 3-6）。由于梁架承担着屋顶的全部荷重，而墙仅起空间围护的作用，因而可以做到"墙倒屋不塌"。我国传统木构架构件用榫卯连接，匠师们在长期实践中创造了各种形式的榫卯，并且加工制作十分精密、严谨，从而使整个建筑具有良好的稳定性。

图 3-5　北京故宫太和殿

图 3-6　北京天坛祈年殿

我国古典建筑之所以具有十分独特的形式和风格，这固然和我国古代社会的生活方式、民族文化传统、地理气候条件有着不可分割的联系，但是采用木构架的结构形式对于建筑形式的影响也是一个不容忽视的重要因素。

除木材外，用砖石也可以砌筑成框架结构的形式，13～15 世纪在欧洲风行一时的哥特式建筑所采用的正是一种砖石框架结构。哥特式教堂所采用的尖拱拱肋结构，无论从形式或受力状况上看都不同于罗马时代的筒形拱或穹窿。它的最大特点是把拱面上的荷载分别集中在若干根拱肋上，再通过这些交叉的拱肋把重力汇集于拱的矩形平面的四角，这样就可以通过极细的柱墩把重力传递给地面。哥特式教堂就是以重复运用这种形式的基本空间单元而形成宏大的室内空间。在这种结构体系中，为了克服拱肋的水平推力，又分别在建筑物的两侧设置宽大的飞扶壁，这既满足了结构的要求，又使建筑物的外观显得更加雄伟、高耸、空灵。由于这种结构体系把屋顶荷载及水平推力分别集中在柱墩和飞扶壁上，反映在平面上则是既无内墙也无外墙，所剩下的仅仅是整齐排列着的柱网和飞扶壁的纵向墙垛，这种平面具有框架结构的特点。此外，为分隔室内外空间，还在相邻的拱架间镶嵌大面积的花棂窗，这将会给室内空间造成一种极其神秘的宗教气氛。

尽管运用砖石框架也可以建造出像哥特式教堂那样高大、雄伟的建筑，但是这种结构有整体刚性差的弱点，而这一点对于框架结构来说是至关重要的，正是由于这一点，也有人反对把它当作框架结构来看待。由此可见，结构形式和材料的力学性能之间存在一个适应与否的问题。在近代钢筋混凝土框架结构中，这个问题反映的更为突出。

钢筋混凝土不仅强度高、防水性能好，而且既能抗压又能抗拉，特别是由于它可以整体浇筑，所有的构件之间都可以按刚性结合来考虑，因此这种材料可以说是一种理想的框架结构材料。

除钢筋混凝土外，钢材也是一种比较理想的框架结构材料。与钢筋混凝土相比，钢材还具有自重轻和便于连接等优点，但钢材的防火性能差，用钢材做框架还必须用不易燃的材料把它包裹起来，这也会给设计带来许多麻烦。目前世界各国情况不同，有的主张用钢框架，有的则主张用钢筋混凝土框架。就我国的情况而言，由于钢的产量不足、成本较高，一般均采用钢筋混凝土框架结构。

钢筋混凝土框架结构的荷载分别由板传递给梁，再又梁传递给柱，因此，它的重力传递分别集中在若干个点上。基于这一点，可以认为框架结构本身并不形成任何空间，而只为形成空间提供一个骨架，这样就可以根据建筑物的功能或美观要求自由灵活地分隔空间。作为承重结构的框架不起任何空间围护的作用；而围护结构的内外墙不起任何结构承重的作用，两者分工明确。这样，内外墙只要能够满足空间围护、保温隔热、视线遮挡的要求，则可以选用最轻、最薄的材料，特别是外墙，通常可以采用大面积的玻璃幕墙来取代厚重的实墙，这样就可以极大地减轻结构的重量。

钢和钢筋混凝土框架结构问世之后，对于建筑的发展起了很大的推动作用。法国著名建筑师勒·柯布西耶早在20世纪初就已经预见到这种结构的出现可能会给建筑发展带来巨大而深刻的影响。提出新建筑五点建议：①立柱、底层透空；②平顶、屋顶花园；③骨架结构使内部布局灵活；④骨架结构使外形设计自由；⑤水平的带形窗。深刻地揭示出近代框架结构给予建筑创作所开拓的新的可能性。回顾当代建筑发展的实践活动，充分证明了他的预见是正确的。

如图 3-7 所示的深圳龙岗区政府大厦。它充分利用框架结构内部布局灵活，外形设计自由，立柱、底层局部透空等空间优势，使整座建筑前后进退、刚柔结合、迂回曲折、错落有致，以大构架的细部画龙点睛地表现出雄伟庄严的空间。

近代框架结构的应用，不仅改变了传统的设计方法，甚至还改变了人们传统的审美观念。采用砖石结构的古典建筑，底层荷载愈大，墙也愈实愈厚，由此形成了一条关于稳定的观念——上轻下重、上小下大、上虚下实，并认为如果违反了这些原则就会使人产生不愉快的感觉。古典建筑立面处理按照台基、墙身、檐部三段论的模式来划分，正是这些原则的反映。采用框架结构的近现代建筑，由于荷载全部集中在立柱上，底层无须设置厚实的墙壁，而仅仅依靠立柱就可以支撑建筑物的全部荷载，因而它可以克服上述原则的局限性，甚至还可以颠覆这些原则，采用底层透空的处理手法，使建筑物的外形呈上大下小或上实下虚的形式。

另外，用砖石结构形成的空间，最合逻辑的形式就是由六面体组成的空间——由四面直立的墙支托着顶盖。建立在砖石结构基础上的西方古典建筑正是以这种方式来形成空间的，因而可以说，六面体空间形式所反映的正是典型的传统空间观念。采用框架结构的近现代建筑，由于荷载集中在立柱上，这就为内部空间是自由灵活分隔创造了有利条件，现代西方建筑正是利用这一有利条件，打破了传统六面体空间观念的束缚，以各种方法对空间进行灵活的分隔，不仅适应了复杂的功能要求，同时还极大地丰富了空间的变化，所谓"流动空间"

图 3-7　深圳龙岗区政府大厦

正是对于传统空间观念的一种突破。

　　其他如开门、开窗、立面处理等也都因为框架结构的应用而产生极为深刻的变化，这些都在不同程度上改变了传统的审美观念。

　　如图 3-8 和图 3-9 所示的日本长野县"新电算大厦"，占地面积为 1798m²，建筑面积为 6755m²，主体建筑地上六层。该建筑采用了钢筋混凝土框架结构，外观上通过规则、外伸的框架柱力图表现出作为高科技 IT 企业所应有的风格和进取性，通过建筑形象塑造更加强了企业的形象。

图 3-8　外观效果

图 3-9　入口细部

如图 3-10 和图 3-11 所示的日本某商业建筑"大丸神户店",占地面积为 8514m²,建筑面积为 69737m²,主体建筑地上十层,地下三层,该建筑采用了钢结构框架体系的结构形式。建筑师将空间与结构有机地结合,倾心打造宽敞的店内空间:主入口两层高的巨大中庭、高大橱窗,都为购物创造一个明亮的、富有魅力的高档商业空间。外立面低层部分采用大理石,高层部分采用窗格栅形状的装饰板,近现代建筑设计风格贯穿整个项目。

图 3-10 外观效果

图 3-11 中庭空间

3.2.3 大跨度结构

随着科学技术的发展,人们懂得运用各种材料建造出规模更宏大,结构更牢固、更舒适的空间。从古罗马的圣彼得大教堂到当代英国兴建的"千年穹顶",其直径由 43m 扩大到 320m,就是一个鲜明的例证。

在人类不断追求大室内空间的过程中,各类体育建筑、展览建筑、交通建筑等大型公共建筑应运而生,这些建筑都毫无例外地要求一个大的活动空间,因而跨度大、自重轻、造型富于变化就成为这些建筑的共同特征,有时还要求所围护的空间能够随时开启与闭合。这就需要大跨度的空间结构形式来满足以上要求,大跨度结构主要有以下几种结构形式。

1. 拱、穹窿结构

从迄今还保存着的古希腊宏大的露天剧场遗迹来看,人类大约在 2000 多年以前,就有扩大室内空间的要求。古代建筑室内空间的扩大是和拱形结构的演变发展紧密联系着的,从建筑历史发展的观点来看,一切拱形结构——包括各种形式的券、筒形拱、交叉拱、穹窿——的变化和发展,都可以说是人类为了谋求更大室内空间的产物。

如图 3-12 和图 3-13 所示的大角斗场是古罗马建筑的代表作之一。它的平面是椭圆形的,相当于两个剧场的观众席相对合一。结构上运用了混凝土的筒形拱与交叉拱,底层有土圈石墩子平行排列,每圈 30 个。底层平面上结构面积只占 1/6,保证了建筑室内空间宽阔,在当时是很大的成就。

图 3-12　古罗马大角斗场立面　　　　　　　　　　图 3-13　古罗马大角斗场鸟瞰

　　从梁到三角券可以说是拱形结构漫长发展过程的开始，尽管这种券还保留着很多梁的特征，但是它毕竟向拱形结构迈出了第一步。只是当出现了楔形结构砌成的放射券之后，才正式标志着拱形结构已经发展成为一种独立的结构体系。拱形结构和梁板结构最根本的区别在于这两者受力的情况不同：梁板结构所承受的是弯力；拱形结构所承受的主要是轴向的压力。在以天然石料作结构材料的古代，以石为梁不可能跨越较大的空间；拱形结构则不然，由于它不需要用整块石料来制作，而且基本上又不承受弯力，因而，用小块的石料可以砌成很大的拱形结构，从而可以跨越相当大的空间。

　　拱形结构在承受荷载后除产生重力外，还要产生横向的推力，为保持稳定，这种结构必须要有坚实、宽厚的支座。例如以筒形拱来形成空间，反映在平面上必须有两条互相平行的厚实的侧墙，拱的跨度愈大，支持它的墙则愈厚。很明显，这必然会影响空间组合的灵活性。为了克服这种局限，在长期的实践中人们又在单向筒形拱的基础上，创造出一种双向交叉的十字筒形拱。这种拱承受荷载后重力和水平推力集中于拱的四角，与单向筒形拱相比前者的灵活性要大得多，罗马时代许多著名的建筑，如卡瑞卡拉浴场就是用这种形式的拱来形成宏大而又富有变化的室内空间的（图 3-14、图 3-15）。

图 3-14　卡瑞卡拉浴场遗址　　　　　　　　　　图 3-15　卡瑞卡拉浴场复原模型

　　穹窿结构也是一种古老的大跨度结构形式。早在公元前 14 世纪建造的阿托雷斯宝库所运用的就是一个直径为 14.5m 的叠涩穹窿。到了罗马时代，半球形的穹窿结构已被广泛地运用于各种类型的建筑，其中最著名的是万神庙，神殿的直径为 43.3m，其上部覆盖的是一个由混凝土所做成的穹窿结构（图 3-16、图 3-17）。

图 3-16　万神庙外观　　　　　　　　　　　图 3-17　万神庙穹窿内部

　　早期半球形穹窿结构的重力是沿球面四周向下传递的，因此这种穹窿只适合于圆形平面的建筑。随着技术的进步和建造经验不断的积累，不仅结构的厚度逐渐减薄，而且形式上也不限于必须是一个半球体，可以允许沿半球四周切去若干部分，而使球面上的荷载先传递给四周弓形的拱上，然后再通过角部的柱墩把重力传递至地面。这种形式的穹窿不仅适合于正方形平面，而且还允许把四周处理成为透空的形式，这就给平面布局和空间组合创造了很大的灵活性。公元六世纪，穹窿结构又有一个很大的发展：在某些拜占庭建筑中出现了一种以穹窿结构覆盖方形平面的空间，而用帆拱作为过渡的方法，于是结构的跨度又可以进一步地增大。著名的圣索菲亚大教堂就是采用这种形式的穹窿结构（图 3-18、图 3-19）。圣索菲亚教堂建于公元 532－537 年，为拜占庭式教堂的代表，是拜占庭帝国极盛时代的纪念碑。圣索菲亚教堂的第一个成就是它的结构体系，另一个成就是它既集中统一又曲折多变的内部空间。

　　在大跨度结构中，结构的支承点愈分散，对于平面布局和空间组合的约束性就愈强；反之，结构的支承点愈集中，其灵活性就愈大。从罗马时代的筒形拱演变成为哥特式的尖拱拱肋结构；从半球形的穹窿结构发展成带有帆拱的穹窿结构，都表明由于支承点的相对集中而给空间组合带来极大的灵活性。

　　文艺复兴时期，随着社会生产力的发展，某些金属材料如铸铁已开始在建筑中运用，出现了一些新的金属大跨度结构——由铸铁或钢制成的拱或穹窿结构。由于金属是一种高强度的建筑材料，用它来做拱或穹窿不仅跨度大而且建筑外形轻巧，为大跨度建筑技术带来了一场革命。

　　图 3-18　圣索菲亚教堂　　　　　　　　　　图 3-19　圣索菲亚教堂内景

2. 桁架结构

　　桁架也是一种大跨度结构。在古代，虽然也有用木材做成各种形式的构架作为屋顶结构的，但是符合力学原理的新型桁架的出现却是近代的事。桁架结构的最大特点是：把整体受弯转化为局部构件的受压或受拉，从而有效地发挥出材料的潜力，并增大结构的跨度。

　　桁架结构虽然可以跨越较大的空间，但是由于它本身具有一定的高度，而且上弦一般又呈两坡或曲线的形式，所以只适合于当作屋顶结构。

　　在平面体系结构中，除桁架外，还有刚架和拱也是近代建筑所常用的大跨度结构。

3. 壳体结构

　　虽然用钢、钢筋混凝土等材料做成的桁架、刚架或拱可以跨越较大的空间，从而解决了大空间建筑的屋顶结构问题，但是这些结构仍存在着结构自重大等缺点。为了改变这种状况，第二次世界大战以后，一些建筑师和工程师，从某些自然形态的东西——鸟类的卵、贝壳、果壳中受到启发，进一步探索新的空间薄壁结构，即壳体结构，使结构的跨度愈来愈大，厚度愈来愈薄、自重愈来愈轻、材料的消耗愈来愈少。

　　用轻质高强材料做成的结构，若按强度计算，其剖面尺寸可以大大地减小，但是这种结构在荷载的作用下，却容易因变形而失去稳定并最后导至破坏。壳体结构正是由于具有合理的外形，不仅使内部应力分配均匀合理，同时又可以保持极好的稳定性，所以壳体结构尽管厚度极小却可以覆盖很大的空间。

　　壳体结构按其受力情况不同可以分为折板、单曲面壳和双曲面壳等多种类型。它既可以单独地使用，又可以组合起来使用；既可以用来覆盖大面积空间，又可以用来覆盖中等面积的空间；既适合于方形、矩形平面的要求，又可以适应圆形平面、三角形平面，乃至其他特殊形状平面的要求。

如图 3-20 所示为巴黎国家工业与技术中心陈列馆（建于 1958—1959），其结构采用的是分段预制的双曲双层薄壳结构，两层混凝土壳体的总共厚度只有 120mm。壳体平面为三角形，每边跨度达 218m，高出地面 48m，总的建筑使用面积为 9 万 m²。

图 3-20　巴黎国家工业与技术中心陈列馆

4. 悬索结构

和壳体结构一样，悬索结构也是在第二次世界大战以后逐渐发展起来的一种新型大跨度结构。由于钢的强度很高，很小的截面就能够承受很大的拉力，因而早在 20 世纪初就开始用钢索来悬吊屋顶结构。当时，这种结构还处于初级应用阶段，悬索在风力的作用下容易产生振动或失稳，一般只用在临时性的建筑中。二次大战后，一些高强度的新品种钢材相继问世，其强度超过普通钢几十倍，但刚度却大体停留在原来的水平上，这就使得满足结构的强度要求与满足结构刚度和稳定性要求之间发生矛盾。特别是用高强度的钢材来承受压力，若按计算强度其截面可以大大减小，但一经受压则极易产生变形、失稳而遭到破坏。为了解决这一矛盾，最合逻辑的方法就是以受拉的传力方式来代替受压的传力方式，这样才能有效地发挥材料的强度，悬索结构正是在这种情况下应运而生的。1952—1953 年在美国建造的拉莱城牲畜贸易馆是这种结构运用于永久性建筑的早期实例之一，它的实验成功，使悬索结构的运用得到迅速的发展。

如图 3-21、图 3-22 所示是位于华盛顿郊区，建于 1958—1962 年的杜勒斯国际机场候机厅，它是悬索结构的著名实例。整个建筑物宽为 45.6m，长为 182.5m。分为上下两层，大厅屋顶为每隔 3m 有一对直径为 25mm 的钢索悬挂在前后两排柱顶上，悬索顶部再铺设预制钢筋混凝土板，建筑空间造型轻盈明快，能与空港环境有机结合。

悬索在均布荷载作用下必然下垂而呈悬链曲线的形式，索的两端不仅会产生垂直向下的压力，而且还会产生向内的水平拉力。单向悬索结构为了支承悬索并保持平衡，必须在索的两端设置立柱和斜向拉索，以分别承受悬索所给予的垂直压力和水平拉力。因此，单向悬索的稳定性很差，特别是在风力的作用下，容易产生振动和失稳。

图 3-21　杜勒斯国际机场候机厅（一）　　　图 3-22　杜勒斯国际机场候机厅（二）

为了悬索提高结构的稳定性和抗风能力，还可以采用双层悬索或双向悬索。双层悬索结构平面呈圆形，索分上下两层，下层索承受屋顶全部荷载，称承重索；上层索起稳定作用，称稳定索，上下两层索均张拉于内外两个圆环上而形成整体，其形状如自行车车轮，故又称轮辐式悬索结构。这种形式的悬索结构不仅受力状况均衡、对称，而且还具有良好的抗风能力和稳定性。双向悬索结构是将悬索分别张拉在马鞍形边梁上，也可以提高结构的稳定性。这种形式的悬索结构承重索与稳定索具有相反的弯曲方向，向下凹的一组索为承重索，承受屋顶的全部荷载；向上凸的一组索为稳定索，这两组索交织成索网，经过预张拉后形成整体，具有良好的稳定性和防风能力。

除上述各种悬索结构外，还有一种结构是利用钢索来吊挂混凝土屋盖的，这种结构称之为悬挂式结构，其特点是：充分利用钢索所具有的抗拉特点，而减小钢筋混凝土屋盖所承受的弯曲力。

如图 3-23 所示为日本代代木体育馆是 20 世纪 90 年代的技术进步的象征，它脱离了传统的结构和造型，被誉为划时代的作品，采用高张力缆索为主体的悬索屋顶结构，创造出带有紧张感、力动感的大型内部空间。

悬索结构除跨度大、自重轻、用料省外，还具有以下一些特点：①平面形式多样，除可覆盖一般矩形平面外，还可以覆盖圆形、椭圆形、正方形、菱形乃至其他不规则平面的空间，使用的灵活性大、范围广。②由多变的曲面所形成的内部空间既宽大宏伟又富有运动感。③主剖面呈下凹的曲线形式，曲率平缓，如处理得当，既能顺应功能要求，又可以大大地节省空间和空调费用。④外形变化多样，可以为建筑体形和立面处理提供新的可能性。在建筑设计中，如果处理好建筑功能与结构的关系，可以创造出优美的建筑空间和体形。

5. 网架结构

网架结构也是一种大跨度空间结构。它具有刚性大、变形小、应力分布较均匀、能大幅度地减轻结构自重和节省材料等优点。网架结构可以用木材、钢筋混凝土或钢材来做，并且具有多种多样的形式，使用灵活方便，可适应于多种形式的建筑平面的要求。近年来国内外许多大跨度公共建筑或工业建筑均普遍地采用这种新型的大跨度空间结构来覆盖巨大的空间。1976 年在美国路易斯安那州建造的世界上最大的体育馆，就是采用钢网架屋顶，圆形平面的直径达 207.3m。

图 3-23　代代木体育馆

网架结构可分为单层平面网架、单层曲面网架、双层平板网架和双层穹窿网架等多种形式。单层平面网架多由两组互相正交的正方形网格组成，可以正放，也可以斜放。这种网架比较适合于正方形或接近于正方形的矩形平面建筑。如果把单层平面网架改变为曲面拱或穹窿网架，将可以进一步提高结构的刚度并减小构件所承受的弯曲力，从而增大结构的跨度。

图 3-24 所示为多伦多汤姆逊音乐厅（建于 1982 年），这座造型独特的音乐厅坐落在加拿大多伦多市中心的一块约 1 万 m^2 的地段上，三面被城市干道环绕。它的建成丰富了以矩形高层建筑为基调的城市景观。外壁为两层，在钢筋混凝土网架结构的外面又是一层镶嵌了褐色玻璃的钢网架，达到了良好的隔音效果。

近年来流行的平板空间网架结构是一种双层的网架结构，一般由钢管或型钢组成。它的形式变化较复杂，其网格有两向或三向的两种。两向的网架是上下两层网架由纵、横两组成正交（90°）的网格所组成，这种网架既可以正放，也可以斜放，比较适用于正方形或矩形建筑平面。三向的网架是上下层网架由三组互成 60° 斜交的网格组成，这种网架结构的刚度比两向网架强，较适合于三角形、六角形或圆形建筑平面的要求。

平板双层钢网架结构是大跨度建筑中应用得最普遍的一种结构形式，近年来我国建造的大型体育馆建筑，如北京首都体育馆、上海市体育馆、南京市五台山体育馆等都是采用这种形式的结构。

图 3-24　多伦多汤姆逊音乐厅

贝聿铭设计卢浮宫改建工程的玻璃"金字塔"入口（图 3-25、图 3-26），为了解决一般网架上下弦从外面看起来总是叠加在一起而显得不够纯粹的矛盾，使用了一套弦支的网架体系，即下弦使用索来承受拉力，承托上弦和腹杆，索的视觉层次被遮掩掉了，只能看到比较明显的上弦。这样，玻璃金字塔在很多人眼里就只看到纯粹的表皮，达到形式上的完美。值得注意的是，该网架在每个面的中间部分比较厚，即腹杆较长，这是由于中间部分弯矩比较大的原因。

图 3-25　卢浮宫新馆夜景

图 3-26　卢浮宫新馆

新型大跨度结构——壳体、悬索、网架等与古代的拱或穹窿相比具有极大的优越性，这主要表现在以下四个方面。

（1）跨度大　古代建筑因限于结构发展水平，不可能获得巨大的室内空间，从而使得许多公共性活动不能在室内进行。到了近代，由于新型大跨度结构的出现，仅用几厘米厚的空间薄壁结构，便可覆盖超过百米的巨大空间，从而使几千人、上万人、乃至几万人可以同在室内集会。

（2）矢高小、曲率平缓、剖面形式多样　古代的拱或穹窿，剖面一般呈弧形曲线，随着跨度的加大，中央部分空间也急剧地增高，这种空间除使人感到高大宏伟外，并无多大实际使用价值。新型空间结构有时虽然也要起拱，但一般矢高都很小，曲率变化相对平缓，用这些结构覆盖空间，如处理得当，则可以大大提高空间的利用率。另外一些结构如平板空间网架，则根本不需要起拱，这适用于功能上要求层高等高的空间，同时可以杜绝空间的浪费。悬索结构不仅不需要起拱，而且呈下凹的曲线形式，用它所覆盖的空间，正好和大型体育馆的功能空间布局趋于一致，这就把建筑功能所要求的空间形式和结构所覆盖的空间形式有机地统一为一体，从而把空间的利用率提高到最大的限度。

（3）厚度薄、自重轻　古罗马时代使用天然混凝土和砖肋相结合的拱和穹窿，厚度可达数英尺以上，不仅占据了大量空间，而且自重也大得惊人。当代用轻质高强材料做成的新型大跨度结构，其厚度仅数厘米，这不仅可以大幅度地节省材料、减轻结构自重，而且还可以把建筑物的外观处理得更轻巧、通透，生动活泼。

（4）平面形式多样　古代的筒形拱、穹窿仅能适应矩形、正方形和圆形平面的建筑。新型大跨度结构类型多样、形式变化极为丰富，它既适合于矩形、正方形和圆形平面的建筑，又适合于三角形、六角形、扇形、椭圆形，乃至其他不规则的建筑平面，这就为适应复杂多样的空间功能要求开辟了宽广的可能性。

近二十余年来，各种类型的大跨度空间结构在美、日、欧等发达国家发展很快，建筑物的跨度和规模越来越大。目前，尺度达150m以上的超大规模建筑已非个别，结构形式丰富多彩，采用了许多新材料和新技术，发展出许多新的空间结构形式。例如1992年建成的美国亚特兰大为1996年奥运会修建的"佐治亚穹顶"（图3-27），采用新颖的整体张拉式索—膜结构，其准椭圆形平面的轮廓尺寸达192m×241m，是世界最大跨度的索网与膜杂交结构的屋顶，它的建成为国际空间结构专家所瞩目。此外，在世界各地，许多宏伟而富有特色的大跨度建筑已成为当地的标志性建筑和著名的人文景观。

图3-27　亚特兰大奥运会主馆——"佐治亚穹顶"

综上所述，大跨度空间结构可以说是最近 30 多年来发展最快的结构形式。国际《空间结构》杂志主编马考夫斯基说："在 60 年代，空间结构还被认为是一种兴趣但仍属陌生的非传统结构，然而今天已被全世界广泛接受。"从今天来看，大跨度和超大跨度建筑物及作为其核心的空间结构技术的发展状况已成为代表一个国家建筑科技水平的重要标志之一。

3.2.4 其他结构体系

除以上三种基本结构体系外，还有一些现代建筑常见的结构类型，如剪力墙结构、井筒结构、悬挑结构、帐篷结构和充气结构等。

1. 剪力墙、井筒结构

高层建筑，特别是超高层建筑既要求有很高的抗垂直荷载能力，又要求有相当高的抗水平荷载能力。近几十年来国内外新建的一些高层建筑已采用剪力墙结构来代替框架结构，剪力墙的侧向刚度和抗水平荷载能力要比框架结构大的多。据实验证明：如果采用框架—剪力墙结构体系，作用于高层建筑上的侧向水平荷载大约 80% 以上都由剪力墙承担。随着建筑层数的不断提高，其水平荷载将急剧加大，剪力墙的间距则愈来愈小，最终必将导致完全取代框架，而使建筑物的主要横墙全部成为既能承担垂直荷载、又能抵抗水平荷载的剪力墙结构，例如广州白云宾馆（33 层）就是采用这种结构形式。

剪力墙结构将承重结构和分隔空间的结构合二为一，因而内部空间处理将受到结构要求的限制而失去灵活性。为了克服这种矛盾，人们又试图采用井筒结构———一种具有极大刚度的核心体系来加强整体的抗侧向荷载能力，这样就可以把分散布置在各处的剪力墙相对地集中于核心井筒，并利用它设置电梯、楼梯和各种设备管道，从而使平面布局具有更大的灵活性。有些超高层建筑甚至把外墙也设计成井筒，这样就出现了内、外两层井筒，1972 年建成的纽约世界贸易中心大楼（图 3-28、图 3-29）就是一例。世界贸易中心大楼原址位于美国纽约曼哈顿岛西南端，西临哈德逊河，由两座并立的塔式摩天楼及 7 栋 7 层建筑组成。大楼平面为正方形，边长 63m，地上 110 层，地下 7 层，地面以上建筑高度为 411m，大楼在 2001 年 9 月 11 日的恐怖袭击中坍塌。大楼采用钢框架套筒体系，曾是世界上最高的建筑物之一。

图 3-28 纽约世界贸易中心

图 3-29 纽约世贸中心内部空间

　　高层建筑自出现以来已有 100 多年的历史，而随着经济的发展、技术的进步和人们观念的改变，高层建筑在 20 世纪末，又迎来了新一轮的建设热潮。近一二十年，高层建筑的造型形式不断翻新，高度记录一再被打破，其空间构成模式也发生了很大的变化，并致使高层建筑的设计理念也发生了重大的变革。

　　高层建筑与其他建筑之间的最大区别，就在于它有一个垂直交通和管道设备集中在一起的，在结构体系中又起着重要作用的"核"。而这个"核"也恰恰在形态构成上举足轻重，决定着高层建筑的空间构成模式。

　　19 世纪末，在高层建筑的建设刚刚开始的时候，由于人们对结构体系认识的局限（当时最先进的结构体系是钢框架结构），设备设计经验的不足，以及建筑功能需求的单一等客观原因，使得早期的高层建筑设计并没有形成"核"的概念。垂直交通、设备空间和结构体系带有明显的随意性和分散性，均按各自具体的要求分别布置。

　　（1）"内核"空间的形成　进入 20 世纪，随着高层建筑建设的发展、高度的增加和技术的进步，在高层建筑的设计过程中，逐渐演化出了中央核心筒式的"内核"空间构成模式，这是各专业共同探索优化设计的结果。在建筑处理上，为了争取尽量宽敞的使用空间，希望将电梯、楼梯、设备用房及卫生间、茶炉间等服务用房向平面的中央集中，使主要功能空间占据最佳的采光位置，力求视线良好、交通便捷。在结构方面，随着筒体结构概念的出现、高度的增加，也希望能有一个刚度更强的筒来承受剪力，而这些恰好与建筑师的要求不谋而合。在建筑的中央部分，有意识地利用那些功能较为固定的服务用房的围护结构，形成中央核心筒，而筒体处于几何位置中心，还可以使建筑的质量重心、刚度中心和型体核心三心重合，更加有利于结构受力和抗震。

　　这种"内核"空间构成模式，经过长期的实践检验，以其结构合理、使用方便和造价相对低廉的优势，成为高层建筑中最为流行的空间布局形式。当然，除了中央核心筒式的"内核"布置方式之外，高层建筑还有其他的布局方式，如"外核式布局"和"多核式布局"等等。尽管中央核心筒式布局的筒体周围的房间需要人工采光和机械通风，总会多少给人带来不适感，但是直至 20 世纪 80 年代以前，"内核"式的布局形式一直占据着主导地位。"内核"式的布局形式及其变种不仅在数量上占有绝对优势，而且，大多数著名的高层建筑也都采用这种形式，如 20 世纪 30 年代建成的纽约"帝国大厦"，20 世纪 50 年代建成的"西格拉姆大厦"，20 世纪 70 年代建成的芝加哥"汉考克大厦"和纽约"世界贸易中心"，以及日本的"阳光大厦"等。就是在今天，世界上最高的几座高层建筑，如马来西亚的"石油大厦"、上海的"金茂大厦"和香港的"中银大厦"等，也仍然采用的是这种"内核"式的空间构成模式（图 3-30、图 3-31）。

　　（2）"核"的分散与分离　随着时代的发展、技术的进步，人们对建筑需求的变化和设计侧重点的不同，以中央核心筒为主流的高层建筑"内核"空间构成模式开始受到了挑战。

　　第一次变革主要出于造型上的需要和建筑设计理念的变化，如 20 世纪 70 年代前后出现的"双核"构成模式。双侧外核心筒的布局，不仅有利于避难疏散，而且也使高层建筑的外观造型产生了巨大的变化。贝聿铭设计的新加坡"华侨银行中心"和日建设计的日本"IBM 本社大楼"等就是当年风行一时的双侧外核设计手法的代表。

　　第二次变革最先对核心筒提出革命性建议的是设备专业，他们认为随着建筑设备的日趋增多和越来越复杂，如果把设备用房和管道井从核心筒中分离出来，可能会更有利于管理和

图 3-30 上海金茂大厦

图 3-31 香港中银大厦

维修。而 20 世纪 80 年代以后，智能化建筑的普及和电信设施的不断增加，导致了在高层建筑中大量应用计算机和电信通讯设备，甚至许多建筑在竣工之后，仍然频繁地改造布线系统和增添新设备。智能化办公楼中的光缆与电脑网络管道井、配线箱以及中继装置等，每层都必须设置三处以上才算合理。这样，建筑设计上为了满足机电设备经常变动的需要，便开始将"核"分散化，分置多处设备用房和管道井，以便于局部改造。

对于结构设计来说，加强建筑周边的刚度也会有效地抵抗地震对高层建筑的破坏，所以如果将垂直交通和设备用房等分散地布置在周边，则无疑也会对结构抗震有利。同时，这种分散的多个外核的空间构成模式，也正好适用于新兴的巨型框架结构，使这种结构体系中的巨型支撑柱具有了使用功能，其最典型的实例就是丹下健三设计的日本"东京都新都厅"。

而从建筑设计的角度来看，核的移动，使垂直交通、服务性房间和管道井分散到建筑的周边，对于高层建筑的空间构成模式和立面造型上的变化也是具有革命性意义的。它不但适应了其他专业的需求，而且还有利于避难疏散，创造更大的使用空间并使高层建筑的底部获得解放。这种空间构成模式所具有的灵活性和先进性，很快便被推崇技术表现的欧洲建筑师们所发现，并创造性地应用在他们的作品之中。罗杰斯设计的英国"伦敦劳埃德大厦"和福斯特设计的"香港汇丰银行"等即是分散式核心筒的代表作，它们从内部的空间构成到外部立面造型，均与中央核心筒式的高层建筑大相径庭。

另外，在规模较小的高层建筑中，近年来还出现一种核与主要使用空间分离化的现象，垂直交通、服务性用房和设备并均分别独立，与建筑主体分开。主要使用空间更加完整，四面对外，核与主要使用空间之间以连廊相接。从结构的角度来看，核的刚度较大，而主体较柔，两部分各自分别工作，既受力合理又相对经济。当然，连接部分的设计是这类高层建筑设计的关键所在，不过这种设计方式给建筑外观带来的变化，已引起了建筑师们的关注，并很快在欧洲和日本流行起来。德国的"汉诺威建筑博览会管理办公楼"、"埃森 RWE 公司办公楼"，以及日本东京的"东急南大井大楼"和"大阪的凯恩斯本部办公楼"就是核与主体相分离的建筑实例。

核的分散和分离还可以使楼梯间、卫生间等直接对外自然采光通风，既节约能源，又省去消防所需的加压送风设备，更符合低能耗、可循环的现代设计原则，因此，近几年强调生态、节能的高层建筑多采用这种布局方式。马来西亚建筑师杨经文设计的高层建筑，不但楼梯、卫生间等全部对外开窗，而且电梯筒壁还被刻意用来遮挡日晒，可谓"分散外核空间构成模式的生态设计方式"。"吉隆坡广场大厦"及其最新设计的"新加坡展览大厦"就都反映出这一设计特征。而另一位欧洲建筑师赫尔佐格设计的"德国汉诺威建筑博览会管理办公楼"，也以其生态观念赢得了众口称赞。

（3）中庭空间的出现　最早将中庭引进高层建筑的是美国建筑师波特曼。出于商业上的需要，他在 20 世纪 70 年代前后设计建造的几座高层旅馆，如旧金山的"海特摄政饭店"（建于 1974 年）等建筑中都加入了一个十分华丽、气氛热烈的大中庭。这种中庭既起着统合空间流线的作用，又是人们休闲交往的场所，中庭中还设置喷泉叠水、种植各种植物，可创造出一种欢快氛围。

20 世纪 80 年代以后，中庭空间开始应用于高层办公建筑。受高层旅馆的影响，一些办公大楼为了追求气派和空间变化，便在入口处附设一个中庭，如芝加哥的"第一国家广场 3 号大厦"、休斯敦的"共和银行中心大厦"等。而随着人们环境观念的增强，以及各国政府对由于在办公楼内长时间从事 VDT（视频显示终端）操作所引发的情绪紧张、视觉疲劳和心理上的孤独感等"办公室综合症"的关注，高层办公建筑内部空间的设计也越来越为人们所重视。提供自然化的休息空间并改善封闭的室内环境，成为高层办公楼设计必须解决的重要问题。于是，在高层办公建筑中插入一个或在不同区域插入数个封闭或开敞的中庭的设计手法开始出现。日本日建设计设计的"伊藤忠商事东京本社大楼"和"新宿 NS 大楼"，以及 SOM 设计的沙特阿拉伯"国际商业银行"、海蒙特·扬设计的芝加哥"伊利诺州中心"、福斯特设计的"香港汇丰银行"和东京的"世纪塔"等，便是将中庭置于建筑之中，以取代中央核心筒的实例。

核心筒的分散和分离，中庭空间的介入，使高层建筑的空间构成模式彻底发生了变化。新一代的高层建筑空间组织更为灵活多样，由于空间设计的侧重点已由追求经济效率向营造宽松舒适的环境转变，所以许多新建的高层建筑都以"景观空间"的概念，将共享空间与功能空间相结合，把核分散向四周，垂直交通采用玻璃电梯，直接采光，给人们以开敞明亮、将动线视觉化的空间感受。空间构成模式也由封闭的"积层式"，变为上下贯通的"动态流动空间"。

1994 年建成的日本东京"文京区市民中心"，就在通常布置"内核"的位置设计了一个与建筑通高的"光庭"，将办公部分分为南北两处，以通道相连，设备管道井分散在塔楼的东西两侧，主要客用电梯，则全部采用了透明的玻璃景观电梯，并布置在光庭之中，使乘坐电梯的人可以看到办公室和休息空间走廊中的情观。彻底改变了以往高层办公楼内昏暗而又狭长的通道和封闭的电梯给人们带来的压抑感，使人的流动线可视化，增加了空间情趣。在日本，类似的新一代办公大楼还有 1995 年建成的"中野坂上计划"。

中庭空间的介入还使得楼层间的自然通风换气成为可能，福斯特设计的德国"法兰克福商业银行大楼"就是这方面的典型实例。该建筑平面呈三角形，核分散布置在三个角上，中间是通高的中庭，周边的办公空间每隔 4 层还设有环绕着中庭螺旋上升的空中庭园，中庭和空中庭园既有通风采光的作用，又为建筑内部创造了丰富的景观。大楼内的办公室都有可以开启的窗户，气流从窗户及空中庭园进入，在中庭形成自然对流通风，明显地减轻了人工通风负荷，因此该建筑被称作是"世界上第一座生态型超高层建筑"。利用中庭节能的高层建筑并不止"法兰克福商业银行"一座，前文中所述的"文京市民中心"、"新宿 NS 大楼"和"NTT 幕张大楼"等，均是利用中庭节能的典范，它们可比同时期兴建的普通高层办公楼节约能耗近 40%。

（4）底部空间的变化　早期的高层建筑多直接面对街道，从街道进入门厅，再由门厅进入电梯厅，乘坐电梯至各楼层，这是高层建筑中最为普遍的空间流线组织方式。建筑空间与城市空间之间缺乏过渡，没有"中间领域"的概念，在人流集散的高峰期，对城市交通环境的影响也较大。尽管许多高层建筑都在门厅的艺术处理上颇费心机，设计得非常富丽壮观，但是由于空间组织方面的缺陷，门厅内往往留不住人，形不成公共活动空间，而入口处也常出现人流拥塞的现象。

20 世纪 70 年代以后高层建筑的设计开始重视底部空间与城市环境的关系，伴随着多种商业服务性功能的渗入，许多高层建筑都以扩大底部公共活动空间形成入口广场和将底部架空把城市空间引入建筑内部的设计方法，来处理建筑空间与城市空间的过渡关系。其中最有代表性的实例就是美国纽约的"城市公司中心大厦"（建于 1977 年），该建筑由 4 根巨柱支撑，底部架空 7 层，下沉式的广场伸入到建筑内部与共享大厅相通，使城市空间和建筑空间有机地交织在一起。而反过来，该建筑底部的公共空间对城市环境的整备也起到了积极的作用。

为了解决人流集散和城市交通与建筑内部交通相衔接的问题，现在的高层建筑常常采用多个出入口和立体化组织交通流线的方法。通过首层、地下层和地上的架空廊道与不同层面的城市交通网络相连接，以达到通畅便捷和步行、车行互不干扰的目的，美国、加拿大、香港、日本等地的很多高层建筑的交通组织都是如此。总而言之，当今高层建筑的底部空间设计，已从单纯考虑建筑与周围环境之间的关系，发展到进行整体的城市空间设计，其交通组织和公共活动领域的创造也日趋立体化、开放化。

自 20 世纪 40 年代初，世界上第一个一体化设计建设的美国洛克菲勒中心高层建筑群建成以来，综合性多功能的高层大楼便深受人们的欢迎，随着近年来高层建筑的建设与城市开发的结合越来越为人们所重视，超大规模的数幢高层建筑一体化建设的综合项目便再度悄然兴起。这类高层建筑设计的最大特色，就是以一个公共活动中心将高层大楼的底部连结成一个整体。公共活动中心多为一个巨大的中庭或室内商业步行街，它既是人们购物、休闲、交往的场所，又有组织内部空间流线、连接各栋建筑的作用，同时，它还是建筑空间与城市空间的结合部，是机动车、轨道交通和步行系统与建筑多层次、多重衔接的结点。美国纽约的"世界金融中心"和日本的"横滨皇后广场"即是这种超大规模综合建筑群的范例。

2. 悬挑结构

悬挑结构的历史比较短暂，这是因为在钢和钢筋混凝土等具有强大抗弯性能材料出现之前，用其他材料不可能做成长距离出挑的悬挑结构。一般的屋顶结构，两侧需设置支承，悬挑结构只要求沿结构一侧设置立柱或支承，并通过它向外延伸出挑，用这种结构来覆盖空间，可以使空间的周边处理成没有遮挡的开放空间。由于悬挑结构具有这一特点，因而体育场建筑看台上部的遮篷，火车站、航空港建筑中的雨篷，影剧院建筑中的挑台等部位多采用这种结构形式。另外，某些建筑为了使内部空间保持最大限度的开敞、通透，外墙不设立柱，也多借助于悬挑结构来实现设计意图。

悬挑结构分为单面出挑和双面出挑两种形式。单面出挑的悬挑结构剖面呈"┌"形，这种结构由于出挑部分的重心远离支座，如处理不当整个结构极易倾覆。双面出挑的悬挑结构，其横剖面呈"T"字形，这种结构形式是对称的，因而具有良好的平衡条件。一般体育场看台上部的遮篷属于前一种形式，火车站、航空港建筑的遮篷多采用后一种形式。

还有一种四面出挑、形状如伞的悬挑结构，它的主要特点是：把支承集中于中央的一根支柱上，而使所覆盖的空间四面临空。近代某些建筑师常常利用这种结构来实现这样一种设计意图——室内空间呈中央低、四周高，周边不设置立柱，而使外"墙"处理成为完全透明的玻璃帘幕，例如 1958 年布鲁塞尔国际博览会比利时勃拉班特省展览馆就是采用这种形式的结构。

3. 帐篷式结构

帐篷式结构主要由撑杆、拉索、薄膜面层三部分组成，薄膜面层是由软体的织物制成，其重量极轻。这种结构的主要问题在于以何种方法把薄膜绷紧而使之可以抵抗风荷载，当前最常用的方法就是使之呈反向的双曲面形式——沿着一个方向呈正曲面的形式，沿着另一个方向呈负曲面的形式，作用在正负两个方向上的力保持平衡后，不仅可以把篷布绷紧，而且还可以使之既抗侧向的压力，又抗侧向的吸力。帐篷式结构的特点是：结构简单、重量轻、便于拆迁，比较适合于用来作为某些半永久性建筑的屋顶结构或某些永久性建筑的遮篷。

4. 充气结构

用塑料、涂层织物等制成气囊，充以空气后，利用气囊内外的压差，承受外力并形成一种结构，称为充气结构。充气结构按其形式可以分为构架式充气结构和气承式充气结构两种类型。构架式充气结构属于高压充气体系，由于气梁受弯，气柱受压，薄膜受力不均匀，不能充分发挥材料的力学性能。气承式充气结构为低压充气体系，薄膜基本上均匀受拉，材料的力学性能可以得到充分地发挥，加之气囊本身很轻，因而可以用来覆盖大面积的空间。

1970 年日本大阪万国博览会富士馆（图 3-32），采用了充气式膜结构，依靠空气的超压升起作为屋盖的支撑，跨度达到 50m。一般认为，大阪博览会出现的充气膜结构，标志着膜结构时代的开始。

目前世界各国都在探索大跨度的气承式充气结构建筑，1975 年美国建成可容 80000 名观众的亚克体育馆，充气结构覆盖面积达 35000m²，是目前世界上最大的充气建筑。1971 年由建筑师奥托等人提出覆盖北极城的"气承天空"设想方案，呈穹窿形式的充气结构，圆形平面的直径为 2000m，高 240m，可容居民 15000～45000 人。

气承式充气结构根据它独特的力学原理，所形成的外形也具有独特的几何规律性，以曲线和曲面为主，而找不到任何平面、直线或直角，这和传统的建筑形式和美学观念很不相同，只有严格地遵循它的独特规律进行构思，才能有机地把它和建筑功能要求、审美要求统一成一体。

图 3-32　大阪万国博览会富士馆

3.3　建筑空间与结构的有机结合

前面介绍了不同种类的结构形式，尽管各有特色，但却又都具有两个共同的地方，一是本身必须符合力学的规律；二是必须能够形成或者覆盖某种形式的空间。没有前一点结构形式就失去科学性；没有后一点结构形式就失去了使用价值。一种结构，如果能把它的科学性和实用性统一起来，它就必然具有强大的生命力。当然形式美处理的问题也不能被忽略，任何一个优秀的建筑作品，都必须是既符合结构的力学规律性，又能适应功能要求，同时还应能体现形式美的基本原则，只有把三个方面有机结合起来，才能通过美的外形来反映事物内在的和谐统一性。我们前面提到，建筑设计的任务就是将适用空间、视觉空间和结构空间最大限度地合为一体，其实质就是要做到建筑空间与结构的有机结合。

3.3.1　结构空间与适用空间相结合

1. 合理的结构选型

要实现所需的建筑空间，必须有结构体系作保障，虽然说建造某个建筑空间可以有多种结构形式供选择，但只有所提供的空间形式最切合使用、空间利用率最高、工程造价相对合理的结构形式，才是最佳的结构造型。这就需要对各种建筑适用空间的形状、大小以及空间的组成关系等加以认真分析，并结合各种结构形式的空间特征进行合理的结构造型。

墙柱梁板结构等易于形成相对较小的、平面与剖面形状规则的空间，在小型建筑中被广为运用。框架结构是目前最为常用的结构体系，尤其是钢筋混凝土框架结构在我国运用极其广泛，建筑规模可大可小，可高可矮，空间分隔方式灵活，组合方式多变，适用于各种类型的建筑，但由于其梁柱承重的结构原理，框架结构的建筑在屋面性体变化上受到一定的限制。大跨度建筑的结构体系更是多种多样，如前所述有桁架、钢架、拱等平面结构，还有网架、壳体等空间结构，每一种结构形式的建筑空间都有各自不同的特点。例如拱形结构具有中央高两侧低的内部空间；平板型网架室内天花是平的；悬索结构比较适合于覆盖平面接近圆形，剖面为中间升高或下凹的建筑空间；而像天文馆、球幕电影馆这样的建筑空间则用球形网壳比较好。

随着现代城市化进度的加快，城市人口密度不断提高，生产和生活用房日益紧张，为了节约城市中有限的土地资源，建筑物逐步向空中发展，高层、超高层建筑所形成的轮廓线已成为现代化城市的标志。高层建筑的结构承重体系有框架结构、剪力墙结构、简体结构等，我们在前面章节已有论述。这些结构形式均有一定的空间特色，在设计实践中应根据具体工程情况加以选用，充分发挥各自结构形式的优越性。例如钢筋混凝土框架结构在层数不多的情况下具有优势，它能提供较大的室内空间，而且平面布置灵活，并可以利用边跨的悬挑部分创造更为丰富的空间及外观效果；当建筑物层数在 15 层以上时则采用剪力墙结构比较经济，在一些具体由规律性横墙布置的建筑，如旅馆、住宅、宿舍、病房楼等高层建筑中运用就比较合适采用剪力墙结构；框架 - 剪力墙结构（框 - 剪结构）则既克服了纯框架结构抗侧向荷载度抵的特点，又弥补了剪力墙结构平面分隔不灵活的不足，因此被广泛应用于各类高层建筑，其中框架 - 核心简结构既有良好的刚度，其外框架的灵活布置又为空间的灵活分隔使用创造了条件，框架 - 空腹简结构适用于平面接近正方形和圆形的塔式高层建筑，简中简结构常用于 50 层以上的高层建筑里，内外简之间的空间较为开阔，可以灵活使用，此外还有组合简结构、简柱托梁结构、简体挑梁等多种简体结构，都可以创造出独特的空间，适应不同的使用要求。

当设计确定采用某种结构体系之后，其断面形式也可以根据使用空间的具体情况灵活变化，或高低错落，或倾斜弯曲，或采用一些非对称的处理手法，以便更有效地适应空间的需要。另外在大跨度空间中可以将单一的结构形式转化为连续重复的组合结构，这样不仅可以减少了结构的跨度，从而降低结构本身的厚度，而且在覆盖的空间平面形状不变的情况下，减少了空间的浪费，提高空间的利用率。例如大的穹隆顶可以转化为十字拱，大跨度的拱顶可以被多波德简壳所代替。

由此可见，结构造型是确定结构方案的基础，同时也对建筑的平面布置及空间形体的塑造有着重要的影响，在设计实践中认真分析各种结构体系的空间特征，以便充分发挥其优越性将是十分必要的。

2. 综合使用多种结构形式

现代建筑的功能日趋复杂，在同一幢建筑中经常会出现不同类型的建筑空间，以满足使用的要求，这些空间大小、形状、跨度、高度往往会有很大差距，如果都采用同一结构形式，势必会引起其空间的浪费或某个空间不能满足使用要求。

例如体育馆，中间的观众厅部分需要大跨度的拱或桁架等结构形式来覆盖高大的空间，两侧的辅助空间如果也用同一种结构屋顶，显然不需要如此高的层高，从而造成空间的极大浪费，但如果都采用钢筋混凝土框架结构，却很难解决中间的过大跨度。因此在实践中往往会将大跨度结构与框架结构结合在一起使用，使其满足整体的空间要求。

现代城市中的商业建筑往往以综合体的形式出现，其中有大型的商场、超市、停车场，还有写字间和宾馆客房，有的甚至包括各种娱乐设施，如保龄球馆、游泳池、电影院等。面对如此复杂的功能和空间要求，只有将各种结构形式综合加以利用，针对建筑的不同部分进行具体的结构选型，充分发挥各种结构形式的优势。对于商场、超市、停车场等空间，可以采用钢筋混凝土框架结构，安排在裙房部分，而由写字间和宾馆客房等规则的小空间组成的主体高层部分，可以采用框架－剪力墙结构，至于电影院、游泳池等有大跨度和空间要求的部分，可以安排在裙房顶部或单独设置，以网架、桁架、拱顶等结构形式来覆盖其空间，各种结构形式组合在一起，不仅可以满足各自使用功能和空间要求，同时不同结构形式形成的立面造型有机地结合在一起，使得整体建筑形象独特而富于表现力。

3.3.2　结构空间与视觉空间相结合

如前所述，结构空间能够提供人们活动所需要的空间，保证建筑的安全与可靠，而且会对视觉空间产生很大的影响，符合审美要求的视觉空间需要依赖结构空间的存在而得以实现，因此在建筑设计中结构空间不仅要将结构空间与适用空间相结合，还要把结构空间与视觉空间有机结合在一起。

有些建筑设计的初学者总感到结构形式限制了其方案构思，而实践证明，结构并非是实现建筑空间构思的障碍，而是实现构思的必要手段。设计师只要能遵循结构体系及材料运用中的客观规律，充分发挥自身的逻辑性和创造性思维，因势利导地对建筑空间进行艺术加工和处理，就应该能够创造出真正富有美感的建筑空间。我们不提倡那种脱离结构技术，单纯依靠建筑构思等纯形式主义概念来进行建筑创作的所谓"学院派"方法，也不赞同那种忽略建筑设计过程中的空间处理，而是过分依赖建筑建成后的装饰阶段来改善建筑空间效果的设计手法。通过前面章节的分析可以看出，许多结构形式对创造建筑空间造型、丰富建筑轮廓、加强空间的动感与韵律等方面都具有积极的作用。在设计实践中要不断丰富自身的结构经验，善于发现并运用结构形式本身所特有的美感，创造出符合结构规律的建筑艺术精品。

大跨度的空间和平面结构体系往往能够形成独特的空间及造型效果，但这并不意味着设计实践中最常用的框架、框架剪力墙以及砖混等结构形式就难以创造出变化丰富的建筑空间。许多建筑大师留下的传世佳作都证明，只要能巧妙地运用一定的设计手法，在规则的"柱网"中同样能创造出极具艺术魅力的建筑空间。在设计实践中常用的手法有以下几种：

（1）灵活分隔　框架结构最大的特点就是作为围护和分隔作用的墙体可以与承重体系的梁柱分离，不再受其严格的制约，因此设计中根据具体要求变化墙体位置，同时与柱网保持一定的关系，这样可以创造出多种空间效果，根据墙与柱的相对关系，有的空间看不到柱子，有的墙上形成一排壁柱，还有的空间被一列柱子划分为不同的区域，这些空间处理手法在现代建筑设计中运用非常普通，是现代建筑的基本特征之一。

另外，在柱网中局部采用曲线或异形隔墙（隔断）也是丰富空间效果十分行之有效的手法。曲线隔墙不仅使空间产生一定的动感，而且该隔墙分隔成的两个空间风格迥异，一面是凸向外部的空间界面，一面是凹向内部的空间界面，给人以不同的空间感受。

（2）轴网旋转　这也是框架结构的建筑中较为常见的设计手法，将整体或局部柱网旋转一个特定的角度，形成一些扭转的非90°直角的内部空间，从而打破千篇一律的矩形空间的单调感。在设计实践中以旋转45°角者居多，因为呈45°角的墙体之间又可以形成直角相交，既保持了空间的变化，又方便空间使用，而形成部分45°角的空间也不感觉过于尖锐。

这种呈45°角布置的方法已由墙体发展到家具的组合，许多大空间的公共建筑如开敞式办公区、大型商场、营业厅都采用这种方式布置办公家具或柜台，从而灵活划分了各种空间。

（3）融通空间　框架结构作为梁、柱承重体系，不但隔墙可以灵活布置，局部的外墙甚至楼板也都"可有可无"，极大地增强了现代建筑的开放性，为建筑的内部空间之间、内部与室外自然环境之间的相互渗透、相互融合创造了条件。在规整的柱网体系中因地制宜地开放某些空间界面，是现代建筑中常用的空间处理手法，不仅增加了空间的变化，而且使建筑外观产生强烈的虚实对比，丰富了立面效果。

"底层架空"是将建筑底层（或下面几层）除交通空间以外全部敞开，以缓解许多现代建筑由于基地狭小、无法满足人口交通、停车、绿化等矛盾，同时架空部分形成了许多介于室内和室外之间的"灰空间"，丰富了建筑的空间效果。

"中庭空间"是将建筑内部适当位置的一层或多层楼板取消，甚至抽去柱子，扩大空间模数，使得上下几层空间得以贯通。"中庭空间"可以布置楼梯、自动扶梯、观光电梯等垂直交通系统，一方面使得空间的可识别性增强，另一方面使得人们在上下移动的过程中视线相互交流，给人以良好的心理感受。

"空中花园"是指在一些高层建筑中，为了给处在建筑上部的人们提供一个室内外相通的休闲环境，而又不必来到地面高度的室外空间，常将上部某一层甚至几层的局部外墙及楼板取消，配以绿化及铺装，成为半开放的庭园空间，也可以利用结构的"悬挑特性"，将室内空间扩展至柱网以外，这种手法不仅满足了建筑的空间使用要求，而且对建筑内外空间效果都起到了极大的丰富作用。

本章内容所述的仅仅是建筑结构类型中的常见形式，还有其他的结构形式就不一一列举了。在进行建筑设计时如何结合功能要求、材料情况、施工条件、空间处理、艺术造型等方面的具体情况，优选合适的结构形式，既是建筑空间组合的重要内容之一，也是创造良好造型的重要依据。从建筑与结构形式的相互关系来看，结构选型的问题对于某些层数不高、跨度不大、要求不甚复杂的建筑，多选择混合结构或外墙内柱混合的半框架结构及剪力墙板结构；高层建筑多选择框架结构及框筒结构形式；大跨度公共建筑，在材料与施工条件允许下，多选择悬索结构、壳体结构和网架结构等形式。概括地说，无论是从建筑历史亦是从今后发展来看，在建筑设计创作中，结构因素的影响是举足轻重的，古今中外优秀的建筑作品，总是与良好的结构形式相辅相成、浑然一体的。因此，作为建筑工作者，在结构选型的问题上，决不能掉以轻心，应把这个问题纳入整体构思中，才有可能比较完善地解决建筑的空间组合问题。

小　结

1. 建筑是艺术与技术相结合的产物，技术是建筑的构思、理念转变为现实的重要手段，建筑技术包涵的范围很广，包括结构、消防、设备、施工等诸多方面的因素，其中结构与建筑空间的关系最为密切。

2. 结构的种类有：墙柱梁板结构、框架结构、大跨度结构以及其他结构体系。

3. 一种结构如果能把它的科学性和实用性统一起来，它就必然具有强大的生命力，当然形式美处理的问题也不能被忽略。任何一个优秀的建筑作品，都必须是既符合结构的力学规律性，又能适应功能要求，同时还应能体现形式美的基本原则。只有把三个方面有机结合起来，才能通过美的外形来反映事物内在的和谐统一性。建筑设计的任务就是将适用空间、视觉空间和结构空间最大限度地合为一体，其实质就是要做到建筑空间与结构的有机结合。

复习思考题

1. 简述建筑功能与建筑空间、建筑结构的关系。
2. 简述在建筑设计中常用的结构型式有哪些以及每种结构型式的空间特点。
3. 试说明大跨度空间结构型式主要有哪些以及每种结构型式的结构特点。
4. 试说明在建筑设计中如何做到建筑空间与结构的有机结合。

第4章　建筑构图法则

学习目标

本章主要介绍了建筑美学中的构图问题，包括形式构图与形式美、构图法则等。希望通过对本章的学习，系统地掌握和理解构图上的美学问题，以提高艺术基本修养，对今后的建筑设计学习将起到帮助。

4.1　形式构图与形式美

4.1.1　形式构图

真实生活中的构图复杂多样，而我们所要讨论的构图是经过提炼、有普遍讨论意义的形式构图。下面我们通过了解形式构图的特征来把握形式构图。

1. 单纯性

形式构图只从形式出发来研究构成形式美的一般规律和方法。从下面的关系图中（图4-1），我们可以看出形式构图的内容是非常单一的——形式诸要素；它的创作过程和设计过程也是非常简单的——只考虑美学因素；目标（或成果）也很单纯——美的形式。一句话概括就是用单一的内容和简单的方法创造出单纯的形式。

图4-1　形式构图的关系图

2. 抽象性

抽象是指提炼和概括，而不是指看不见、摸不到。形式构图是从大量的构图实践中，用科学的方法，将具象形式概括为抽象的点、线、面、体、形、色等各种要素，然后上升到理论，加以理性构成而创造出美的造型形式来。

3. 普遍性

形式构图不是哪一类专业的具体构图方法，而是关于形式美的一种具有普遍意义的理论构图，具有普遍性。所以它可以用来指导建筑设计创作。

4.1.2 形式美

1. 形式美的规律和审美观念

在构图创作中要考虑美学因素，最终达到一个美的形式，然而，究竟有没有一种美的法则呢？这个问题如果用辩证唯物主义的观点来看，应当是勿庸置疑的，但是在实践中，人们还是不可避免地存在着种种疑问和模糊认识。这一方面是由于美学本身的抽象性和复杂性所造成的；另外，更为主要的是人们容易把形式美的规律和审美观念的差异、变化和发展混为一谈。

形式美的规律和审美观念是两种不同的范畴，前者带有普遍性、必然性和永恒性的法则，后者则是随着民族、地区和时代的不同而变化发展的、较为具体的标准和尺度；前者是绝对的，后者是相对的，绝对寓于相对之中，形式美的规律应当体现在一切具体的艺术形式之中，尽管这些艺术形式由于审美观念的差异而千差万别。

以新、老建筑来讲，它们都共同遵循形式美的法则——多样统一，但在形式处理上又由于审美观念的发展和变化而各有不同的标准和尺度。不明确这一点，就会陷入思想上的混乱，甚至会因为各自标准和尺度的差异，而否定普遍、必然的共同准则。

从 20 世纪初开始的新建筑运动以来，由于功能、技术、材料的发展，在建筑领域中引起了一场深刻的、革命性的变革，古典建筑形式几乎完全地被否定。在这场重新认识功能和形式的运动中，某些新建筑运动的倡导者被指责过分地强调功能、技术对于形式的决定作用，使建筑形式冷酷、缺乏意味。其实，现代建筑大师们并没有忽视建筑形式问题，只是他们认为，建立在古典形式上的那一套审美观念和当时发展变化了的功能要求、技术条件很不适应，为了适应情况的发展和变化，必须探索与上述条件变化相适应的新的建筑形式，所以他们提出了"艺术与技术——新的统一"的口号。

古代的西方，人们通常总是把美的概念和宏伟的建筑联系在一起。人们喜欢厚重的建筑，不惜花费很大的代价在砖石建筑的外立面贴上一层厚厚的花岗石，有意识地强调建筑的厚重感。但随着时代的发展，人们在实践中逐渐认识到：美并不一定和厚重联系在一起，于是人们努力朝着相反的方向去探索——从轻盈、通透中寻求美的建筑形式。和这个问题相联系的是关于稳定的概念，建立在砖石结构体系基础上的西方古典建筑，差不多总是把下大上小、下重上轻、下实上虚当作金科玉律奉为稳定所不可违反的条件。可是在今天，人们似乎有意识地把它颠倒了过来——把建筑物设计成为上大下小、底层透空的形式。这两种截然对立的建筑形式，只是不同时代审美观念的改变，并不意味着一方是美的，另一方必然是丑的。

每个民族因各自文化传统不同，在对待建筑形式的处理上，也有各自的标准和尺度。如前所述，西方古典建筑比较崇尚敦实厚重，而我国古典建筑则运用举折、飞檐等形式来追求一种轻巧感。另外，在比例关系上，西方古典建筑和中国古典建筑也不尽相同，这固然和材料、结构有着内在的必然联系，但即使以同是砖石砌筑的拱券来作比较，这两者也有显著的差异。至于色彩处理，其差异则更大，西方古典建筑（室外）色彩较为朴素、淡雅，中国古典建筑则极为富丽堂皇。

　　古今中外的优秀建筑作品之间形式差别显著，有的甚至截然对立，为何却都能引起人的美感？这是因为虽然不同地区、不同时代的审美观念不同，但人们始终自觉遵循着一个共同的审美准则——"多样统一"。只有多样统一堪称之为形式美的规律。主从、对比、韵律、比例、尺度、均衡……等，都是多样统一在某一方面的体现，如果孤立地看，它们本身都不能当作形式美的规律来对待。

2. "多样统一"——形式美规律的意识渊源

　　为什么事物只有既有秩序、又有变化，才能达到多样统一，从而引起人的美感？我们有必要探究一下人的美或丑的意识是怎样形成的。唯物主义认为存在决定意识，这就是说，人的一切意识——包括美或丑的意识——都不是心灵自身的产物，而是客观存在在人的大脑中的反映，如果说人确实向往秩序的话，那么也只能从客观存在的物质世界中去找原因。

　　马克思主义哲学的问世和现代自然科学的发展，更加深刻地表明整个世界都是一个物质的、和谐的有机整体。从宏观世界来讲，宇宙间各星球都是按照万有引力的规律互相吸引并沿着一定的轨道、以一定的速度、有条不紊地运行着的（图 4-2）；从微观世界来讲，构成物质基本单位的原子内部结构也是条理分明、井然有序的（图 4-3）。这两者，虽然人们不可能用感官直接地感受到他们的和谐统一性，但借助于科学研究，却在人们的头脑中形成了极其深刻的观念。至于在人们经验范围内可以认知到的有机体，则更是充斥于自然界的各个角落。例如植物的根、茎、叶乃至每一片树叶上的叶筋与叶脉的连接，都以其各自的功能为依据而呈合乎逻辑的形式，并形成和谐统一的整体（图 4-4）；鸟类的卵和植物的果实，则由核、幔、壳（表皮）等部分所组成，并以核为中心，在核的周围有一层厚厚的幔，而用极薄的壳或表皮作为表层，把整体围护起来（图 4-5）。另外，大多数动物的外形均呈对称、均衡的形式，并具有优美的外轮廓线；呈不对称形式的动物（如蜗牛），其外形亦具有其独特的规律性——呈螺旋状（图 4-6）。在自然界中，甚至一些没有生命的东西，如各种形式的结晶体，其外形也都具有均衡、对称的特点和奇妙的、有规律的变化（图 4-7）。

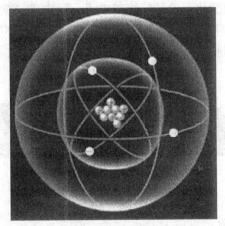

图 4-2　天体的运动

图 4-3　原子的结构

图 4-4　枫叶　　　　　图 4-5　苹果　　　　　图 4-6　蜗牛　　　　　图 4-7　雪花晶体

人体本身作为一种有机体，其组织也是极有条理和极合乎逻辑的——其外表为适应生存的需要，呈对称的形式：有两只眼睛、两个耳朵、两只手臂和两条腿；其内脏为适应生理功能的需要，呈不对称的形式：左肺有两扇肺叶，右肺有三扇肺叶，心脏偏左，肝脏偏右，口、食道、胃、肠具有合理的承续关系。总之，各种器官组织得十分巧妙，各自都有正确而恰当的位置。

整个自然界（也包括人自身）有机、和谐、统一、完整的本质属性，反映在人的大脑中，就会形成完美的观念，这种观念无疑会支配着人的一切创造活动，特别是艺术创作。

4.2　构图法则

4.2.1　统一与变化

"统一"是形式构成时，强调形式要素间的共同因素，使各种不同要素有机地联系在统一体中；是构图中最具有和谐效应的一种因素。例如，我们评价一件作品"很和谐"或"很调和"时，实际上就是作品的"统一"在起作用。

"统一"的具体法则丰富多样，有对称、反复、渐变、对位等。不论哪种法则都讲究"统一"中求"变化"，以免作品显得"死板"、"僵硬"。

（1）对称　对称就是沿一个轴，使两侧的形象相同或相似，是一种传统的建筑造型形式。对称包括完全对称、近似对称和反转对称等形式（图 4-8）。完全对称是一种最普通的单纯对称形式，可以说，无论怎样杂乱的形象，只要采用完全对称的方法加以处理，立即就会秩序井然；近似对称就是宏观上对称、局部上有变化，这是一种在"统一"中求"变化"的有生气的对称形式；反转对称即两个同一形象的相反对称，也称逆形对称，这种对称容易在统一的形式中产生动感，是一种现代感很强的对称形式，如图 4-9 所示的大学生设计竞赛

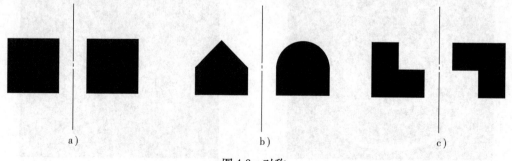

图 4-8　对称
a）完全对称　b）近似对称　c）反转对称

某获奖作品采用反转对称的形式，动感十足；结合近似对称手法，统一中体现丰富。

（2）反复　反复即以相同或相似形象的重复出现来求得整体建筑形象的统一。它的主要特征是以单纯的手法求得整体形象的节奏美，在建筑造型中强调统一的秩序，可以加强对主要形象的记忆。反复形式可分为单纯反复和变化反复两种（图4-10）。单纯反复就是单一形式的重复再现，如现代超高层建筑，用单纯的反复使大体量的建筑形象具有整体感、显出韵律美（图4-11），当然，从技术的角度上来

图4-9　反转对称实例

讲，这也是现代高度工业化社会的要求，超高层建筑构件由于施工的高度工业化，就要求减少构件类型。变化反复形式，除产生基本的节奏美外，由于它在反复中有变化，还会产生另一层次的韵律，当然，如果变化的层次过多，就会失去反复的单纯性。

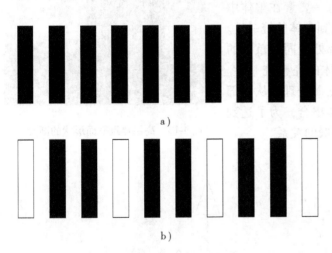

a)

b)

图4-10　反复
a）单纯反复　b）变化反复

图4-11　反复实例

（3）渐变　渐变就是形象的连续近似，是一种以类似求得建筑形式统一的手段。无论怎样对立的建筑造型要素，只要在它们之间采用渐变的手段加以过渡，两极的对立就会转化为统一。如要素的大小之间、形状之间（图4-12）、色彩的明度之间和色彩的冷暖之间等，都可用渐变的手法求得它们的统一。渐变形式使人产生柔和、含蓄的感觉，具有抒情的意味

图4-12　形状的渐变

（图 4-13）。

（4）对位　对位就是形式要素间在位置上的某种
正对关系，它通过位置上某种联系来寻求形式的统一。
在造型过程中，对位形式的运用无处不在，但往往从
属于形式的整体构成关系。对位关系可分为心线对位
和边线对位两种，心线对位就是建筑造型要素间的中
心线之间的位置联系，可分为直接对位和间接对位等；
边线对位就是形体的外边线和另一个形体的某个位置
的正对关系，可分为单边对位、双边对位、比例对位
等（图 4-14）。实际应用中，遇到自由的不规则形体，
难以确定形体的心线和边线时，一般用视感心线和视
感边线来代替。另外，对位中的两个形体距离越远，
就越容易使人产生错位的感觉，所以，在处理时应该
按形体的远近距离留出适当的校正量来。

4.2.2　主从关系

在由若干要素组成的整体中，每一要素在整体中
所占的比重和所处的地位，都将影响到整体的统一性。
若所有要素都竞相突出自己，或者都处于同等重要的
地位，不分主次，这些都会削弱整体的完整统一性。
在建筑设计实践中，从平面组合到立面处理，从内部
空间到外部体形，从细部装饰到群体组合，为了达到
统一都应当处理好主与从、重点与一般的关系。

图 4-13　高层建筑平面形状的渐变

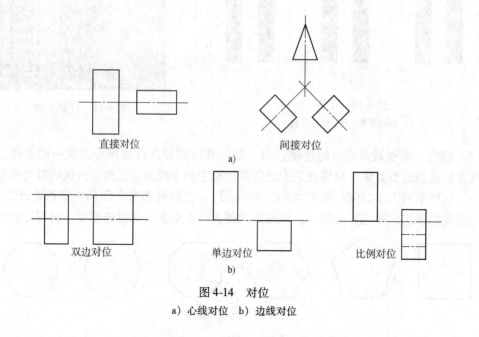

图 4-14　对位

a）心线对位　b）边线对位

　　体现主从关系的形式是多种多样的，一般而言，在古典建筑形式中，多以均衡对称的形式把体量高大的要素作为主体要素而置于轴线的中央，把体量较小的从属要素分别置于四周或两侧，从而形成四面对称或左右对称的组合形式（图4-15）。四面对称的组合形式，要求更加严谨，因此局限性较大，实践中中西古典建筑多采用左右对称的构图形式。

a)　　　　　　　　　　　　　　　b)

图 4-15　对称的主从关系

a）意大利文艺复兴时期的圆厅别墅（四面对称）　b）安徽潜口的民间牌坊（左右对称）

　　近现代建筑由于功能日趋复杂或地形条件的限制，采用对称构图形式的不多，而多采用一主一从的形式，使次要部分从一侧依附于主体部分。审美观念的变化和发展也是对称形式不受欢迎的原因，对称形式显得太过机械、缺乏活力，而不对称形式充满张力和生气，更能被现代人们所接受（图4-16）。

　　不管使用对称形式还是不对称形式，目的都在于使整体建筑主从明确、重点突出。突出重点非常重要，在设计中充分利用功能的特点，有意识地突出其中的某个部分，作为重点或中心，使其他部分处于从属地位，这样一个建筑就有了它的"趣味中心"，从而不会显得松散而平淡无奇。

4.2.3　均衡与稳定

　　均衡与稳定是建筑造型的重要法则。在自然界中，相对静止的物体都是遵循力学的原则，以安定的状态存在着的，这是地心引力在地球上创造的特殊法则，因而生活在地球上的居民，都把均衡与稳定视为审美评价的重要方面。所以对于人们生活其中的建筑，造型均衡方面自然会有很高的要求。

　　均衡形式大体可分为两类，即静态均衡与动态均衡。

a)

b)

图 4-16　不对称的主从关系

a）某综合楼建筑方案　b）某天文馆建筑方案

（1）**静态均衡** 静态均衡有两种基本形式：对称形式和非对称形式。对称形式天然是均衡的，具有一种完整统一性，而不对称形式的均衡则显得轻巧活泼些（图4-17、图4-18）。现代建筑大师格罗庇乌斯在《新建筑与包豪斯》一书中曾强调："现代结构方法越来越大胆的轻巧感，已经消除了与砖石结构的厚墙和粗大基础分不开的厚重感对人的压抑作用。随着它的消失，古来难于摆脱的虚有其表的中轴线对称形式，正在让位于自由不对称组合的生动有韵律的均衡形式"。曾经风行一时的对称形式，如今越来越淡出舞台。

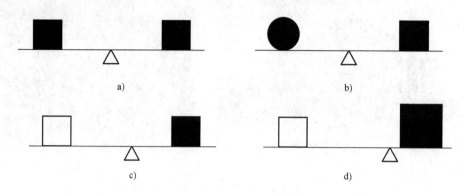

图4-17　各种静态均衡
a）同形等量的均衡　b）等量不同形的均衡　c）同形不等量的均衡　d）不同形不等量的均衡

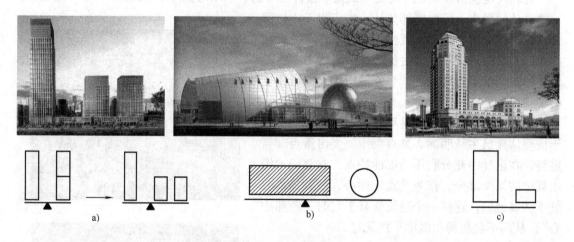

图4-18　建筑的均衡
a）同形不等量的均衡　b）形体和质感悬殊的均衡　c）同质感不同体量的均衡

（2）**动态均衡** 动态均衡是依靠运动来求得平衡的，例如旋转着的陀螺、展翅飞翔的鸟、行驶着的摩托车等（图4-19），都属于这种形式的均衡，一旦运动终止，平衡也将随之消失。在建筑设计中，建筑师往往也要用动态均衡的观点来考虑问题（图4-20）。此外，近现代建筑理论非常强调时间和运动这两方面因素，认识到人对于建筑的观赏不是固定于某一个点上，而是在连续运动的过程中来观赏建筑。从这种观点出发，认为像古典建筑那样只突出强调正立面的对称或均衡是不够的，还必须从各个角度来考虑建筑体形的均衡问题，特别是在连续行进的过程中来看建筑体形和外轮廓线的变化，这就是格罗庇乌斯所强调的："生动有韵律的均衡形式"。

图 4-19　动态均衡

图 4-20　红军长征纪念碑，凝固的动态达到视觉的均衡

　　和均衡相关联的是稳定，如果说均衡所涉及的主要是建筑构图中各要素左与右、前与后之间相对轻重关系的处理，那么稳定所涉及的则是建筑整体上下之间的轻重关系处理。随着科技的进步和人们审美观念的发展变化，人们不仅可以凭借着最新的技术建造出令人诧异的建筑杰作，也可以把过去下大上小、上轻下重的稳定原则颠倒过来，从而建造出许多底层透空、上大下小的新建筑形式（图 4-21）。

图 4-21　颠覆传统稳定原则的新建筑的形式

4.2.4　对比与微差

　　建筑形式反映功能，由于功能本身包含很多差异性，反映在建筑形式上也必然会呈现各种各样的差异，此外，工程结构的内在发展规律也会赋予建筑以各种形式的差异性。对比与微差所研究的正是如何利用这些差异性来求得建筑形式的完美统一。

　　对比指要素之间显著的差异，微差指不显著的差异，就形式美而言，两者都是不可缺少的。对比可以借彼此之间的烘托陪衬来突出各自的特点以求得变化（图 4-22）；微差则可以借相互之间的共性以求得和谐，如图 4-23 所示，顺时针为对比，逆时针为微差。没有对比会使人感到单调，过分地强调对比以致失去了相互之间的协调一致性，则可能造成混乱，只有把两者巧妙地结合在一起，才能达到既有变化又和谐一致，既多样又统一的效果。

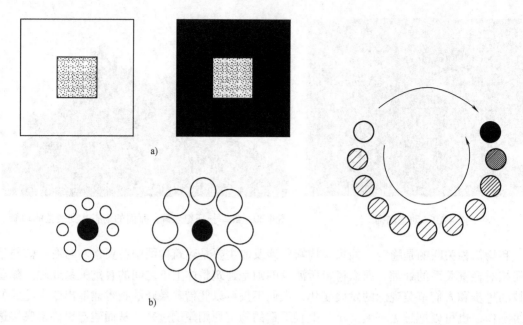

图 4-22　对比求得变化
a）明暗对比　b）大小对比

图 4-23　对比与微差

对比和微差是相对的，何种程度的差异表现为对比？何种程度的差异表现为微差？两者之间没有一条明确的界线，也不能用简单的数学关系来说明。一般地说，相互之间保持良好连续性的称为微差，而突变明显的称为对比。

对比与微差只局限于同一性质的差异之间，如大与小、直与曲、虚与实以及形状的不同、色调的不同、质地的不同……。在建筑设计领域中，无论是整体还是局部，单体还是群体，内部空间还是外部体形，都离不开对比与微差手法的运用。如图 4-24 所示的中国科学院图书馆，建筑形式以方形作为体块造型、立面开洞的主要元素，既有对比又有微差，显得统一而又富于变化；又如图 4-25 所示的圣索菲亚大教堂，其建筑形式以半圆形拱作为组合要素，大小相间、配置得宜，既有对比又有微差，造就了个性鲜明、丰富而又和谐的经典拜占庭建筑。

图 4-24　中国科学院图书馆

图 4-25　圣索菲亚大教堂的外观和内部

4.2.5　韵律与节奏

韵律多用来表现音乐和诗歌中音调的起伏和节奏感，而很多美学家认为诗和音乐的起源是和人类本能地对节奏与和谐的爱好有着密切的联系。自然界中许多事物或现象，往往由于有规律的重复出现或有秩序的变化，可以激发人们的美感。例如在水中投入一颗小石子，激起的波纹由中心向四周扩散，这就是一种富有韵律感的自然现象。

人们有意识地总结自然现象，并加以模仿、运用，从而创造出以具有条理性、重复性和连续性为特征的美的形式——韵律美。韵律美按其形式特点可以分为几种不同的类型：

（1）连续韵律　以一种或几种要素连续、重复地排列而形成，各要素之间保持着恒定的距离和关系，可以无止境地连续延长。

（2）渐变韵律　连续的要素如果在某一方面按照一定的秩序而变化，例如逐渐加长或缩短，变宽或变窄，变密或变稀等，由于这种变化趋渐变的形式，故称渐变韵律。

（3）起伏韵律　渐变韵律如果按照一定规律时而增加，时而减少，有如波浪起伏，或具有不规则的节奏感，即为起伏韵律，这种韵律较活泼而富有运动感。

（4）交错韵律　各组成部分按一定规律交织、穿插而形成。各要素互相制约，一隐一显，表现出一种有组织的变化。

韵律美在建筑中的体现极为广泛和普遍，不论是中国建筑还是西方建筑，也不论是古代建筑还是现代建筑，几乎处处都能给人以美的韵律节奏感。所以人们常把建筑称为"凝固的音乐"。如图 4-26a 所示的建筑，相同体块的排列以及实墙面上排列的孔洞，形成连续的韵律和节奏；图 4-26b 所示的建筑，柱子的排列以及 45°方格拉网，形成连续的面；图 4-26c 所示的建筑，体形类似的板楼从高到低的排列，形成渐变的韵律和节奏；图 4-26d 所示的建筑，阳台的处理形成有规律的交错韵律，丰富了立面；图 4-26e 所示的建筑，波浪形起伏的韵律，丰富了沿街立面。

4.2.6　比例与尺度

各种形状的物体都存在着长、宽、高三个方向的度量，比例所研究的就是这三个方向度量之间的关系问题。

早在公元前 6 世纪，古希腊哲学家毕达哥拉斯为了推敲比例，曾把一条有限长度的直线分为长短两段，反复加以改变和比较，最后得出如下结论："短比长"相等于"长比全"是最佳的比例效果。古希腊美学大师柏拉图把该比例称为"黄金分割"，并发现该比例同音乐

图 4-26　建筑的韵律与节奏

节奏密切相关，柏拉图把黄金分割奉为永恒美的比例。在很多古建筑中，可以发现各种有趣的比例关系，如意大利文艺复兴时期，达芬奇还对人体比例做了专门研究（图4-27）。

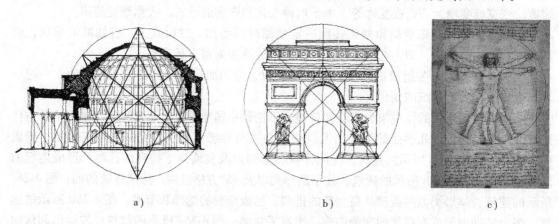

图 4-27　比例在建筑和绘画上的早期运用

a）古罗马万神庙的各种比例关系　b）巴黎凯旋门的比例关系　c）达芬奇的人体尺度习作

现代著名建筑大师柯布西耶，根据人体比例的研究，将黄金分割进一步发展成黄金尺，谋求给予建筑造型的合理性，他本人的许多设计都能体现严谨的比例美学关系，如图4-28所示柯布西耶利用对角线互相垂直的方法调节门窗和墙面之间的比例关系，并借此达到和谐。其实，比例发端于人体，但是当它一旦成为一种独立的原则时，它便不再受客观自然界的限制，而更加科学地按照人的理想要求创造出更多、更新的比例形式了。因此，永恒的比例美是不存在的，而是随着时代的前进而发展，例如等差数列比、等比数列比、根号比，以及屏幕比例从普通发展到宽屏等。

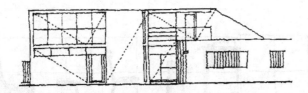

图 4-28 柯布西耶建筑作品中的比例

和比例相联系的另一个范畴是尺度。比例主要表现为各部分数量关系之比，是相对的，可不涉及到具体尺寸。尺度则不然，尺度所研究的是建筑物的整体或局部给人感觉上的大小印象和其真实大小之间的关系问题，要涉及到真实大小和尺寸。

尺度和尺寸在概念上是有区别的，尺度一般不是指要素真实尺寸的大小，而是指要素给人感觉上的大小印象和其真实大小之间的关系。如果尺度和尺寸一致，则意味着建筑形象正确地反映了建筑物的真实大小；如果不一致，则表明建筑形象歪曲了建筑物的真实大小。这时可能出现两种情况：一是"大而不见其大"，即实际尺寸很大，但给人的印象并不如真实的大；二是"小题大做"，即本身并不大，却给人以很大的感觉。这两种情况都是失掉了应有的尺度感的结果。

从一般意义上讲，人作为生活的主体，有着自身的尺度（图 4-29），另一方面，凡是和人有关系的物品，也都存在着尺度问题，例如供人使用的劳动工具、生活日用品、家具等，为了便于使用都必须和人体保持着相应的大小和尺寸关系（图 4-30）。通过长期使用中的验

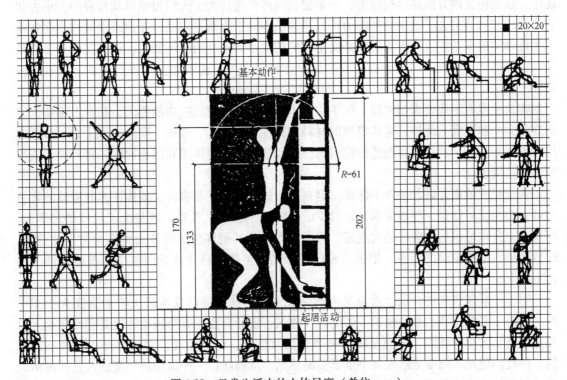

图 4-29 日常生活中的人体尺度（单位：cm）

证，这种大小和尺寸与它所具有的形式，便统一为一体而注入人们的记忆，从而形成一种正常的尺度观念。

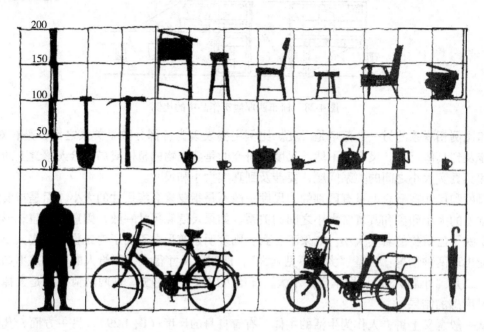

图 4-30　日常生活用具和尺度（单位：cm）

对于生活日用品，人们易于根据生活经验而做出正确判断，但是对于建筑，却可能陷入迷茫，这是由于两方面原因造成的：一是建筑物的体量巨大，人们很难以其自身的大小去和它作比较，从而失去了敏锐的判断力；二是建筑不同于生活日用品，在建筑中有许多要素都不是能单纯根据功能这一方面因素来决定它们的大小和尺寸的。例如门，根据功能只要略高于人就可以了，但有的门出于别的考虑而设计得很高大，这些都会给人们辨认尺度带来困难。

建筑中也有一些要素如栏杆、扶手、踏步、坐凳等，为适应功能要求，基本上保持恒定不变的大小和高度。此外，某些定型的材料和构件如砖、瓦、勾头、滴水、椽子等，其基本尺寸也是不变的。利用这些熟悉的建筑构件去和建筑物的整体或局部作比较，将有助于获得正确的尺度感。

关于尺度的概念讲起来并不深奥，但在实际处理中却并非容易，就连许多有经验的建筑大师也难免会犯错误，例如由米开朗琪罗设计的圣·彼得大教堂，就是由于尺度处理不当，而没有充分地显示出它应有的尺度感。问题就产生在其把许多细部放大到不合常规的地步，这就会给人造成错误的印象，根据这种印象去估量整体，自然会歪曲整个建筑体量的大小（图 4-31）。

对于一般建筑来讲，设计者总是力图使观赏者所获得的印象与建筑物的真实大小相一致。但对于某些特殊类型的建筑，如纪念性建筑，设计者往往有意识地通过处理希望给人以超过它真实大小的感觉，从而获得一种夸张的尺度感；与此相反，对于另外一些类型的建筑，如庭园建筑，则希望给人以小于真实的感觉，从而获得一种亲切的尺度感。这两种情况虽然感觉与真实之间不完全吻合，但是为了达到某种艺术意图还是允许的。

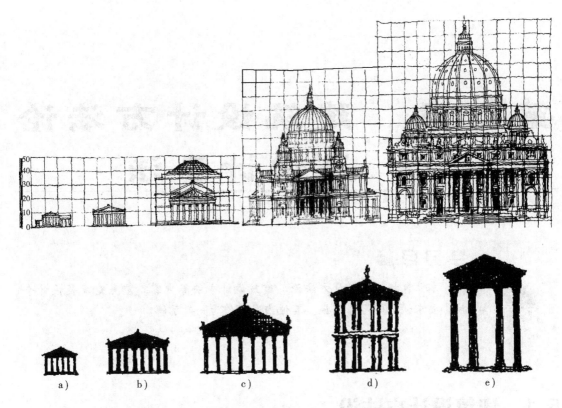

图 4-31 西方古典建筑及其柱廊、山花的尺度比较案例

a) 依瑞克先神庙 b) 帕提农神庙 c) 万神庙 d) 圣保罗教堂 e) 圣彼得教堂

小 结

1. 形式构图是从形式出发来研究构成形式美的一般规律和方法。形式美的规律和审美观念是两种不同的范畴，前者带有普遍性、必然性和永恒性的法则，后者则是随着民族、地区和时代的不同而变化发展的、较为具体的标准和尺度；前者是绝对的，后者是相对的，绝对寓于相对之中。而"多样统一"是形式美的唯一准则。

2. 构图的基本法则是：统一与变化、主从关系、均衡与稳定、对比与微差、韵律与节奏、比例与尺度。

复习思考题

1. 学习构图法则将对你今后的学习产生怎样的帮助？

2. 留意身边的建筑，运用本章知识，分析它们在构图法则上各自处理的得失成败。

3. 怎么理解"各门艺术都相通"的说法？

4. 结合自身的生活感受，说明建筑设计中合理运用尺度的重要意义。

第 5 章 建筑设计方法论及设计手法

本章包括建筑设计方法论、建筑设计手法等内容。重点是建筑设计手法，要求认真学习并掌握。其他内容可作为一般了解。

5.1 建筑设计方法论

5.1.1 建筑设计方法论的产生

亚历山大在他的早期名著《论形式的合成》（1964年）中，关于设计方法的论述，区分了原始的、民间的建造过程与职业建筑师的设计活动，并很有见解地称前者为无意识设计，后者则为有意识设计。

在无意识设计中，工匠对所需要的结果没有存在主观的事先设想，严格地说，它并不包括一种设计活动。这是一种工匠按传统做法进行营建的过程，工匠在此过程中并没有在建造成果中有意识地介入其他主观因素。当然，在漫长的时间内也会对原有类型进行微小的改动，它通过相当长的时间根据环境的变化自发地调整而最终完全适应于需要，这种建造方式比较适合于设计问题多年保持不变的情况（图5-1）。

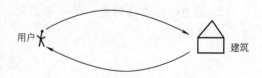

图 5-1 没有建筑师介入的建造过程

有意识设计是一种有着与众不同意图的设计。在这个设计过程中，个人的主观因素有意识地介入了设计问题与设计结果之间。自然，这样的设计活动必须是由一些经过职业训练的建筑师来进行。职业建筑师从工匠中划分出来的现象源于一种社会需要，当社会发生突然而迅猛的变化时，人们的生存活动变得丰富多样，建造过程所依赖的物质技术也多样化、复杂化，设计问题便不再是静态的、持久不变的问题了，工匠式的建造过程难以适应，不可避免地让位给建筑师的有意识设计（图5-2）。

在无意识设计中，工匠没有预先对设计问题有所认识，也缺乏对设计成果的构思活动，这里所谓的设计是与建造过程混合为一的。而在有意识设计中，建筑师为了进行构思并获得满意的设计成果，就必须借助于设计方法，因为这个设计过程包括设计者对现实问题的认识与思维，将现实中的问题模型化、抽象化；再者，设计活动是在真正建造实物之前进行，建筑师不得不用一种方法进行设计并表达他的设计意图和构思。

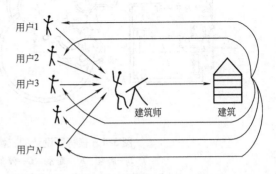

图 5-2 建筑师作为"翻译者"介入的建造过程

"方法"一词源于古希腊，它原来由"沿着"和"道路"两个词的意思组成，表示研究或认识的途径，从理论上或实践上为解决具体课题而采取的手段。建筑设计方法可以简单地定义为建筑师把现实设计问题转化为解决结果的过程中借用的模型和手段等的总和。从前面对设计历史发展的简要回顾中可知，通过方法来认识现实问题并进行构思设计结果，正是有意识设计的特征。

在相当长一段时间内，设计方法仍停留在依赖建筑师个人直觉、灵感和经验基础之上，建筑被视为一种艺术，从而方法也是在艺术准则的支配下。古典学院式的代表巴黎艺术学院的建筑观就是典型的这种方法，认为建筑设计主要是一种构图工作。在现代设计方法论最初形成的时候，西方的建筑界普遍所用的设计方法是一种几乎将绘图作为唯一设计模型的方法，这种设计方法因设计模型的局限性而存在一定的缺陷，它很可能使设计者的注意力集中于外表的处理和构图手法，通常集中于实体关系的组合，而往往会忽视不能由视觉显现的设

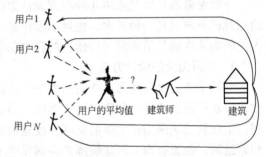

图 5-3 建筑师与用户的关系疏远

计因素，例如用户的使用心理（图5-3）。十九世纪中叶以来，新的建筑类型、新的材料与技术手段以及新的业主团体的日益增加已经逐渐改变了上述背景，传统的设计方法的局限性也逐渐突显。

在 20 世纪 60 年代初期，利用新科学、新技术的成果探求设计方法的现代化以适应新的社会需要的研究浪潮掀起。这种研究所追求的目的是力图克服传统方法的局限，摆脱过去那种仅仅依靠个人智力上的随意性和精神上的主观性的设计方法，转而依靠科学的方法与工具，从而把设计过程物质化（定量分析）、外延化（图式思维）、开放化（群众参与）、科学化（合理设计），这样就形成了西方设计方法论的雏形，也被称为设计方法运动。例如应用拓扑数学的图解来解析赖特的三个住宅设计方案的平面关系就是该方法论的典型运用（图5-4）。

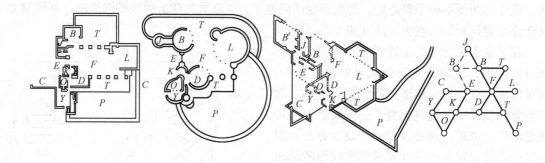

图 5-4　赖特所设计的三幢住宅的拓扑学式的结构分析

B—卧室　B′—卧室　C—停车　D—餐室　E—入口　J—浴室

F—家庭室　K—厨房　L—起居室　O—办公　P—水池　T—平台　Y—院子

5.1.2　建筑设计方法论与实践

我国建筑界基本上还是沿用传统的，以建筑师经验、直觉判断和灵感为基础的设计方法。一种典型的方法是：设计者按功能（所谓的功能也还是停留在非常狭隘的层次上）的要求，由平面开始着手，在草图上作出可能想象出的各种组合，并通过立面、剖面或透视图来说明设计者的一套构思，整个设计过程大部分都凭着建筑师个人的经验或知觉来进行，直到设计者自认为最满意时方算完成。

下面希望通过简要介绍几种西方设计方法论在实践过程应用的例子，帮助我们认识当今的建筑已不再只是一种艺术，而且不仅仅是单纯的功能和造型问题，也已不仅仅是为了满足人类的物质生活与精神需要而建造的各种房屋，而是扩大到为人类生活的整体环境上。

1. 亚历山大的设计方法

美国学者克里斯托弗·亚历山大是方法论研究中的一位风云人物。他毕业于英国剑桥大学，曾获得建筑学学士和数学硕士学位，后又获美国哈佛大学建筑学博士学位，从 1963 年起，他任教于美国加州大学伯克利分校建筑系。亚历山大是一位有着丰富实践经验的建筑师和营造师，他曾获得美国建筑师协会颁发的最高研究勋章。

亚历山大曾先后提出了两种设计方法：一种是在早期名著《论形式的合成》中提出的"解体"的设计方法；另一种是 20 世纪 60 年代后期到 70 年代逐渐形成并集中表达在《模式语言》（1977 年）等书中的模式设计方法。解体法主要表现在理论探讨层次上，在实践中具体应用则有很大的局限性。《模式语言》在理论和实践中都有较广泛深远的影响，有不少建筑师在他们的设计实践中或多或少地采用模式设计的方法，用这种方法设计建造的建筑物也不乏实例。下面就《模式语言》设计方法的应用做简单介绍。

（1）模式设计方法的前提　亚历山大把行为看成是活动倾向，而环境则可能妨碍或便利于这些倾向。一个环境中若没有倾向间的相互冲突，便可称为"好的环境"，因为它不再需要设计，而设计问题之所以产生是因为倾向的冲突。由此，亚历山大认为，某一特定的行为系统和某一特定的物质环境的关系可规定为一种理想状态或终极状态，这种理想状态就是所谓"模式"。模式的确立主要通过观察现存环境与人的相互关系中得出，按照亚历山大的理想，这种模式是某种原型的东西，具有不变的性质，它们包括了对某一设计问题的所有可能的解答方式的共同特征。他在《模式语言》中说："这里的许多模式是原型，能深深地扎根于事物的本质之中，它似乎会成为人性的一部分，人的行为的一部分，五百年以后也和今天一样。"

（2）模式设计方法及在实践中应用 《模式语言》中罗列了从城市一直到窗户形状等大小 253 条模式，每条模式由三个明确定义的部分组成：

1）"文脉"：也就是一个问题所处的环境状态。

2）问题：表明在复杂环境中反复出现的客观需要。

3）解答：表明用空间安排方法来解决问题。

这里的解答并非指的是具体答案，而是一种物质实体的几何关系。例如亚历山大模式 112 条"入口过渡"是指建筑物到街道之间的空间（特定的问题文脉），为了满足安全、亲切和私密要求（问题），解答是在街道和大门之间设计过渡空间，这里应有光线、方向、标高等的变化，最重要的是视觉变化（图 5-5）。这些从大到小的模式之间又构成一种等级次序关系，每个模式与一些同一等级的模式相互联系，而它自身又包括在较高一级的模式，这样，所有模式的总和就可描述出一个完整的建筑环境。

美国建筑师雅各布森等用模式设计方法完成了库普曼住宅（图 5-6）；亚历山大使用模式语言为墨西哥某低收入住宅所作的方案也是典型实例（图

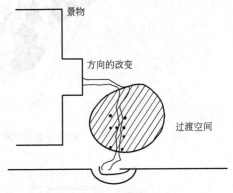

图 5-5 亚历山大模式 112 条
"入口过渡"的关系图式

5-7）。应用模式语言设计的另一个成功例子是墨尔本的大卫住宅入口扩建，在此设计中，建筑师充分应用了模式语言，在设计一开始时找出所有与此有关的模式，最后在这个小小的入口空间设计中应用二十多条亚历山大的模式，如 110 条主入口，173 条花园围墙，249 条装饰等，最终使这个增建的入口空间非常丰富而且诗意盎然（图 5-8）。

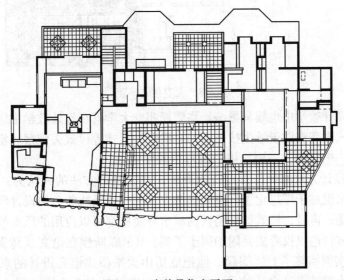

图 5-6 库普曼住宅平面

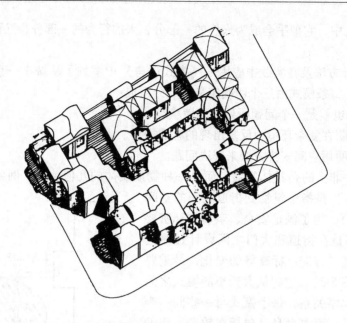

图 5-7　亚历山大试用模式语言为墨西哥某低收入住宅所作方案

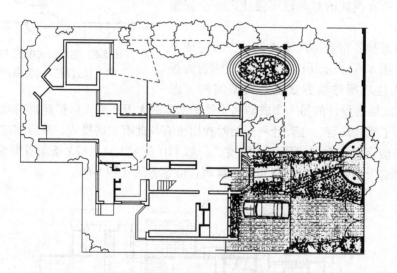

图 5-8　大卫住宅平面

这种方法在设计教学中也颇具影响。堪萨斯州立大学就在设计教学中应用了模式语言作为工具，因为模式语言有助于学生按照空间、活动和形式等模式去观察环境，学生们还使用模式语言设计了一幢名为"草原之川"的环境教育中心。

（3）对模式设计方法批评与肯定　批评模式语言设计方法的人认为：亚历山大的方法相对于现实问题来说过于理想化了，模式是命令式的、武断式的，而设计问题不可能不包括个人价值观的问题；再者，模式如果是任何城市环境中都可以应用的原型的话，那么不是把文化、历史、地方特色仅仅看成是附加因子了吗？R·威斯顿在论文《诗意的模式》（1987年）中，用具体实例回答了上述问题，他把亚历山大按模式语言设计的东京附近的新埃盛大学与日本动物小组某成员设计的另一所日本学校作了各方面比较（图 5-9、图 5-10），他认为某市立初小虽然没有采用模式语言，设计却很成功，建筑效果非常丰富多变而又由一种连贯的建筑语言所统一，并且具有浓厚的地方特征；而该所大学主要建筑给人的感觉竟有欧洲木建筑意味，这无疑是过于强调模式直接应用的结果。由此可见，其研究结论是永恒的和普遍的设计模式是失败的。

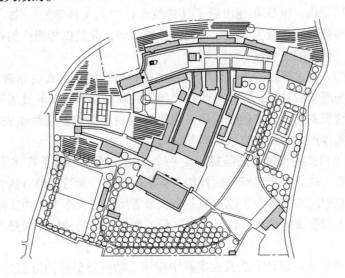

图 5-9　新埃盛大学总平面

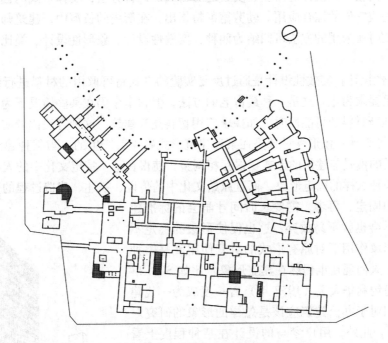

图 5-10　日本某市立初小平面

　　然而，模式设计的方法，无论其哲学基础或理论依据多么有懈可击，无论方法本身有多少局限性，它仍不失为设计方法论研究的成果，它对设计方法的进一步探讨、对设计实践和设计教学都有不可低估的启发意义。而作为对人与环境关系的长期观察基础上提出的几百条设计关系模式对设计者更有很好的参考价值，这些也正是亚历山大的方法影响至今的原因。

2. 勃劳德彭特的设计方法

勃劳德彭特毕业于英国曼彻斯特大学，曾在该校任教，1967 年之后成为英国朴次茅斯大学建筑学院院长。他的笔迹涉猎方法论诸方面，写了大量论文，参与编辑了一批有关方法论研究的学术专题著作。1973 年他出版了《建筑设计与人文科学》一书，书中对前一时期方法论研究的种种倾向进行较为深刻、全面的分析批评，并且以相当广的视角来研讨各种新科学、人文科学与建筑的关系。

勃劳德彭特的方法主要由一个环境的设计过程和建筑实体形式的创造过程两方面组成，前一方面是一种推理化的过程，其中可吸收应用各种新科学方法与新技术手段，如计算机技术；而后一方面建筑的物质形式的创造则是建筑师区别于其他创造活动进行者的独特方面。下面主要就建筑实体形式的设计方法作简单介绍。

（1）建筑实体形式的设计方法前提　给一个环境设计成果赋予实体形式的过程不再是一种推理式的过程，这是一个建筑师独特能力应用的过程。勃劳德彭特认为许多人在研究建筑师的工作时，总把注意力集中于他作为一个决策者所需的技术上，而实际上，各行各业从事创造性工作的人都有决策技术，这是共同之处，而建筑师的独特能力是产生建筑的实体形式。

（2）建筑实体形式的设计方法及在实践中应用　勃劳德彭特的方法并非是革新的方法，而是在总结和概括建筑设计的历史、实践之后得出的四种方法，实体形式的创造过程取决于用这四种方法或它们的综合应用。勃劳德彭特指出，在历史的长河中，建筑师在试图产生建筑的实体形式时所采用的方法可归纳为四种：实效性设计、象形性设计、类比性设计以及法则性设计。

1）实效性设计：实效性设计是通过反复实验的方式将可取用的材料进行组合直到产生的形式能满足要求为止。这是一种最古老的方法，但它至今仍在某些情况下为人们所用，尤其是试图发现新材料的可能性时，如探求应用塑料充气建筑，这种方法比较实用。

2）象形性设计：象形性设计是在某种建筑形式确立后产生的。当某种建筑形式被长期沿用后，生活的模式与建筑的形式变得互相调整，使得在某一特定文化中的人共同具有了一种建筑应该象什么样的固定形象，而且原始文化中的传说、描述、建造过程的劳动号子都促使这种形象的固定；再者，需要长时间才学会的标准建造工艺一旦学会也就不易放弃，这也促使形象的稳定不变。在这种形象作用下对原有形式的重复使用就是一种象形性设计。人们现在也仍然在建立形象，比如 SOM 事务所设计的纽约利华大厦（1952 年）曾一度成为一代建筑师与业主们对于办公建筑应该是怎样的形象的研究对象（图 5-11）。此外，用户参与的设计在某种程度上看也是一种象形性设计。

3）类比性设计：类比性设计是把类比物提取并吸收入设计者的设计解答之中的一种设计方法。这些类比物通常是视觉的，也可以是抽象的、概念的。公元前 2800 年的古埃及建筑师在设计第三王朝国王昭赛尔的陵墓时已采用了类比设计方法，他提取了已有的玛斯塔巴的形

图 5-11　纽约利华大厦

式加以叠加，构成大体量的国王陵墓（图 5-12、图 5-13）。这种方法仍然是现代有创造性的建筑师创造建筑实体形式的有效方法，著名第一代现代建筑大师赖特在设计美国麦迪逊市的唯一神教派教堂时（1949 年）就是以双手作祈祷时的形象作为设计的类比物（图 5-14、图 5-15）。在类比设计中，别的建筑师的作品、民间建筑、自然的形象都可以成为设计的类比物，但是需要某些媒介将原型转化为它的新形式，这样的媒介可以是草图、模型或计算机程序等。

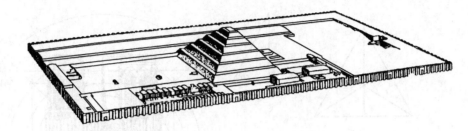

图 5-12　昭塞尔陵墓

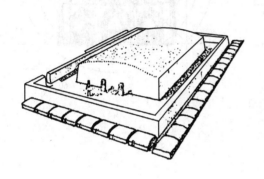

图 5-13　玛斯塔巴

图 5-14　唯一神教派教堂外观

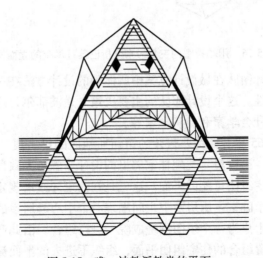

图 5-15　唯一神教派教堂的平面

　　4）法则性设计：法则性设计是以一种抽象的几何比例系统，如网格为基础或作为参照对象的设计方法。这种设计方法包含了一种对几何系统的权威的寻求，而这种寻求受到过古希腊几何学家毕达哥拉斯和哲学家柏拉图等人的巨大推动。柏拉图认为宇宙自身就是由立方体（土）、正棱锥体（火）、八面体（空气）和正二十面体（水）构成，而这些体又依次由三角形组成。中世纪的哥特教堂设计中就包括了柏拉图的三角形（图5-16）。当今的模数体系、预制装配建筑体系等同样也是以法则性设计为基础的。

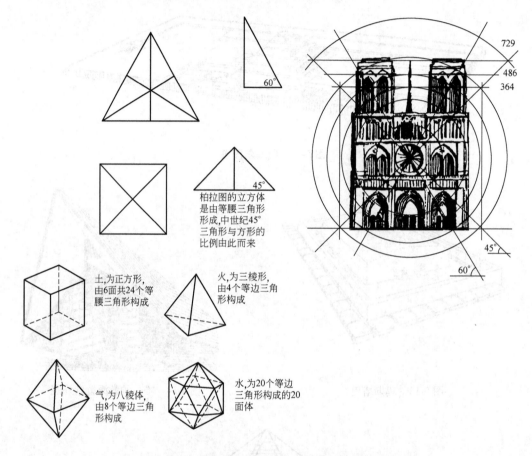

图5-16　用帕拉图的三角形来分析巴黎圣母院的立面构图

　　巴塞罗那的一个设计团队在做设计方案中所体现的设计方法在一定程度上可说明勃劳德彭特的方法的实际有效性。这个设计团队的主要决策人是波菲尔，除建筑师外，其他成员有诗人、艺术家、作家、社会学家和经济学家等。

　　这个设计团队于1965年开始为西班牙的雷钮斯地区的巴雷奥－戈地的低造价、高密度住宅邻里进行规划设计。巴雷奥－戈地住宅邻里的设计步骤可大致概括为下列阶段：

　　第一阶段：产生住宅组团可能的平面。这先是在西班牙政府规定的65m²/户限制的约束下，进行一种一个或多个卧室、厨房及卫生间围绕一个中心起居室的拓扑的排列。然后，就是把上述平面形式以二十户为一个组团围绕成院子进行组合，由此产生出一套以直角布置组合的和另一套以对角布置组合的住宅组团平面，组织不进去的平面被淘汰。这一阶段是应用计算机辅助设计进行，可以说是一个推理化过程。

第二阶段：根据所规划的环境要求来核对第一阶段所产生的住宅组团。这些环境约束很多，比如，一户住宅不应直接面对另一户布置，住宅主要窗户的视野应有多少米等。不能满足这些环境约束条件的组团被淘汰。

第三阶段：根据造价条件和结构构造的可能性来约束上面两阶段产生的户型平面和组团形式，并由此确定住宅的结构构造方式。

第二阶段和第三阶段这两个阶段也是一个理性的设计过程。其中应用了计算机技术和其他第一代设计方法的技术手段。实际上这个方案设计的前三个阶段正相当于勃劳德彭特的方法中环境的设计过程，它们的任务是通过对各种约束的确定而建立问题的解答范围。

第四阶段：这是最后一步，就是确定最终的住宅邻里布局方案和建筑单体的形式。在这个方案设计中，建筑师较多地应用了类比的设计方法——勃劳德彭特的形式创造方法的第三种。设计师假定这一住宅邻里必须容纳一种特定的"生活风格"，那么就以社会学角度和建筑学意义上调查原先保持这种生活风格的建筑环境系统；然后从一些原型中吸取形式上的类比物，结合进这一新邻里的布局中。从原型中吸取的类比物有建筑组团、街道、广场的布局形式，以及单体建筑细部处理特征等。

（3）勃劳德彭特的设计方法的意义与局限　勃劳德彭特的设计方法试图将之与建筑历史、建筑设计实践和现有方法联系，他的基本观点是用不同方式对待建筑设计问题的不同方面，并且把设计过程中的理性思维与非理性的创造性活动分开进行。为在设计中吸收理性化的方法提供了某些可能，因此它具有一定的实践意义，也对还未学会综合地解决设计问题的学生有一定的指导意义。

但是，如果仔细研究一下勃劳德彭特的方法，就很容易发现，它所能对付的仅仅是约束明确并可以考虑这些约束，如活动行为、基础特征等而逐渐建立解答范围的设计问题，可不幸的是许多现代的建筑设计问题是一种复杂的问题，它们无法通过调查分析而清晰地建立问题范围，并且找到问题的约束，而权衡它们的重要性本身就是设计的一部分，因此，并不是所有设计问题都能通过勃劳德彭特的环境设计过程来建立解答范围的。这正是这种设计方法未产生根本影响的原因，也是它的局限性所在。

3. 公众参与的方法

有关公众参与的设计探讨在 20 世纪 60 年代已有人尝试，这种尝试在上世纪 70 年代有了实际成果，到 70 年代初，有关公众参与的设计方法的探讨无论在理论上还是在实践中都已影响了整个西方建筑界，在英国已形成了所谓的"社区建筑运动"，在美国则有"社会的建筑"等。

公众参与设计的主要目的是：试图重新给予普通人以某种程度上控制他们自己生活环境的权利，建筑师不再是决定他人必须生活在什么样的环境中的人；并且唤醒每个人潜在的创造力，让他们参与到住宅、公共设施乃至整个城市的规划设计过程中。这样，能够有可能创造出比建筑师独自设计更为稳定和自我满足的社区环境。

在西方建筑实践中涌现的形形色色的公众参与设计的方法中，大致可分两类：其一是公众参与设计过程；其二是公众参与设计与建造的整个过程。

在上述两大类中，公众参与设计过程的某些阶段的方法更为普遍。著名的景观建筑师劳伦斯·哈普林就一直强调公众参与设计过程，他说："我认为我的工作是以创造人们可以享乐的环境为目标——不只是透过人的理性，而是透过人所存在的环境，因此我特别强调参与以及相关的行为。"哈普林在实践中尝试各种参与方法并提出一套称为循环设计系统的理论，该理论由四个阶段组成：资料、记分、评价、完成。

另一位法国建筑师克罗尔在一个旧住宅区的改建中引导用户参与了建筑外观的创作。被改建的小区是法国伏曼茨郊区大约二千户规模的小区，原先是混凝土板块体系建造的建筑，由大多数的五层条式住宅和少数的点式住宅组成。克罗尔试图通过改建给这个小区带来生气，他首先自己设计建造了一个改变原有建筑物的种种可能性的原形：比如移去顶层而换成木结构；在正面和侧面上添加两层的披层；底层改造成社会服务设施用房；加入阳台；改变外表材料，等等。图5-17、图5-18分别是克罗尔的原型的平面、立面和外观。在克罗尔所作的改造成果的启发下，用户们开始由建筑师引导下自行改造、选择他们自己的住宅外观；最后由用户们参与改造之后的住宅外观很有拼贴色彩而又不杂乱无章，相比原来的面貌更加富有活力和个性。

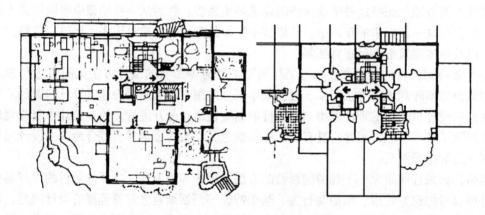

图5-17　旧住宅改造原型的平面

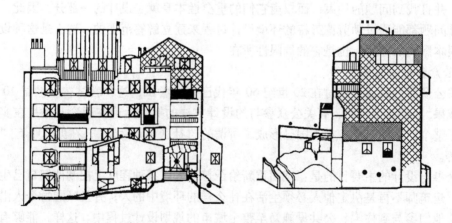

图5-18　旧住宅改造原型的立面

当今对建筑的认识应该从系统的角度来认识，建立"建筑－人－环境"是一个系统的观念，建筑物要构成对内向人开放，对外向环境开放的子系统。如果从这样的新建筑观念出发，我们就可以重新认识我们所面对的设计问题。当今人的需要也不再限于物质层面需要，对人生理的、心理的、社会的、精神的需要进行分析、组织也构成设计问题的组成部分，建筑师不能仅仅凭主观臆断去改变人们的生活方式，而应在对社会和人的深刻了解的基础上开始自己的工作；另一方面，建筑对环境的开放也不限于视觉意义上的关系，建筑必须与物质环境与社会环境都产生关联，构成人类生存环境的有机整体。如果能认清这点，建立新的建筑观，那么建筑师就有可能把利用新科学、新技术探讨设计新方法、改进传统方法当成一种自觉的行动，也就能设计出合乎时代需要的、高品质的建筑来。

5.2　建筑设计手法

前面一节中我们讨论了建筑设计的思想方法的理论及在实践中的应用，具体完成一个设计项目时我们还应关注方法和技巧，即建筑设计的手法。

手法的英文写法为 manner，意思是：方式、样式、方法、规矩、举止、风度、……。由此可见，手法的内容是十分丰富的。建筑的手法，大体可包括以下内容：建筑形象的构图，建筑形象的气质以及通过什么方法达到形态的和谐性等。总体来说，建筑设计的手法，从广义的意义来说，应当视为建筑设计的主要作业法，从构思、总体布局、单体处理，一直到细部处理，都应当是这种性质和关系。

建筑设计手法可以从很多方面进行剖析，如：几何分析、建筑的轴线、建筑的虚实处理、建筑的层次、收头方法、建筑的尺度、空间的组织、建筑形态的意象构思等。本节中着重讨论建筑的轴线、虚实处理、层次、建筑形态的意象构思等几个方面。

5.2.1　建筑的轴线

轴线一般多指对称物体的中心线，但在建筑设计手法中，轴线有更为丰富的内涵。建筑中的轴线指被建筑形象所交代的空间的实体关系，由这种关系在人的视觉上可产生一种"看不见"但又"感觉到"的方向。合理的建筑轴线处理可使这种方向感合乎意图。

建筑轴线分为对称轴线和非对称轴线两大类。

对称轴线的基本特征是庄重、雄伟，空间方向性明确，有规则。它的基本性质是：限定物的对称性越强，方向感就越强；限定物的自对称性越强，方向感反而减弱。如图 5-19 所示，图中形体分 A、B 两组，各组中不同的体块组合形成不同的轴线强弱关系情况，在总体设计和建筑外形设计时，应考虑轴线的基本性质。对称轴线的典型案例有北京故宫和意大利罗马的圣彼得大教堂，由于它们明显的中轴线，使建筑有相当强烈的视觉场（图 5-20）。

非对称的轴线比较难处理。不对称的建筑，其轴线可分为两种情况：一种是一座建筑自身的轴线是不对称的，另一种是由建筑群形成的轴向是不对称的。非对称轴线一般与建筑形象的"重心"相一致。例如沙特阿拉伯利雅得电视台，其轴线是以高塔来表达（图 5-21、图 5-22）。建筑的轴线多数位于建筑的主要部位，这条轴线在视觉上的明显程度，也就是主要部位的强调程度，而它的优劣，往往反映为非对称建筑形态的均衡关系。如图 5-23 所示，这个非对称建筑的主轴线无疑位于入口处，两边的建筑形象不对称，但为了视觉的均衡，特意把右边的低建筑略提高一些，使它与左边的三层窗台齐高，因此，在视觉上是均衡的。

在建筑群中，要识别或设计出一个具有方向感的轴线，这个方向可称为"流线"，它不一定是直线，也可能是曲线或折线（图 5-24）。

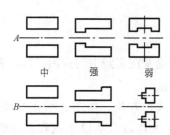

图 5-19　形体与轴线的强弱关系

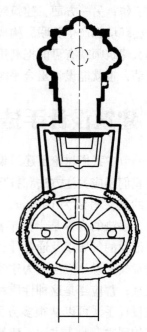

图 5-20　圣彼德大教堂的中轴线

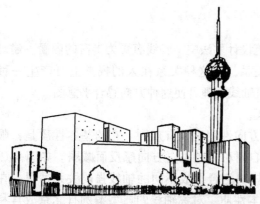

图 5-21　沙特阿拉伯利雅得电视台外观

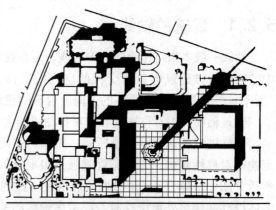

图 5-22　沙特阿拉伯利雅得电视台总平面

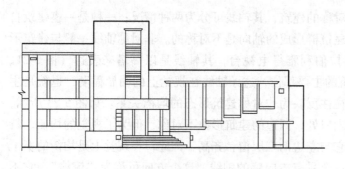

图 5-23　非对称建筑形态的均衡关系

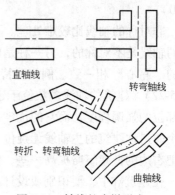

图 5-24　轴线的多样形式

1. 轴线的暗示手法

建筑师通过形象设计，让人能够意识到设计者的"意图"，而不是靠设置指路牌，用文字来指点人们朝指定的方向行进，该手法即轴线的暗示手法。轴线的暗示可以通过形的流动感、形的有序排列、形的轴向暗示等手法在建筑造型设计中表现。

形的流动感给人两种感觉：一是功能性，其次是审美性。在流动感的形成中，曲线比直线体现出的更强。曲面墙形态刚中有柔，如委内瑞拉莫里若斯购物中心，其入口处采用曲面墙，可起到将人流引导入室内的作用（图 5-25）。

图 5-25 委内瑞拉莫里若斯购物中心

形的有序排列是增强导向性的有效手法。具体可通过柱列、线形连续的点列等手法来实现，会产生连续的线形，引导人自然地沿着点列方向前行（图 5-26 ~ 图 5-28）。

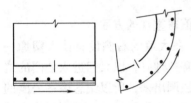

图 5-26 柱的序列导向性

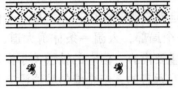

图 5-27 铺地的序列导向性

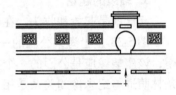

图 5-28 漏窗的序列导向性

形的轴向暗示在俄罗斯某个小俱乐部的建筑形体设计中表现得很突出，整个建筑中剧场的轴线是主要的，休息廊和活动室分别采用了不同方向的轴线，这两条轴线则是次要轴线（图 5-29）。

2. 轴线的转折手法

图 5-30 所示的是道路或走廊的转折处理的三种手法，*A* 是原形；*B* 作了折角处理，使转折处的空间较宽，视线也有提前量，同时也是轴线转折的一种空间形态表述；*C* 是用弧形转角处理，不但能达到上述折角处理的作用，而且由于弧形转角而令人在感觉上更有转折的运动感。

有时在轴线的交接处通过一些暗示性的构件可起到"指路标"的作用。图 5-31 是某建筑的入口，由于人的主流不是正对着入口的（图中箭头），因此，在门的一侧设置一短墙，墙上设一壁灯，此灯起到一举三得的作用：一是照明，二是装饰，三是指示。这块墙面材质用清水砖墙，其横线条使得轴线转折的方向感更强烈。

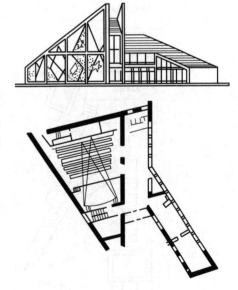

图 5-29 形的轴向暗示

如图 5-32 所示，杭州韬光寺的轴线是正对着上山之路而设，是一条中轴线，但进山门之后，轴线方向发生变化，并有一个三叉路口，向寺的方向虽有转折，但由于有台阶可寻，并可见高处韬光寺大殿的建筑物，所以人们自然地走向韬光寺。这种轴线转折的暗示，恰好契合了宗教上"回头是岸"的隐喻。

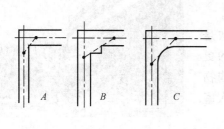

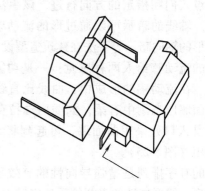

图 5-30　道路、走廊等轴线转折的处理手法　　　图 5-31　建筑入口人流引导处理手法

3. 轴线的起讫

起讫就是起始和收头。在建筑造型手法中，收头是一个值得重视的方面。

图 5-33 是上海某公园的一个局部，入园一条林荫大道，在大道的右侧设有伟人塑像一座，该座塑像应是公园的一个重要内容，但它的轴线关系没有处理好，以大门进入公园的这条林荫道与纪念像的关系是相互垂直的，纪念像的轴线没有强调出来，所以纪念像在公园的地位也就弱化了。修改的方法是：在正对雕像的左边，设置碑石之类的构件，起到强化主轴线的作用，并且成为轴线的收头构件；再者在两条轴线交叉处，路面使用不同材料铺砌，既不影响行走，又把两轴交代明确。

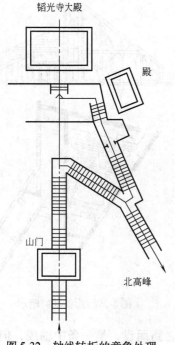

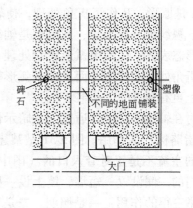

图 5-32　轴线转折的意象处理　　　　　　　图 5-33　上海某公园轴线收头不利的手法

深圳国际贸易大厦的裙房部分为一组圆形空间，它们的圆心连线是隐含的轴线，圆心也成为这些轴线的起讫、中转点，因此，该空间给人的感觉是既丰富多变，又有一定的秩序感（图 5-34）。

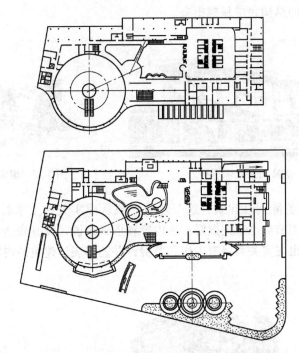

图 5-34　深圳国际贸易大厦群房的轴线起讫、中转处理手法

轴线是建筑造型手法的一把钥匙，但正是由于它是属于造型艺术的，所以只能是手法，不能是公式；只有提高学习者的建筑艺术修养，在实践中多琢磨，才能真正掌握这把建筑设计的钥匙。

5.2.2　建筑的虚实处理

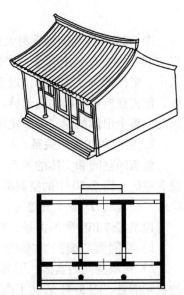

在建筑中，虚与实的概念是用物质实体和空间来表述的，如墙、屋顶、地面等是"实"；廊、庭院、门窗等是"虚"。中国传统建筑是很讲究虚实关系的，图 5-35 中这座建筑的虚实关系就是立体的：东西墙是实的（山墙）；南北门窗是虚的。虚代表方向、通透，实代表遮挡、隐蔽。

1. 建筑立面的虚实法则

建筑立面形态千姿百态，其虚实关系可以归纳为两个方向上的关系，即左右关系和上下关系。

左右的虚实法则是对称的，左虚右实或右虚左实是一样的、等价的。上下虚实和左右虚实不同，上下关系的虚实是不等价的，一般来说，可以用三段式来处理。

在现代建筑中，同样的结构形式，由于虚实关系的处理不同，建筑立面的视觉效果也是相差很大的。如图 5-36 是

图 5-35　我国传统的虚实处理

一座体育馆，采用的是双曲马鞍形的悬索结构的屋顶，两边由钢筋混凝土曲梁来支撑拉索，从功能和结构来看，此建筑立面应以虚为主来处理，但它围封部分太多，所以显得笨拙。相对来说，图5-37是相同的结构形式，立面的虚实关系处理以虚为主，显得更恰当些，既适合体育馆的功能，又使结构之美显现出来。

图5-36　虚实关系处理不利

图5-37　虚实关系处理较好

图5-38是一座展览陈列性建筑，这个建筑形象从虚实关系上来看，虚实主次无重点，而且上下、左右的虚实节奏也未把握好；从内容和形式来说，没有表达出展览陈列建筑的特征。因此我们可以看出虚实关系要有主次和节奏，并能够表达建筑的内涵。

图5-38　虚实关系无主次

图5-39是深圳国际贸易大厦的形体构成。整个建筑形体的上下虚实关系中，连接部分以"实"为主，其上其下，均以"虚"为主，形象通过虚实的处理交代得很清楚。左右关系中，塔楼部分从整体来说以虚为主，每个面有七个窗，上下连成一气，形成中间六条垂直线，使得建筑有明确的高耸感；在塔楼每个面的端部，用实墙收头，并过渡到另外一个面，因此，整个形体的虚实关系比较得体，也很有逻辑性。

2. 空间和实体的关系

建筑的空间和实体的关系，可以理解为实体把空间限定出来，供人使用，没有实体，就没有空间。图5-40中的空间都是由于实体的存在而存在的。A、E是"围"，B是"设立"，C是"凸地"，D是"覆盖"。

建筑实体和空间的关系，应遵循下列原则：

1）空间为"虚"，实体为"实"，"虚"因"实"而生，"实"之目的是"虚"。

2）构成空间的实体，因其大小、位置、形状、质地不同，会产生不同的构成空间所需的视觉能量。图5-41表达了两块物体在不同的位置、不同的间距、不同的形状、不同的高度等情况下，所产生的空间感觉会不同的。

图 5-39　虚实关系符合逻辑性

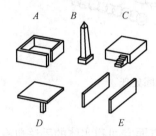

图 5-40　空间与实体的关系

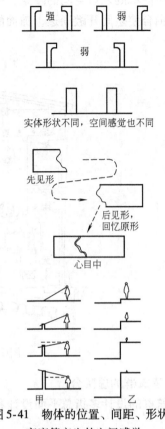

图 5-41　物体的位置、间距、形状、
高度等产生的空间感觉

3）用实体限定空间，重在空间的应用，必须由实体限定，更必须由实体表述，即空间与形体的联合考虑。

广州白天鹅宾馆的中庭空间处理是非常完美的一个实例（图 5-42）。这个空间是立体式布局的一个理想的共享空间。中庭以营造故乡水为主景，其他的服务空间围绕其分布，外沿曲折多变，并与庭院产生十分有机的关系，可以说，设计师在创作的过程中，"文章"的主题是在空间，而"用笔"是在实体。

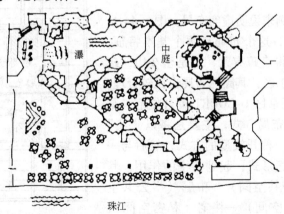

图 5-42　广州白天鹅宾馆中庭空间处理

上海商城的入口空间的限定，是为了突出商业建筑空间的要求（图 5-43）。通过柱子、栏杆的围合使空间开敞通透，前面的两个大圆拱门，形成门的符号。

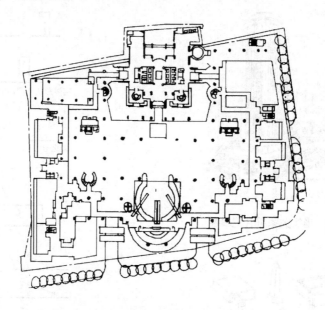

图 5-43　上海商城入口空间处理

3. 建筑群的虚实分析

建筑群的设计多指总平面设计和规划设计，这些方面空间和实体的手法也有自己设计的准则。

首先，把建筑单体看成是一个个的"实"的视觉对象，"实"和"虚"应当是个相互形成的关系。

其次，形成空间的实体布局是前后、左右、上下六个方位。在建筑虚实的概念中，无论是室内还是室外，是院子还是广场，只有一个概念，即空间的层次性。空间以外，必然还有空间，但其中必以实体相分；空间以内，还有空间，当然需要实体相隔。

最后，形成空间的实体，还应当重视空间的封闭或开敞性。

下面以居住区为例来说明虚实布局。图 5-44 是某居住区的总体布局，这个布局有两个基本特征，一是将建筑布置处理得有疏有密，二是密在边，疏在内，形成一个安静小区，其路网布局也比较合理。图 5-45 是日本都市西京区 U-COURT 集合住宅，是居住区建筑一种新的布局方式，主要是将以"实"为主的密集住宅做成一种开放型的方式，然后与一个公园相邻，做成中庭形式，起到共享的作用，其空间结构是公园（公共空间）—中庭（半公共空间）—小路（半私密空间）—住宅（私密空间），满足现代人的居住要求。

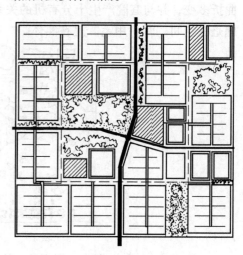

图 5-44　居住区空间虚实的处理

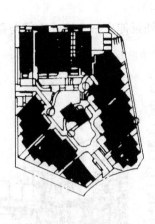

图 5-45　日本都市西京区 U-COURT 集合住宅

又比如学校空间的处理，以我国 20 世纪 60 年代建造的某中学校舍总平面图。为何（图 5-46），从图中可知，功能关系还是比较合宜的，从空间和实体的布局来看，问题是注重实体，而不注意实体以外的空间形态，且实体和空间之间渗透性不够。

5.2.3　建筑的层次

1. 层次与造型

层次是任何一门艺术都须重视的法则，建筑作为一种造型艺术，也有层次问题。我国传统园林的设计非常讲究层次，而且十分重视园景的前后关系，没有层次，景物一览无余，也就没了情趣。图 5-47 是苏州拙政园中的枇杷园向外观看的景，圆洞门内外，是一个层次，门洞中的景物，也还有前后几个层次，这真是"庭院深深深几许，杨柳堆烟，帘幕无重数。"（宋，欧阳修《蝶恋花》）

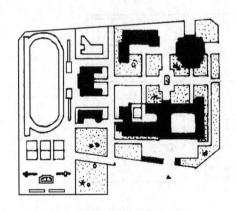

图 5-46　某中学校舍总平面图　　　　　图 5-47　园林空间层次感处理手法

图 5-48 是日本某研究所入口，设计者在原有入口的前面再加上一个由屋顶和柱组成的空间，不但加强了入口的突出性（见到两个入口空间层次），而且又使原来的入口在尺度和

方位上得到更好的效果（增加了尺度，旋转了方向）。

图 5-49 是日本京都的一座建筑，它的二层向外延伸出一个廊式空间与路面的建筑相连，这不仅仅解决了交通问题，而且使室外增加了层次。

图 5-48　日本某研究所入口空间处理手法　　　　图 5-49　日本京都的一座建筑

2. 建筑层次的分类

建筑不论是室内还是室外，单体还是群体，层次问题都相当重要。不注意层次手法，不但会使建筑缺乏美观，而且会有零乱之感。建筑的层次可分为单视场层次和多视场层次。

（1）单视场层次及其设计手法　建筑的单视场层次，顾名思义，就是通过"一眼望去"即能见到两个或几个层次。单视场层次是由直觉感受的，这种层次在手法上总是通过分割空间的限定物而获得效果的。图 5-50 是几个主要的视觉层次手法，其中图 a 是空间原型，即只有一个层次的空间，图中的 S 为视点；图 b 有两个层次，由左右分隔把空间分为两个层次；图 c 是将空间的某一部分的地面用另外一种材料来做，也能产生一个层次，如果把这一部分升高或降低，则层次分离的强度会增加；图 d 是一部分空间高度不同，或者顶面的材料、明度等有所不同，也能增加层次感；图 e 是用家具来分隔空间；图 f 是用玻璃隔断的形式分出空间层次。总之，空间层次的手法很多，但若要做到恰到好处则比较难。

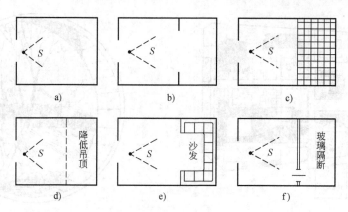

图 5-50　几个主要视觉层次手法

图 5-51 是桂林榕湖饭店四号楼入口内庭院的平面图。当人从门斗进入门厅后，通过大片玻璃向院子望去，形成"门厅—院子"两个大的视觉层次。它还可以细分：院子中有绿

地、水池，在水池的另一边还有楼梯，再加上院子周围一圈廊，层次就更丰富了。在门厅中能看到院子里的多个空间层次，可谓引人入胜，但它又不是直接让人进入院子，而须转弯抹角，才能到达院子，又增加了几分空间情趣。

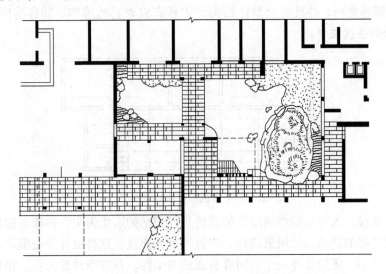

图 5-51　桂林榕湖饭店四号楼入口内庭院的平面图

图 5-52 是上海某别墅一层平面。人在客厅中，可以见到门厅和餐厅，形成三联的视觉空间。客厅与门厅之间，还有一个很小的廊式过渡空间，厕所门就隐蔽在这个空间的侧面，视线所及的范围很小，这就是设计者的匠心所在，一则可使门厅与客厅之间有个过渡空间，得到一定的缓冲；二则厕所不应该形成视觉层次，但要适当作暗示。客厅和餐厅之间应该是明确的视觉层次关系，但还应当在感觉上有明确的分隔。这里用了两种手法，一是用高低步的关系，走上两级踏步到餐厅，这种限定方式很适宜这两个空间性质，同时在其边上还做了一对柱子，这里并不完全出于结构的需要，而是两个空间限定物。

图 5-53 是杭州的浙江省残疾儿童康复中心平面图，图中的入口轴向从外向内在空间上作了四个层次的处理，先是门廊，其次是门厅、候诊，最后是中庭正中的绿化地带。从图中可以看出，这是单视场的空间层次处理，人们在建筑的外面就可以感受到这种空间效果。这种层次的目的，一是在空间效果本身，二是在功能上，在于对空间的识别。

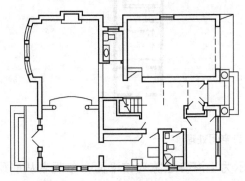

图 5-52　上海某别墅方案平面

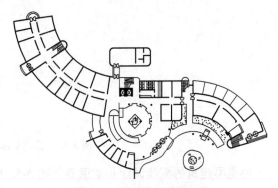

图 5-53　杭州浙江省残疾儿童康复中心平面

（2）多视场层次及其设计手法　建筑的多视场层次，不是同一个视野中的层次，而是指一个建筑（或建筑群）作多视点感受时的一个建筑印象。用图来释义，如图 5-54 所示，要完成这一建筑的各个房间的感知，必须从入口一直到出口这一条线路的所有沿线的建筑（空间）形象都感受到，并且有个整体结构，才算完成对它的感知。而各房间之间的层次，就称为多视场的层次关系。

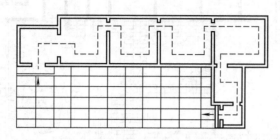

图 5-54　多视点层次设计手法

从心理学来说，人对一组空间层次的感受是以记忆的形象为主，再辅以逻辑思维而完成的。对于强调流线的建筑，像风景园林、展览馆等类建筑，这种设计手法值得重视。建筑的多视场层次，并不一定要让每一个空间都有强烈的个性，都清晰地被记住；相反，有些空间只需记住流线，形象并不甚重要，这样就突出了需记住的主要空间。重视流线，即重视层次结构，多视场的层次，其设计关键还在"关系"，图 5-55 是苏州留园入口部分，这一组空间是多视场的层次处理的佳品。

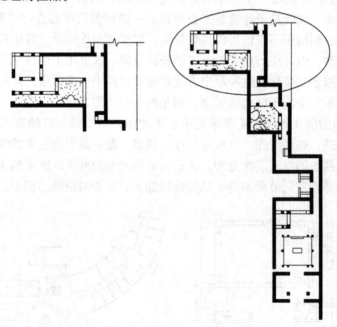

图 5-55　苏州留园入口空间处理

博览类建筑的流线设计非常重要。图 5-56 所示为上海鲁迅陈列馆平面，参观者从底层平面入口进入，沿着建筑物方向行进，经三折，结束一层的参观内容，然后上楼，在二楼的参观流线行进方向，正好与底层相反，也转三折，到休息厅，下楼梯走向出口。这里十几个空间作一连串流线式布局，人在其中，由于内院的作用而得到视觉定向。另外，它不是强制性的，有几处出入口可以自由出入，使参观人群可以灵活选择。这些出入口，从层次的意义来说，在逻辑上将建筑整体化成几大块，入口成了总体层次上的起讫点。图 5-57 为德国厄森其博物馆平面。陈列室作环行布置，也是内院式布局，这里只有两个大的层次：陈列室和院子，空间的逻辑关系很清楚。

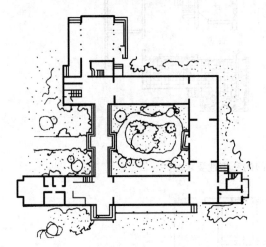

图 5-56　上海鲁迅陈列馆平面　　　　图 5-57　德国厄森其博物馆平面

图 5-58 是联合国教科文组织总部的会议厅平面。这个建筑中有许多会议厅，这些会议厅是相互独立的，互不干扰但又要有联系，在同一座建筑中，无论交通、供应以及相互联络等，都处理得当，这是个典型的多视场中逻辑层次处理相当完美的实例。

3. 层次与建筑的目的性

层次仅仅是手法，是为建筑的使用目的服务的。层次可以成为一种独立的建筑艺术成果，但它必须与使用目的相一致。层次手法多种多样，为的也正是满足使用要求，下面就层次与建筑功能关系展开论述。

（1）私密性要求　层次与私密性关系很密切，例如住宅设计，其中的客厅是公共性的，在家庭内，它是个共享空间，而卧室、书房之类，则多为私密性的。图 5-59 中的两个住宅户型方案都很好地通过建筑的层次关系处理房间的私密性。我国传统民居，往往把女孩的卧房设在楼上，并将楼梯间隐蔽起来，人们要进入这种卧房，总要经过好几个层次才能到达（客厅—楼梯间—楼上过厅—卧房），可见此房间的私密性。在办公用房方

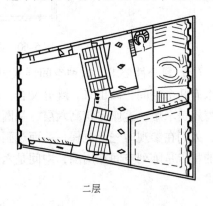

二层

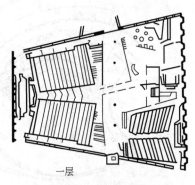

一层

图 5-58　联合国教科文组织总部会议厅平面

面，一般经理室多用套间的形式，外面是秘书室，里面是经理室，这种层次手法即空间的重置（图5-60）。

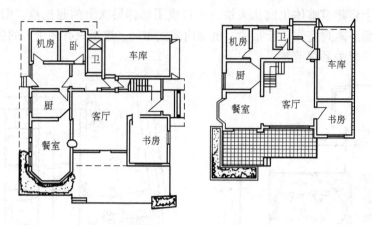

图 5-59　住宅设计空间的私密性要求

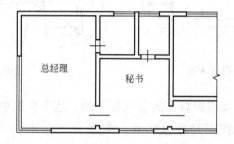

图 5-60　办公建筑空间的私密性要求

（2）聚分性要求　这种空间层次也是功能性的，它不同于私密性，是在一个大空间中要求有几个空间分离出来，既分又合。这在展览空间中是常用手法。图 5-61 是美国纽约古根海姆美术馆，这座建筑高六层，是圆形的略呈上大下小的造型，螺旋形的展览空间自上而下，人们在参观时先上电梯，一面观画，一面顺坡下楼，这就大大减少了行进之疲劳。其空间的特点是陈列空间在周围，中间是六层共享大厅，以此来组织空间层次，符合展览陈列的要求。

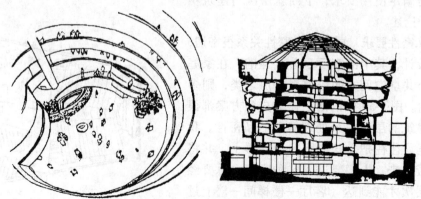

图 5-61　美国纽约古根海姆美术馆

图 5-62 是洛杉矶海特旅馆的中庭，这是著名美国建筑师波特曼的"共享空间"理论的典型表述。在一个大型空间里，用实体形式划分出限定不太强烈的许多小空间，产生空间层次效果，并体现当代社会的交往精神。

图 5-62　洛杉矶海特旅馆中庭

（3）深度性要求　如果人站在一个空间中，一眼望去见到两个以上的空间层次，则能够产生层次性的深度感。深度性空间层次的精神性功能的体现，莫过于园林建筑空间。图 5-63 是苏州拙政园中的梧竹幽居，从亭外向里望，穿过两个圆洞门，背后的空间景观更是妙趣无穷，圆洞门起到"景框"的作用，好似亭内一幅立体画，这就是园林空间构筑的匠心独运之所在。

图 5-63　苏州拙政园的梧竹幽居

图 5-64 是加拿大温哥华的不列颠哥伦比亚大学人类博物馆平面。从图中可以看出，由入口门廊、门厅、过道、陈列廊、大陈列厅等一连串的空间，在视觉上产生层层推入的感觉，使人联想到人类历程的精神。

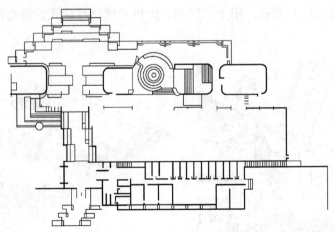

图 5-64　加拿大温哥华的不列颠哥伦比亚大学人类博物馆平面

有的深度性层次要求则是伦理上的，如我国民居中厅堂内采用挂落一类的空间处理方式，使空间产生两个层次，这主要不是为了美观，而是为了表现伦理等级，不够格的人只能站在挂落外的空间（图5-65）。

（4）不同建筑类型的层次处理　建筑的类型不同，空间层次的处理手法也有所不同。例如住宅，就不同于一般的公共建筑，住宅空间的性质和关系比较单一，使用者也较为固定，同时，空间不大，处理时应"精打细算"。住宅中的空间层次处理有几种方式，如图5-66所示，客厅和餐厅往往会合在一处，但适当作些暗示，如家具布置，地面材料均可，这不但使功能明确，而且也节约了空间，还有一个作用是需要大空间进行活动时（如举行聚会），就可以视为两者合一。

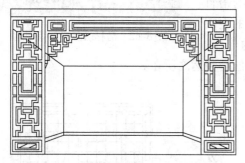

图5-65　我国民居厅堂空间处理

图5-66　住宅中空间层次处理

公共建筑由于空间规模大，性质复杂多变，使用的人多而复杂，因此空间层次更需强调出来。有些空间分隔用的手法较为特殊，如图5-67是某商业性空间，为了标新立异，将空间分隔做成西方古典式的门廊形式，但又不是正放，而将其倒置、斜放，这样产生的视觉冲击力大大加强，起到商业建筑招揽眼球的效果。

城市广场空间的处理手法中也有层次问题。广场不同于公共建筑，它虽是公共性场所，但它是"半自然性空间"。图5-68是美国圣地亚哥市霍顿广场，广场分为三块，中间用两条廊来分隔，空间上下、内外都有交织，而且有分有合，十分有机。现代广场空间的层次处理手法有多种多样的形式，如廊、绿化、雕塑等，都是增加广场空间层次的手段；另外，也向第三方向（高度方向）发展，用下沉广场、天桥及楼廊等形式，使空间层次多样性，更富人情味。

图6-67　某商业空间中手法特殊的空间分隔

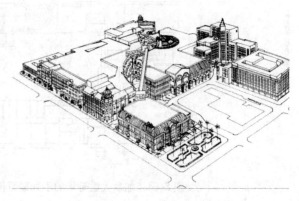

图5-68　美国圣地亚哥市霍顿广场

5.2.4　建筑形态的意象构思

1. 形的意义

一般认为，建筑艺术应当具有两重性，一是指建筑形象的纯粹艺术性，二是指建筑形象的文化性，即它要表达某种"意义"。

古今中外，建筑艺术多是在"有意义"与"无意义"之间表述着。例如，在我国古代，大量饰物使建筑物形态生动，其实这些形象也是"有意义"的，如屋脊上的吻兽和剑把，往往是某种心态上的追求，希望吉利、保平安、防洪水。

建筑形态的意象构思，设计者的心态是很复杂的，形象思维的"形象"，不会是凭空生成的，而总是在既有的形象中经过回忆、表象、联想、启迪、借鉴等，产生出新的形象。

建筑形态的意象构思，第一步还应当从抽象的"形"出发，这种"形"本身具有"非意义"的心态，这对建筑师来说是必须认识的。形有各种各样，有圆有方，有长有扁，下面就这些形的基本心态简述（图 5-69）。

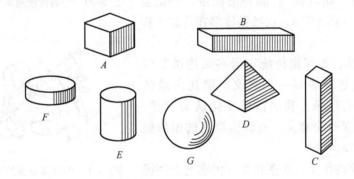

图 5-69　简单的几何形体

立方体（*A*）：从形态感来说，立方体具有静穆、理性、方直之感。所谓方直，已不只是形式，而已经带有许多情态性。

长方体（*B*）：基本上近乎立方体，也有理性、整齐划一之感，但因为它体形比较长向，所以具有方向性和运动性。

柱体（*C*）：这种立体的形式，具有确定性、严肃性，从"意义"上来说具有一定的纪念性、崇高性，因此纪念碑一类多用此形。

锥体（*D*）：三棱、四棱、多棱锥体乃至圆锥体，具有稳定性、永恒性，当然在"意义"上也富有严肃性、纪念性，因此，古代陵墓多用此形。无论古埃及的金字塔还是我国的秦始皇陵等，都采用这种方式。

圆柱体（*E*、*F*）：柱体指的是细长形的，无论圆柱、方柱等，都是一样的感觉。圆柱体若比较矮胖，则有更多敦实的"体积感"；若是比较高耸，就有高直感，但它的表面又是曲面，所以看上去有一定的活泼和运动感；也因其高耸，所以具有一定的确定性。圆柱体越高，则运动感越为强烈，严肃性越为淡化。

球体（*G*）：这种形式要比圆柱体更为活跃，而且有一定的神奇性，如果用于建筑，则多倾向于非理性的、想象的、浪漫的建筑风格，多用于天文台、太空城之类。

　　建筑形体，就其"母体"的类型来说，不外乎上述几类，又如三角形或多边形组成的多面体（十二面体、二十面体等）其形态与球体接近，其他的建筑形体大体上都是这些"母体"的组合或变体。

　　所谓"意象"，就是（建筑的）形象具有某种意义，但它又不一定是具体所指，只是形的某种感觉倾向。在建筑创作中，可以通过语义的各种表达、手法来进行，大体来说有以下几种：

　　1）通过习惯性的象征符号，如我国传统的民俗形式语言中，有蝙蝠、鱼等形象，以示吉祥的意义；如"变福"、"余"（富裕、盈余等意），在建筑中，也以这些物件作装饰（图5-70）。

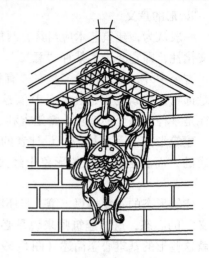

图5-70　中国传统建筑装饰构件（一）

　　2）通过暗示的手法，如我国古代常用"八仙"，在某图案中就有"暗八仙"，画一把仙帚、一把宝剑，表示吕洞宾（图5-71），这些图案多在建筑上作装饰。

　　3）通过隐喻，如江南传统民居多采用黑瓦白墙，其实在古代这是表现一种意义，黑瓦白墙的"黑"与"水"有联系，我国古代文化认为"黑、北、水"等，都是一个意义，所以这黑瓦的屋顶就有起了防火的隐喻。

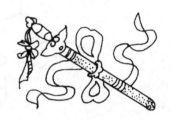

图5-71　中国传统建筑装饰构件（二）

　　4）通过文字的作用，这在我国古代建筑上用得很多，如在县衙大堂上悬书有"明镜高悬"的匾额，以显示肃然正气、法制无情之意。但建筑师在作意象性的构思时，不能光靠文字渲染，更多的则是通过建筑的形式来表现。

　　5）通过"建筑式"的抽象，但"本意"又具有习惯性符号的作用，这就是西方古代惯用手法，如古希腊柱式，其总体意义是表现人文主义，若再细分，则陶立克柱式表现男性之美，爱奥尼柱式表现女性之美（图5-72）。中世纪哥特教堂高高的塔尖，意象地表达了基督教的教义——对天堂的向往（图5-73）。

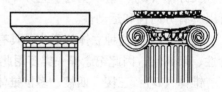

图5-72　古希腊柱式所表达的建筑意象

　　6）通过形的"本义"来构思，这就是现代建筑的手法了，也是本节内容的重点——现代建筑中的意象手法。

2. 现代建筑中的意象手法

　　（1）现代建筑意象手法的表达方式　从总体上来说，现代建筑在"意象"上与古代完全不同。现代建筑的意象在意义上并不是什么具体的文化意义，而是抽象的造型意义，所以它仍有意象，无非是不同的涵义罢了。如图5-74是丹下健三设计的日本东京圣玛利教堂，它在形式上已完全是现代建筑了，但我们还能在教堂上看出十字架，以及从那高高的尖塔中联想起西方哥特教堂的形象。从这个形象上可以理解到建筑的真正的意象手法：它不是形式的重复，而是以新的形式设法表现出此类建筑的文化特征。

图 5-73　哥特式教堂所表达的建筑意象

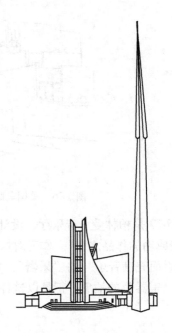

图 5-74　日本东京圣玛利教堂

但现代建筑在造型上的"意义"，大多数是体现建筑抽象的形式感，建筑的造型是从理性而出发的。图 5-75 是加拿大安大略纽马克市约克医院外形，从它的形象中反映出来的空间明确性、功能明确性及造型的合乎逻辑，都表现出理性主题；此外，从它的形象中还反映出了尺度的宜人性和形态的明快性。

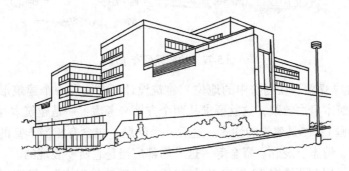

图 5-75　加拿大安大略纽马克市约克医院

（2）抽象的艺术性意象　古代建筑的意象有两个主题，一是社会现实的，即伦理性；二是观念的，即宗教的、情态的。这两个主题对于现代建筑来说被转化了，现代建筑的意象主题是抽象的，其表现当然也是抽象的。

图 5-76 是美国马萨诸塞州波士顿威廉·肯特的一座学校建筑，这是所现代初级学校，

这里没有宗教意义，也没有伦理隶属，只是表明现代学校以一个个班级为单位的现实，所以它表现出来的形象，就类似于构成学中的连续、重复的体块。这种现代学校的精神，也就是建筑师最初构思作品的出发点。

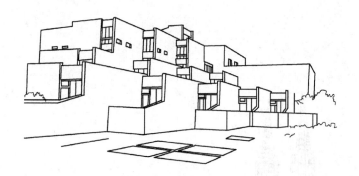

图 5-76　美国马萨诸塞州波士顿威廉·肯特的一座学校

图 5-77 是柏林爱乐音乐厅，设计者是建筑师夏隆。这个建筑形式相当特别，被认为是"战后最成功的作品之一"。作者对这个建筑的"意象性构思"，据他自己所说，其意图是设计成"里面充满音乐"的"乐器"，要把"音乐与空间凝结于三向度的形体之中"。它的形式是对"乐器"的抽象，正是以这种抽象对抽象（音乐与建筑）来完成现代建筑的意象手法。

图 5-77　柏林爱乐音乐厅

（3）建筑的"意义"在创作中的地位　建筑设计师在构思一个建筑形象时，最关键的问题应当是从建筑本身去着眼，这就要求从两个方面来考虑：一是建筑本身，而不是别的什么（如雕塑、绘画）；二是建筑的性质。这后一个问题，包含有相当丰富的内容，如使用功能、民族、地域、情态、观念、资金等，这一切都应当是它所要表现的。

建筑大师勒·柯布西埃在 20 世纪 30 年代提出"新建筑五点"，即底层独立支柱；平屋顶，屋顶花园；自由的平面；横向长窗；自由的立面（图 5-78）。这是建筑理论，但也可以说是创作时意象构图的出发点，萨伏伊别墅即是其对此理论诠释的作品（图 5-79）。

意象构思是建筑创作的重要法则，不从这种法则出发，只把建筑作为空间、体块或无意义的构成物来看待，是有偏颇的。现代建筑是建筑，而不是体块条片；是文化，而不仅仅是造型。

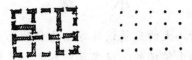

立柱，底层透空

平顶，屋顶花园

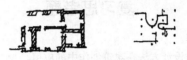

骨架结构使内部布局灵活

骨架结构使外形设计自由

水平形带窗

图 5-78 勒·柯布西埃新建筑理论图释

图 5-79 萨伏伊别墅

小　结

1. 建筑设计方法论：亚历山大的建筑设计方法论分为无意识设计和有意识设计两个层面。我国建筑界基本上还是沿用传统的、以建筑师经验、直觉判断和灵感为基础的设计方法。当代西方几种主要设计方法论有：亚历山大的设计方法、勃劳德彭特的设计方法和公众参与的方法等。

2. 建筑的手法：大体说可包括建筑形象的构图、建筑形象的气质，以及通过什么方法达到形态的和谐性等。总起来说，建筑设计的手法，从广义的意义来说，应当视为建筑设计的主要作业法。从构思、总体布局、单体处理、一直到细部处理，都应当是这种性质和关系。

复习思考题

1. 试简述模式设计方法利与弊。
2. 试举例说明建筑实体形式的设计方法在建筑创作中的应用。
3. 讨论公众参与法在建筑设计中的现实意义。
4. 试举例说明轴线的设计手法在建筑创作中的作用。
5. 试举例说明建筑立面虚实处理的法则。
6. 试举例说明层次与建筑功能的关系。
7. 试举例说明现代建筑中创作意象手法的运用。

第6章　建筑外部环境及群体组合设计

学习目标

　　本章包括建筑场地设计、竖向设计、停车场（库）设计、外部空间的组合形式及处理手法等内容。其中，重点内容是外部空间的组合形式及处理手法、停车场设计等，要求理解外部空间的组合设计中群体与单体的逻辑关系。其他内容作为一般了解。

6.1　建筑场地设计

6.1.1　场地设计的概念

　　建筑设计中所涉及的外界因素范围很大，从气候、地域、日照、风向到基地面积、地貌以及周边环境、道路交通等各个方面。关注建筑总体环境，综合分析内部外部等综合因素，进而进行场地设计，是建筑设计工作的重要环节。

　　场地设计的概念在国外早已被普遍接受，这与国外严格的城市规划管理紧密相连。近年来随着我国城市规划方面不断发展并与国际接轨的要求，特别是1991年起开始实施的国家注册建筑师考试制度，场地设计在国内受到普遍的重视，各大专院校建筑学专业也相继把场地设计作为专门课程独立开设。

　　场地设计是对工程项目所占用地范围内，以城市规划为依据，以工程的全部需求为准则，根据建设项目的组成内容及使用功能要求，结合场地自然条件和建设条件，对整个场地空间进行有序与可行地组合，综合确定建筑物、构筑物及场地各组成要素之间的空间关系，合理解决建筑空间组合，道路交通组织，绿化景观布置，土方平衡，管线综合等问题。使建设项目各项内容或设施有机地组成功能协调的一个整体，并与周边环境和地形相协调，形成场地总体布局设计方案。这意味着它是一个整合概念，是将场地中各种设施进行主次分明，去留有度，各得其所的统一筹划，由此可见，它是建筑设计理念的拓宽与更新，更是不可或缺的设计环节。

　　随着设计体制的改革，建筑市场未来将与国际市场接轨，场地设计这一课题越来越具有了积极的现实意义。另外，随着我国经济的健康发展，社会对城镇空间品质的要求越来越高，场地设计在城镇建设过程中将起到不可替代的作用。

6.1.2 场地设计的内容

场地设计总体来说包括以下内容。

1. 场地分析

场地分析包括对场地的自然条件，场地的建设条件，场地的公共限制条件的分析，明确影响设计的各个因素，提出初步解决方案。场地分析是场地设计的重要内容，也是国内外注册执业考试的必考内容（图6-1）。

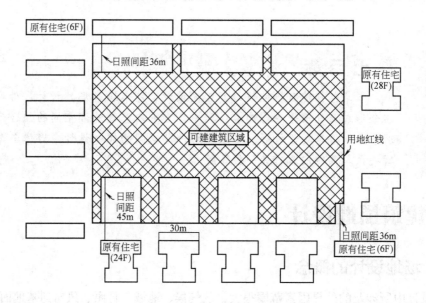

图6-1　场地可建范围分析

2. 场地总体布局

场地总体布局包括场地分区建筑布局，场地交通组织，场地绿地配置等内容（图6-2）。

3. 竖向设计

竖向设计包括平坦场地的竖向布置，坡地场地的竖向布置，场地排雨水土方量计算等内容（图6-3）。

4. 道路设计

道路设计包括场地道路布置，停车设施布置等内容。

5. 绿化设计

绿化设计包括绿化布置，绿化种植设计，环境景观设施等内容（图6-4）。

6. 管线综合

管线综合包括场地管线的综合布置等内容。

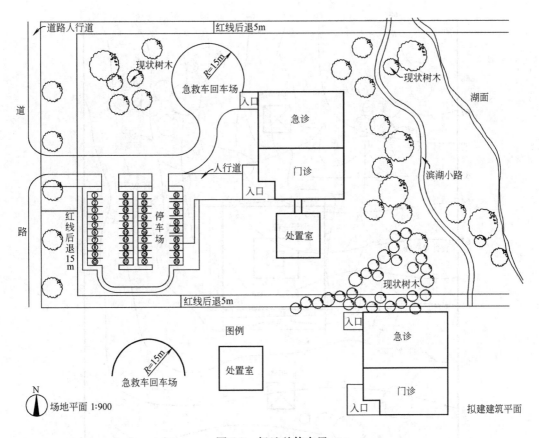

图 6-2　场地总体布局

6.1.3　场地布置的要求

以下是国家规范条文对一些常见的建筑场地布置的具体设计要求：

1.（GB 50352—2005）《民用建筑设计通则》

1）基地应与道路红线相连接，否则应设通路与道路红线相连接。

2）基地如有滑坡、洪水淹没或海潮侵袭可能时，应有安全防护措施。

3）建筑物与相邻基地边界线之间应按建筑防火和消防等要求留出空地或通路。

4）建筑物高度不应影响邻地建筑物的最低日照要求。

5）大型、特大型的文化娱乐、商业服务、体育、交通等人员密集建筑的基地，应符合如下规定：

①　基地应至少一面直接临接城市道路，该城市道路应有足够的宽度，以保证人员疏散时不影响城市正常交通。

②　基地沿城市道路的长度应按建筑规模或疏散人数确定，并至少不小于基地周长的1/6。

③　基地应至少有两个以上不同方向通向城市道路的（包括以通路连接的）出口。

④　基地或建筑物的主要出入口，应避免直对城市主要干道的交叉口。

⑤　建筑物主要出入口前应有供人员集散用的空地。

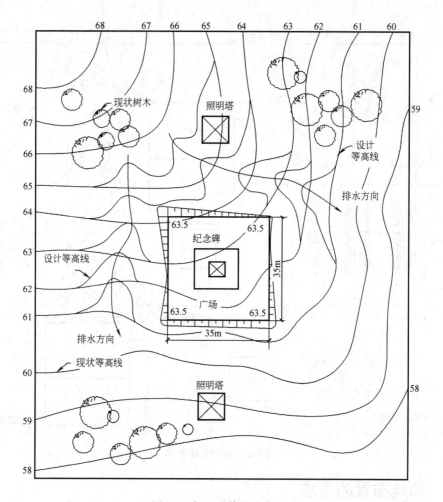

图6-3　场地总体竖向布置

⑥ 根据噪声源的位置、方向和强度，应在建筑功能分区、道路布置、建筑朝向、距离及地形、绿化和建筑物的屏障作用等方面采取综合措施，以防止或减少环境噪声。

6）基地内通路

① 基地内应设通路与城市道路相连接，通路应能通达建筑物的各个安全出口及建筑物周围应留的空地。

② 通路的间距不宜大于160m。

③ 长度超过35m的尽端式车行路应设回车场。供消防车使用的回车场不应小于12m × 12m，大型消防车的回车场不应小于15m×15m。

7）通路宽度

① 考虑机动车与自行车共用的通路宽度不应小于4m，双车道不应小于7m。

② 消防车用的通路宽度不应小于3.50m。

③ 人行通路的宽度不应小于1.50m。

8）通路与建筑物间距

基地内车行路边缘至相邻有出入口的建筑物的外墙间的距离不应小于3m。

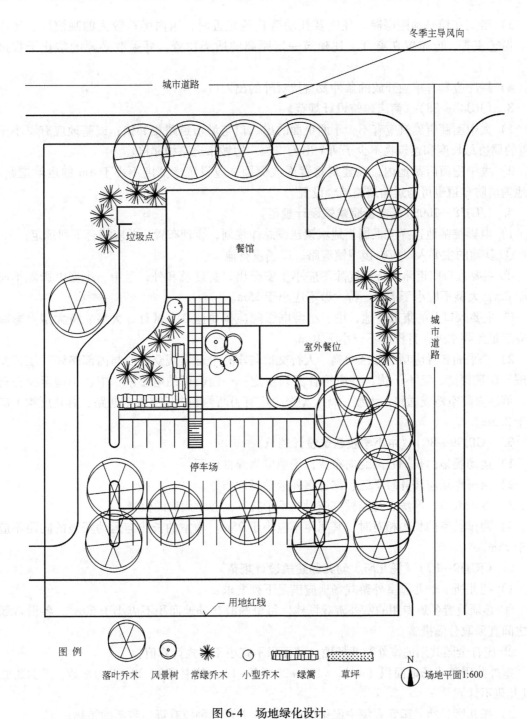

图例　落叶乔木　风景树　常绿乔木　小型乔木　绿篱　草坪　N　场地平面1:600

图 6-4　场地绿化设计

2. （JGJ41—87）《**文化馆建筑设计规范**》

1）功能分区明确，合理组织人流和车辆交通路线，对喧闹与安静的用房应有合理的分区与适当的分隔。

2）基地按使用需要，至少应设两个出入口。当主要出入口紧临主要交通干道时，应按规划部门要求留出缓冲距离。

3）当文化馆基地距医院、住宅及托幼等建筑较近时，馆内噪声较大的观演厅、排练室、游艺室等，应布置在离开上述建筑一定距离的适当位置，并采取必要的防止干扰措施。

4）舞厅应具有单独开放的条件及直接对外的出入口。

3.（JGJ48—88）《商店建筑设计规范》

1）大中型商店建筑应有不少于两个面的出入口与城市道路相邻接；或基地应有不小于 1/4 的周边总长度和建筑物不少于两个出入口与一边城市道路相邻接。

2）大中型商店基地内，在建筑物背面或侧面，应设置净宽度不小于 4m 的运输道路。基地内消防车道也可与运输道路结合设置。

4.（JGJ58—2008）《电影院建筑设计规范》

1）电影院基地选择应根据当地城镇建设总体规划，合理布置，并应符合下列规定：

① 基地的主要入口应临接城镇道路、广场或空地。

② 主要入口前道路通行宽度除不应小于安全出口宽度总和外，且中、小型电影院不应小于 8m，大型不应小于 12m，特大型不应小于 15m。

③ 主要入口前的集散空地，中、小型电影院应按每座 0.2 ㎡ 计，大型、特大型电影院除应满足此要求外，且深度不应小于 10m。

2）总平面布置应功能分区明确，人行交通与车行交通、观众流线与内部路线（工艺及管理）明确便捷，互不干扰，并应符合下列规定：一面临街的电影院，中、小型至少应有另一侧临内院空地或通路，大型、特大型至少应有另两侧临内院空地或通路，其宽度均不应小于 3.5m。

5.（GBJ99—86）《中小学校建筑设计规范》

1）运动场地的长轴宜南北向布置，场地应为弹性地面。

2）风雨操场应离开教学区、靠近室外运动场地布置。

3）音乐教室、琴房、舞蹈教室应设在不干扰其他教学用房的位置。

4）两排教室的长边相对时，其间距不应小于 25m。教室的长边与运动场地的间距不应小于 25m。

6.（JGJ39—87）《托儿所、幼儿园建筑设计规范》

1）托儿所、幼儿园室外游戏场地应满足下列要求：

① 必须设置各班专用的室外游戏场地，每班的游戏场地面积不应小于 60m²，各游戏场地之间宜采取分隔措施。

② 应有全园共用的室外游戏场地，其面积不宜小于下式计算值：

室外共用游戏场地面积（m²）＝180＋20（N－1），其中 180、20、1 为常数，N 为班数（乳儿班不计）。

2）托儿所、幼儿园宜有集中绿化用地面积，并严禁种植有毒、带刺的植物。

3）在幼儿安全疏散和经常出入的通道上，不应设有台阶。必要时可设防滑坡道，其坡度不应大于 1:12。

7.（GB 50067—97）《汽车库、修车库、停车场设计防火规范》

1）汽车库不应与甲、乙类生产厂房、库房以及托儿所、幼儿园、养老院组合建造；当病房楼与汽车库有完全的防火分隔时，病房楼的地下可设置汽车库。

为车库服务的附属建筑，可与汽车库、修车库贴邻建造，但应采用防火墙隔开，并应设置直通室外的安全出口。

2）汽车疏散坡道的宽度不应小于 4m，双车道不宜小于 7m。

3）两汽车疏散出口之间的间距不应小于 10m；两个汽车坡道毗邻设置时应采用防火隔墙隔开。

4）停车场的汽车疏散出口不应少于两个，停车数量不超过 50 辆的停车场可设一个疏散出口。

8.（CJJ83—99）《城市用地竖向规划规范》

1）用地自然坡度小于 5% 时，宜规划为平坡式；用地自然坡度大于 8% 时，宜规划为台阶式。

2）挡土墙、护坡与建筑的最小间距应符合下列规定：

① 居住区内的挡土墙与住宅建筑的间距应满足住宅日照和通风的要求。

② 高度大于 2m 的挡土墙和护坡的上缘与建筑间水平距离不应小于 3m，其下缘与建筑间的水平距离不应小于 2m。

③ 挡土墙和护坡上、下缘距建筑 2m，已可满足布设建筑物散水、排水沟及边缘种植槽的宽度要求。但上缘与建筑物距离还应包括挡土墙顶厚度，种植槽应可种植乔木，至少应有1.2m 以上宽度，故应保证 3m。

9.（GB50045—2005）《高层民用建筑设计防火规范》

1）高层建筑的底边至少有一个长边或周边长度的 1/4 且小于一个长边长度，不应布置高度大于 5.00m、进深大于 4.00m 的裙房，且在此范围内必须设有直通室外的楼梯或直通楼梯间的出口。

2）高层建筑的周围应设环形消防车道。当设环形车道有困难时，可沿高层建筑的两个长边设置消防车道。当高层建筑的沿街长度超过 150m 或总长度超过 220m 时，应在适中位置设置穿过高层建筑的消防车道。高层建筑应设有连通街道和内院的人行通道，通道之间的距离不宜超过 80m。

3）高层建筑的内院或天井，当其短边长度超过 24m 时，宜设有进入内院或天井的消防车道。

4）消防车道的宽度不应小于 4.00m。消防车道距高层建筑外墙宜大于 5.00m，消防车道上空 4.00m 以下范围内不应有障碍物。

5）尽头式消防车道应设有回车道或回车场，回车场不宜小于 15m×15m。大型消防车的回车场不宜小于 18m×18m。

10.（GB 50016—2006）《建筑设计防火规范》

1）托儿所、幼儿园及儿童游乐厅等儿童活动场所应独立建造。当必须设置在其他建筑内时，宜设置独立的出入口。

2）人员密集的公共场所的室外疏散小巷，其宽度不应小于 3.00m。

11.（JGJ49—88）《综合医院建筑设计规范》

1）基地选择应符合下列要求：交通方便，宜面临两条城市道路；环境安静，远离污染源；远离易燃、易爆物品；不应邻近少年儿童活动密集场所。

2）总平面设计应符合下列要求：

① 功能分区合理，洁污路线清楚，避免或减少交叉感染。

② 应保证住院部、手术部、功能检查室、内窥镜室、献血室、教学科研用房等处的环境安静。

③ 病房楼应获得最佳朝向。

④ 医院出入口不应少于二处，人员出入口不应兼作尸体和废弃物出口。

⑤ 在门诊部、急诊部入口附近应设车辆停放场地。

⑥ 太平间、病理解剖室、焚毁炉应设于医院隐蔽处，并应与主体建筑有适当隔离。尸体运送路线应避免与出入院路线交叉。

3）职工住宅不得建在医院基地内；如用地毗连时，必须分隔，另设出入口。

4）病房的前后间距应满足日照要求，且不宜小于 12m。

① 门诊、急诊、住院应分别设置出入口。

② 在门诊、急诊和住院主要入口处，必须有机动车停靠的平台及雨棚。如设坡道时，坡度不得大于 1:10。

12. （JGJ62—90）《旅馆建筑设计规范》

1）在城镇的基地应至少一面临接城镇道路，其长度应满足基地内组织各功能区的出入口、客货运输、防火疏散及环境卫生等要求。

2）主要出入口必须明显，并能引导旅客直接到达门厅。主要出入口应根据使用要求设置单车道或多车道，入口车道上方宜设雨棚。

3）应合理划分旅馆建筑的功能分区，组织各种出入口，使人流、货流、车流互不交叉。

4）在综合性建筑中，旅馆部分应有单独分区，并有独立的出入口；对外营业的商店、餐厅等不应影响旅馆本身的使用功能。

5）总平面布置应处理好主体建筑与辅助建筑的关系。对各种设备所产生的噪声和废气应采取措施，避免干扰客房区和邻近建筑。

13. （GB50180—93（2002））《城市居住区规划设计规范》

1）住宅侧面间距，应符合下列规定：条式住宅，多层之间不宜小于 6m；高层与各种层数住宅之间不宜小于 13m。

2）面街布置的住宅，其出入口应避免直接开向城市道路和居住区级道路。

3）小区内主要道路至少应有两个出入口；居住区内主要道路至少应有两个方向与外围道路相连；机动车道对外出入口间距不应小于 150m。沿街建筑物长度超过 150m 时，应设不小于 4m×4m 的消防车通道。人行出口间距不宜超过 80m，当建筑物长度超过 80m 时，应在底层加设人行通道。

4）在居住区内公共活动中心，应设置为残疾人通行的无障碍通道。通行轮椅车的坡道宽度不应小于 2.5m，纵坡不应大于 2.5%。

6.2　竖向设计

综合考虑地形条件、建筑功能、建筑技术等因素的要求，合理的布置道路，地面排水组织，解决场地与建筑之间的竖向关系，对室外场地建筑中不同功能区块作出设计与安排，统称为竖向设计。

竖向设计是为了满足道路交通、场地排水、建筑布置和维护、改善环境景观等方面的综合要求，对自然地形进行利用和改造所进行的，以确定场地坡度和控制高程、平衡土石方量等内容为主的专项技术设计。

在干旱贫水地区，竖向设计应做到使雨水就地渗入地下，或使雨水便于收集储存和利用；在降雨量大、洪涝多发地区，为减少排放至江、河、湖、海的雨水量，竖向设计可考虑雨水就地收集利用。

6.2.1　竖向设计的内容

1）制定利用与改造地形的方案，合理选择、设计场地的地面形式。

2）确定场地坡度、控制点高程、地面形式。

3）合理利用或排除地面雨水的方案。

4）合理组织场地的土石方工程和防护工程。

5）配合道路设计、环境设计，提出合理的解决方案与要求。

6.2.2　竖向设计应满足的要求

1）合理利用地形地貌，减少土石方、挡土墙、护坡和建筑基础工程量，减少对土壤的冲刷。

2）各项工程建设场地的高程要求以及工程管线适宜的埋设深度。

3）场地地面排水及防洪、排涝的要求。

4）车行、人行及无障碍设计的技术要求。

5）场地设计高程与周围相应的现状高程（如周围的城市道路标高、市政管线接口标高等）及规划控制高程之间，有合理的衔接。

6）建筑物与建筑物之间，建筑物与场地之间（包括建筑散水、硬质和软质场地），建筑物与道路停车场、广场之间有合理的关系。

7）有利于保护和改善建设场地及周围场地的环境景观。

6.2.3　场地设计标高的确定

1）场地设计标高应高于或等于城市设计防洪、防涝标高；沿海或受洪水泛滥威胁地区，场地设计标高应高于设计洪水位标高 0.5～1.0m，否则必须采取相应的防洪措施。

2）场地设计标高应高于多年平均地下水位。

3）场地设计标高应高于场地周边道路设计标高，且应比周边道路的最低路段高程高出 0.2m 以上。

4）场地设计标高与建筑物首层地面标高之间的高差应大于 0.15m；在湿陷性黄土地区，易下沉软地基地区应适当加大其高差；在潮湿气候地区，可将建筑物首层地面架空，使其与地面脱开，在土壤与首层楼面之间做通气孔，并用铁箅防护。

6.2.4　场地坡度的确定

1）基地地面坡度不应小于 0.3%；地面坡度大于 8% 时应分成台地，台地连接处应设挡墙或护坡。各专业规范都明确规定最小地面排水坡度为 0.3% 。

2）为了便于组织，用地高程至少比周边道路的最低路段高程高出 0.2m，防止用地成为"洼地"。

3）用地自然坡度小于 5% 时，宜规划为平坡式；用地自然坡度大于 8% 时，宜规划为台阶式。

4）在居住区内的公共活动中心，应设置为残疾人通行的无障碍通道。通行轮椅车的坡道宽度不应小于 2.5m，纵坡不应大于 2.5% 。

5）当居住区内用地坡度大于 8% 时，应辅以梯步解决竖向交通，并宜在梯步旁附设推行自行车的坡道。

6）当自然地形坡度大于 8% ，居住区地面连接形式宜选用台地式，台地之间应用挡土墙或护坡连接。

7）各类场地的适用坡度见表 6-1。

表 6-1　各类场地的适用坡度

场 地 名 称	适用坡度（%）	最大坡度（%）	备　　注
密实性地面和广场	0.3 ~ 3.0	3.0	广场可根据其形状、大小、地形，设计成单面坡、双面坡或多面坡。一般平坦地区，广场最大坡度应 ≤1%，最小坡度 ≥0.3%
停车场	0.25 ~ 0.5	2.0	停车场一般坡度为 0.5%
室外场地 1）儿童游戏场 2）运动场 3）杂用场地 4）一般场地	0.3 ~ 2.5 0.2 ~ 0.5 0.3 ~ 3.0 0.2		
绿地	0.5 ~ 5.0	10.0	
湿陷性黄土地面	0.7 ~ 7.0	8.0	

8）场地的地面排水坡度不宜小于 0.2% ；坡度小于 0.2% 时，宜采用多坡向或特殊措施排水。

6.2.5　场地组织形式

1）平坦地面的组织形式。平坦地面的组织形式是在建筑场地基本平坦，无明显高差变化时，最常采用的是平坡式布置，这时主要考虑的是室外排水组织、室内地坪标高的确定。

2）台地式组织形式。台地式组织形式适用于自然坡度较大，面积较大的场地，是山地建筑常见的组织形式，通过几个不同标高的建筑场地平面分割场地，同时在连接处设挡土墙、护坡。截水沟等构造措施。

6.3 停车场（库）设计

随着小汽车产业的发展，我国大中城市机动车的普及是不可遏制的事实。如何对停车设施进行合理地规划，对车辆停放进行有效的管理，处理停车与运行车辆的动、静态关系成为场地设计的重要内容。

在大型公共建筑设计中，停车是场地设计的重要因素，一般包括机动车和自行车停车。最常见的是布置在建筑物入口附近，有时考虑到人车分流和建筑立面的需要，布置在一侧或后方。在近年建设的大型住宅小区及公共建筑综合体中多采用地下停车的方式。

停车场设计中最需要考虑的因素之一是场地以及与场地有关的条件。行人和车辆的入口处是使停车建筑内部和外部循环起来的关键；而诸如地形因素，在设置多层入口通道以及根据停车建筑占地选用适当的循环系统时都很有用；此外，场地分布条件如障碍物和建筑间距也是影响停车场地（库）占地的因素。

6.3.1 停车库的分类

停车库的分类包括按形式分类和按防火类别分类，其内容分别如表 6-2 和表 6-3 所示。

表6-2 形式分类

类　别	按建筑形式分类	按使用性质分类	按运输方式分类
内容	单建式车库	公共车库	坡道式车库
	附建式车库	专用车库	机械化车库
		储备车库	

表6-3 防火分类

名称＼类别	Ⅰ	Ⅱ	Ⅲ	Ⅳ
汽车库	≥300辆	151~300辆	51~150辆	≤50辆
修车库	≥15车位	6~15车位	3~5车位	≤2车位
停车场	≥400辆	251~400辆	101~250辆	≤100辆

6.3.2 防火间距

停车库的防火间距如表 6-4 所示。

表6-4 车库的防火间距　　　　　　　　　　　　（单位：m）

车库名称	汽车库、修车库、厂房、库房、民用建筑耐火等级		
	一、二级	三级	四级
汽车库	10	12	14
修车库	12	14	16
停车场	6	8	10

6.3.3 停车配建指标

公共建筑附近停车场的停车泊位数量，主要取决于该公共建筑的使用功能、建筑面积、客流量等，与公共建筑所处区位、服务对象等也有直接关系。目前，国内尚无有关停车位配建指标的统一规定，设计时应满足当地规划、交通等主管部门的规定，或根据项目的具体情况，并参照表6-5所列出的有关建议指标予以确定。

表6-5 停车配建指标

类　别	单　位	停车位数/个	类　别	单　位	停车位数/个
旅馆	每客房	0.08~0.20	医院	每100m²	0.20
办公楼	每100m²	0.25~0.40	游览点	每100m²	0.05~0.12
商业点	每100m²	0.30~0.40	展览馆	每100m²	0.20
住宅	每户	0.50	体育馆	每100座位	1.00~2.50

6.3.4 停车场出入口设计要求

一般情况下，出入口设计注意以下要求：

1）可能的话，入口和出口最好安排在停车建筑的转角处，避免与内部循环冲突。出入口宽度不小于7m。

2）少于等于50辆的停车场可设一个出入口，其宽度采用双车道；50~300辆的停车场设两个出入口；大于300辆的停车场出入口应分开设置，两个出入口之间的距离宜大于20m，其宽度采用双车道。

3）测定从每个方向来的交通量，以及车辆是否必须穿过另一股交通流才能进入停车场。

4）停车场出入口应符合行车视线要求，并应右转出入车道。

5）特大、大、中型汽车库的库址出入口应设于城市次干道，不应直接与主干道连接。

6）汽车库库址的车辆出入口，距离城市道路的规划红线不应小于7.5m，并在距出入口边线内2m处作视点的120°范围内至边线外7.5m以上不应有遮挡视线障碍物（图6-5）。

7）同时应满足《民用建筑设计通则》的要求。

另外，车流量较大的基地（包括出租汽车站、车场等），其通路连接城市道路的位置应符合下列规定：

1）距大中城市主干道交叉口的距离，自道路红线交点量起不应小于70m（入口和出口要远离街道拐角，以免造成交通瓶颈）。

2）距非道路交叉口的过街人行道（包括引道、引桥和地铁出入口）最边缘线不应小

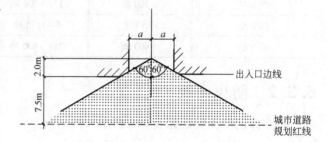

图6-5 停车场出入口设计要求

于 5m。

　　3）距公共交通站台边缘不应小于 10m。

　　4）距公园、学校、儿童及残疾人等建筑的出入口不应小于 20m。

　　5）当基地通路坡度较大时，应设缓冲段与城市道路连接。

6.3.5　停车位布置

　　停车位的布置应符合如下规定：

　　1）停车场车位宜分组布置，每组停车数量不宜超过 50 辆，组与组之间距离不小于 6m。

　　2）停车场出入口应符合行车视点要求，并应右转出入车道。

　　3）住宅区内采用道路一侧停车时，停车带宽度不小于 2.5m，路面宽度不小于 7.5m。

　　4）停车场坡度不应超过 0.5%，以免车辆发生溜滑。

　　5）需设置一定比例的残疾人停车位，应有明显指示标志，其位置应靠近建筑物出入口处，残疾人停车位与相邻车位之间应留有轮椅通道，其宽度大于等于 1.2m。

6.3.6　车辆停放方式

　　（1）平行式　是一种车辆平行于行车道的停车方式，这种方式方便车辆的驶入驶出，通常适用于路边、狭长场地等位置，是最常见的停车方式，但由于其停车面积较大，因此经济性较差（图 6-6）。

　　（2）垂直式　是一种车辆垂直于行车道的停车方式，这是停车场布置中一种最常用的停车方式，停车面积小，经济合理。

　　（3）斜列式　是一种车辆与行车道成一定角度的停车方式，常见的有 30°、45°、60° 及倾斜交叉几种形式，由于可以通过调整停车角度来控制停车带宽度，所以这种形式对场地的适应性强（图 6-7）。

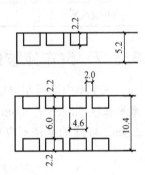

图 6-6　平行式停车方式（单位：m）

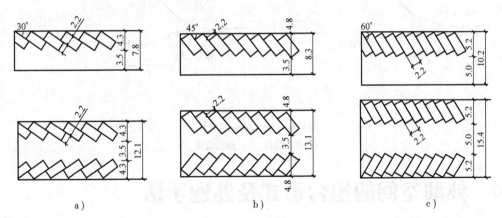

图 6-7　斜列式停车方式（单位：m）

a）30°斜列式　b）45°斜列式　c）60°斜列式

　　小客车停车场设计参数详见表 6-6，停车场通道最小曲率半径详见表 6-7。

表6-6 小客车停车场设计参数

停车方式	平行式	斜 列 式					垂 直 式	
		30°	45°	60°				
项目	前进停车	前进停车	前进停车	前进停车	后退停车	前进停车	后退停车
垂直通道方向停车位宽度/m	2.8	4.2	5.2	5.9	5.9	6.0	6.0
平行通道方向停车带宽度/m	7.0	5.6	4.0	3.2	3.2	2.8	2.8
通道宽度/m	4.0	4.0	4.0	5.0	4.5	9.5	6.0
单位停车面积/m²	33.6	34.7	28.2	26.9	26.1	30.1	25.2

表6-7 停车场通道最小曲率半径

车 辆 类 型	最小曲率半径/m	车 辆 类 型	最小曲率半径/m
微型汽车	7.0	大型汽车	13.0
小汽车	7.0	铰接车	13.0
中型汽车	10.5		

6.3.7 汽车库坡道

　　汽车库内当通车道纵向坡度大于10%时，坡道上、下端均应设缓坡。其直线缓坡段的水平长度不应小于3.6m，缓坡坡度应为坡道坡度的1/2。曲线缓坡段的水平长度不应小于2.4m，曲线的半径不应小于20m，缓坡段的中点为坡道原起点或止点（图6-8）。

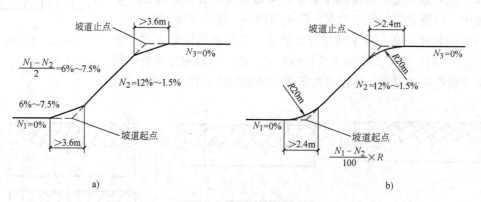

图6-8 车道端头的缓坡
a) 直线缓坡 b) 曲线缓坡

6.4 外部空间的组合形式及处理手法

　　"外部空间就是从大自然中依据一定的法则提取出来的空间，只是不同于浩瀚无边的自然界而已。外部空间是人为地、有目的地创造出来的一种外部环境，是自然空间中注入了更多涵义的一种空间"（《外部空间设计》——芦原义信）。

6.4.1　群体与单体

任何建筑都必然要处在一定的环境之中，并和环境保持着某种联系，环境的好坏对于建筑的影响甚大。古今中外的建筑师都十分注意对于地形、环境的选择和利用，并力求使建筑能够与环境取得有机的联系。

建筑群体是由相互联系的单体建筑组成的有机整体。建筑群体空间是由建筑外部空间单元组合而成，它是一个相互关联的整体，是在相互关联的有机整体中不同物体与人的感觉之间产生的相互关系及变化所反映的整体印象而形成的。建筑群体空间中的文化特性通过建筑外部空间单元以及建筑群体组合中的空间关系体现出来。

一个建筑物的设计一般包括总体设计和单体设计两个方面。外部空间的组合形式的关键在于设计过程中要随时处理好总体与单体之间的矛盾，具体地说就是要处理好总体与单体、外部与内部、体型与平面的互动关系。

（1）总体与单体的互动　总体和单体的设计是互相联系、相辅相成的。总体设计是从全局的观点综合考虑组织室内外空间的各种因素，使得建筑物内在的功能要求与外界的道路、地形、环境、气候以及城市规划等诸因素彼此协调，有机结合。因而，它是全局性的。建筑物的单体设计相对来讲则是局部性的问题，它应在总体环境布局原则的指导下进行设计，并且受到总体环境布局的制约。

因此，设计的构思总是先从总体环境布局入手，根据外界条件，探索布局方案，以求解决全局性的问题，在此基础上再深入研究单体设计中各种空间的组合，同时又不断地与总体环境布局取得协调，并在单体设计趋于成熟时，最后调整和确定总体环境布置。

2008 年北京奥运会主场馆区奥林匹克公园规划中两个主体建筑"鸟巢"和"水立方"充分体现了这种总体与单体的互动关系。从总的规划关系来看，两个建筑一左一右，体量大体相当，既与它们所处的地形环境相协调，同时又强化了规划轴线（图6-9）。

图 6-9　北京奥林匹克公园总体鸟瞰

从单体关系来看，它们一方一圆，一刚一柔，既有不同又相互联系（图6-10）。主体育场"鸟巢"表面钢结构的框架，与游泳馆"水立方"表面轻盈的膜结构形成鲜明对比（图6-11、图6-12）。

图 6-10　主体育场"鸟巢"和游泳馆"水立方"

图 6-11　游泳馆"水立方"外景

图 6-12　主体育场"鸟巢"外景

（2）外部空间与内部空间的互动　建筑总体环境布局同时还是一个"由外到内"和"由内到外"的互动过程。因为在设计构思中，虽然要考虑的因素是多方面的，但不外乎是内在因素和外在因素这两大类。一般来讲，建筑物的使用功能、经济及美观的要求是内在因素；城市规划、周围环境、基地条件等则属于外界因素。

图6-13　西湖联合中心

西湖联合中心建筑（图6-13、图6-14）的基地位于一处陡峭的山地一侧，基地条件对设计具有难度但也具有吸引力。如何处理建筑与基地的关系是本设计重点考虑的问题，平面形状为马蹄形的西湖联合中心建筑以层层叠叠的错层式布局向联合湖岸方向跌落，这种布局方式将建筑调节成了形式多样的办公空间，它使得人们在几乎所有的办公空间内都可以观赏到湖面的景色。该建筑的形状及露台也使得相当数量的周边办公室拥有了开敞的室外空间。

（3）体型研究与平面设计的互动　建筑总体环境布局还应该是一个体型研究与平面设计的互动过程。因为体型研究本身就是为了调整内外产生的矛盾，矛盾一方面来自地段的特殊要

图6-14　西湖联合中心室内

求,从外部影响建筑,另一方面来自建筑内部的功能组织的外部表现。因此,体型研究是综合地研究功能与形式的互动关系,而不仅仅是研究形式问题。

西萨佩里在洛杉矶的标志物——太平洋设计中心(蓝鲸)的设计中(图 6-15 ~ 图 6-17),在追求体型冲突与平面功能协调上取得一致,是具有后现代主义风格特征及高度隐寓设计风格的代表作品。

图 6-15 太平洋设计中心体块模型

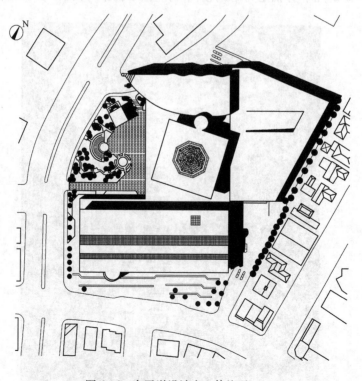

图 6-16 太平洋设计中心体块平面

图 6-17　太平洋设计中心外景

6.4.2　外部空间的组合形式及处理手法

建筑外部空间造型的表达是通过点、线、面等一系列形式语言实现的。外部空间的整体造型是这些形式的凝结与汇聚，优秀的外部空间设计是这些形式语言灵活运用的充分体现，因而能否熟练地、恰到好处地运用这些元素将成为建筑外部空间设计成功与否的关键。

人的活动是一个连续性、社会性的过程，不可能在某个室内空间中长期静止，必然要在室内外空间中交替出现，空间的方位、大小、形状、轮廓、虚实、凹凸、色彩、质感、肌理以及组织关系等可感知的表现都会直接影响到人的物质和精神的需求。

空间形态是空间环境的基础，它决定着空间的整体效果，对空间环境的塑造起着关键的作用。点、线、面作为建筑外部空间造型的基本构成元素（空间的整体造型就是这些元素的凝结与汇聚），是表达空间的最重要的形式语言。能否恰到好处地运用这些语言，将是外部空间设计成功与否的关键。在建筑外部环境中，限定空间的方法一般为三种：围合、设立、基面变化。

1. 围合

围合就是在外部空间中，利用水平面和垂直面（多为虚面）对空间进行处理。参与围合空间的要素可以是多种多样的，一道墙体，一丛灌木，一排栏杆，灯柱等都可成为围合空间的要素。围合空间的界面的虚实程度对产生的空间是否具有封闭感、形态是否清晰有着很大的决定作用。参与围合的界面越连续，面数越多，产生的空间就越封闭；反之，就越开放。

意大利威尼斯圣马可广场最具代表性，它被誉为欧洲最美的客厅（图 6-18）。广场平面呈曲尺形，它是由 3 个梯形广场组合成的封闭的复合广场，大广场与圣马可教堂北侧面小广场的过渡采用一对石狮和台阶，靠海湾的广场和水面用一对方尖碑作为分划。圣马可广场在满足人们视觉艺术力方面有着巨大的成就，两个小广场采用梯形，利用透视效果取得适宜的开阔度，四周建筑底层全部采用外廊式的作法，使得外部空间渗透到建筑内部，并形成广场单纯、安定的背景，加强广场的亲切感与和谐美。圣马可广场的空间变化很丰富，两个小广场收放对比给人以美的享受，广场除了举行节日欢庆会外，只供游览与散步，与城市交通无关系。

图 6-18　威尼斯圣马可广场

2. 设立

当在空旷的空间中设置一棵大树、一个柱子、一尊小品等，它们都会占领一定的空间，从而对空间进行限定，这种限定会产生很强的中心意识，在这样的空间环境中，人们会感到四周产生磁场般聚焦的效果。这样的例子很多，公园中的大树、广场中心的喷泉以及供休憩的小桌、椅子等周围都会形成设立的空间，这种空间的特征是中心明确、边缘模糊，但也不是没有边界（边界决定于人的心理）。

圣马可教堂前面的主广场长 175m，东边宽 90m，西边宽 56m，大广场与靠海湾的小广场之间用一个钟塔作为过渡，高耸的钟楼则是人们视线的焦点，在视觉上起到一个被逐步展开的引导作用（图 6-19）。

3. 基面变化

对空间进行限定通常是多种方法的综合运用。通过对空间的多元多层次的限定，丰富多彩的空间效果将会充分体现出来。这将满足空间的不同使用性质、审美特点以及地域特色等千变万化的空间需要，从而使我们生活的外部空间更加舒适、丰富、和谐。

基面的变化也是限定空间的一种简单而又行之有效的设计手法，同一高度的水平面具有一定的连续性，它们所限定的空间是一个统一的整体。当水平基面出现高度的差别变化时，人们会感觉到空间有所不同。基面变化包括基面抬高、基面下沉、倾斜以及纹理、材质、色彩的变化。在地面处理上，依赖不同的材料铺设，将需要的那部分场地从背景中标记出来，这是限定空间的最直接简便的办法。利用基面的质感和色彩的变化可以打破空间

图 6-19　圣马可广场钟楼

的单调感，也可以产生划分区域、限定空间的功能。如果欲加强限定空间的程度，可以将其升起或凹入，制造高差使其在边缘产生垂直面，以加强空间与周围地面的区分感。高差可以带来很强的区域感，当需要区别行为区域而又须使视线相互渗透，运用基面变化是很适宜的。例如，要使人的活动区域不受车辆的干扰，与其设置栏杆来分隔空间，不如在二者之间设几级台阶更有效。当基面存在着较大高差，空间会显得更加生动、丰富，抬高的空间由于视线不能企及显得神秘而崇高，下沉的空间因为可以通过视线俯视其全貌而显得亲切与安定。

（1）水平基面　水平基面常通过材质、图案、色彩等表达方式起到空间的暗示及限定作用，比如铺地的图案变化，色彩的区分都赋予空间不同的意义（图 6-20）。

（2）抬高的基面　抬高的基面在空间视觉上比水平基面有更突显的空间变化和限定。抬高的基面一般用在建筑群中的广场空间，或与建筑物本身进行搭配，在建筑外部水平基面与建筑物之间形成空间上升的过渡。如中国传统建筑中的须弥座，使建筑形象更加突出，与周围建筑相搭配更体现皇权的至高无上（图 6-21）。

（3）下沉的基面　通过下沉的基面来对空间进行限定（图 6-22）。

图 6-20　不列颠图书馆中庭广场

图 6-21　北京天坛祈年殿

图 6-22　带水池的下沉式广场（美国加利福尼亚西好莱坞）

4. 外部空间的序列

要创造有秩序而丰富的外部空间，就要考虑空间的层次。而运用空间就要有空间导向，有序列，有高潮和过渡。外部空间的序列通常表现为"开门见山"和"曲径通幽"两种。

外部空间的序列组织与人流活动密切相关，必须考虑主要人流的路径并兼顾到其他各种人流活动的可能性，由道路、建筑物、庭院、广场、地形、环境等因素从配置关系上形成轴线，以保证各种人流活动都能看到一连串系统的、连续的视觉形象。

外部空间轴线的设置主要有以下方法：

1）沿着一条轴线向纵深方向逐一展开。

2）沿纵向主轴线和横向副轴线依纵、横向展开。

3）沿纵向主轴线和斜向副轴线同时展开。

4）依迂回、循环式的展开。

北京故宫的建筑艺术成就主要表现在外部空间组织和建筑形体的处理上（图 6-23），其中用院落空间的大小、方向、开阖和形状的对比变化成功地烘托与渲染气氛，是其最显著的特点。由大清门到天安门用千步廊构成纵深向狭长庭院，至天安门前则扩展为横向的广场，对比十分强烈，气氛由平和转而激昂，突出了天安门的宏伟。天安门至端门的方形广场狭小而封闭，为过渡性空间，经此至凹字形的午门广场，广场前的庭院用低矮的廊庑形成狭长的空间，产生了强烈的导向性，同时廊庑平缓的轮廓又反衬了午门形体高大威严。太和门广场呈横向长方形，是太和殿广场的前奏，起着渲染作用。太和殿广场形状略近方形，面积约3 万 m^2，周绕廊庑，四角建崇楼，气氛庄重，体现了天子的威严和皇权的神圣。至乾清门广场，空间体量骤减，寓含空间性质的变化，由此进入内廷区，空间紧凑，气氛宁和，至御花园则又转为半自由式园林空间，从而气氛变为自由、幽静、闲适。这种变化丰富、节奏起伏、首尾呼应的空间有机组合不愧为空间艺术的光辉典范。

图 6-23   北京故宫

　　形式序列最终是通过视知觉序列得以表现，是在有机秩序框架的基础上，通过空间之间的关系形成视知觉联想的结果。它不是把空间视为一种静态和不变的东西，也不是把它视为各个部分机械地相加之和，或仅仅是一种距离关系、相位关系等。它与视点的运动有关，并伴随视知觉活动产生。秩序在这个意义上是一种直接的、共时性组织活动的结果，伴随活动的展开，必定会出现韵律、节奏、平衡、和谐等心理感受。

小　　结

　　1. 场地设计包括以下内容：
　　1）场地分析。2）场地总体布局。3）竖向设计。4）道路设计。5）绿化设计。6）管线综合。
　　2. 场地竖向设计的总体原则：处理好场地、建筑、场地周边环境三者之间的合适关系，满足建筑功能、场地排水等基本的使用要求。
　　3. 停车场设计的关键要素是：选择合适的车辆停放方式，确定有效的内部车辆行驶方式。
　　4. 外部空间的组合形式的关键在于在设计的过程中要随时处理好总体与单体的关系。
　　5. 在建筑外部环境中，限定空间的方法一般为三种：围合、设立、基面变化。
　　6. 外部空间的序列通常的手法是"开门见山"和"曲径通幽"两种，但外部空间的序列组织都与人流活动密切相关。

复习思考题

1. 试简述场地设计中出入口设计的基本要求。
2. 试举例说明外部空间处理的基本手法。
3. 试简述场地标高确定的基本要求。
4. 试简述单体与群体设计的关系。
5. 试举例说明外部空间序列的设计手法。

第 7 章　建筑平面设计

学习目标

　　本章包括主要房间的平面设计、辅助房间的平面设计、交通联系部分的平面设计、平面组合设计等。其中，重点内容是房间的平面设计、交通联系部分的平面设计、平面组合设计等。掌握平面防火设计基本方法，掌握走道、楼梯的设计要点，平面组合种类。其他内容作为一般了解。

7.1　主要房间的平面设计

7.1.1　平面设计的内容

　　建筑平面设计包括单个房间平面设计及平面组合设计（图7-1）。

　　从组成平面各部分的使用性质来分析，平面分为使用部分和交通联系部分。使用部分是指各类建筑物中的使用房间和辅助房间。交通联系部分是建筑物中各房间之间、楼层之间和室内与室外之间的联系空间。

　　单个房间设计是在整体建筑合理而适用的基础上，确定房间的面积、形状、尺寸以及门窗的大小和位置。

　　平面组合设计是根据各类建筑功能要求，抓住使用房间、辅助房间、交通联系部分的相互关系，结合基地环境及其他条件，采取不同的组合方式将各单个房间合理地组合起来。

7.1.2　建筑面积

　　建筑面积计算往往被很多建筑设计初学者所忽视。一个有经验的建筑师很重视建筑面积计算，除了经济指标等因素外，一个重要的原因就是它和现行的建筑规范条文关系密切，比如防火分区的划分、安全出口的数目、疏散通道的宽度的确定等建筑设计中重要问题都是以准确计算建筑面积为前提的。建筑面积计算的基本原则如下（建筑面积详细计算方法见第11章相关章节）。

　　1）单层建筑物不论其高度如何均按一层计算，其建筑面积按建筑物外墙勒脚以上的外围水平面积计算。

　　2）多层建筑物的建筑面积按各层建筑面积的总和计算，其底层按建筑物外墙勒脚以上外围水平面积计算，二层及二层以上按外墙外围水平面积计算。

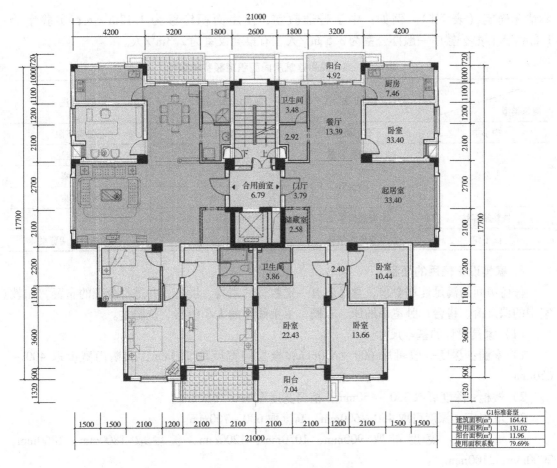

图 7-1　某住宅平面示意图

3）地下室、半地下室、地下车间、仓库、商店、地下指挥部等及相应出入口的建筑面积按其上口外墙（不包括采光井、防潮层及其保护墙）外围的水平面积计算。

4）封闭式阳台、挑廊，按其水平投影面积计算建筑面积。凹阳台、挑阳台按其水平投影面积的一半计算建筑面积。

5）建筑物墙外有顶盖和柱的走廊、檐廊时，按柱的外边线水平面积计算建筑面积。有无柱的走廊、檐廊时，按其投影面积的一半计算建筑面积。

6）不计算建筑面积的范围有：突出墙面的构件配件和艺术装饰，如：柱、垛、勒脚、台阶、无柱雨篷等；检修、消防等用的室外爬梯，如：独立烟囱、烟道、油罐、水塔、贮油（水）池、贮仓、圆库、地下人防干支线等；层高小于 2.2m 的深基础地下架空层、坡地建筑物吊脚架空层。

7.1.3　房间面积

1. 房间人数

确定房间面积首先应确定房间的使用人数，它决定着室内家具与设备的多少，决定着交通面积的大小。确定使用人数的依据是房间的使用功能和建筑标准。

在实际工作中，房间的面积主要是依据国家有关规范规定的面积定额指标，结合工程实际情况确定（表7-1）。例如：中学普通教室，使用面积定额为 1.12m²/人；实验室为 1.8m²/人；办公楼中一般办公室为 3.5 m²/人，有桌会议室为 2.3m²/人。

表 7-1 部分民用建筑房间面积定额参考指标

建筑类型 \ 项目	房 间 名 称	面积定额/（m²/人）	备 注
中小学	普通教室	1 ~ 1.2	小学取下限
办公楼	一般办公室	3.5	不包括走道
	会议室	0.5	无会议桌
		2.3	有会议桌
铁路旅客站	普通候车室	1.1 ~ 1.3	
图书馆	普通阅览室	1.8 ~ 2.5	4 ~ 6 座双面阅览桌

2. 家具设备使用的面积

任何房间为满足使用要求，都需要有一定数量的家具、设备，并进行合理的布置。如教室中的课桌椅、讲台；卧室中的床、衣橱；卫生间中的大小便器、洗脸盆。

（1）家具设计的基本尺寸

1）衣橱：深度一般可取 600 ~ 650mm；推拉门宽度取 700mm，衣橱门宽度取 400 ~ 650mm。

2）矮柜：深度可取 350 ~ 450mm，柜门宽度取 300 ~ 600mm。

3）电视柜：深度可取 450 ~ 600mm，高度取 600 ~ 700mm。

4）单人床：宽度可取 900mm，1050mm，1200mm；长度取 1800mm，1860mm，2000mm，2100mm。

双人床：宽度可取 1350mm，1500mm，1800mm；长度可取 1800mm，1860mm，2000mm，2100mm。

5）沙发：

① 单人式：长度取 800 ~ 950mm；深度取 850 ~ 900mm；坐垫高取 350 ~ 420mm；背高取 700 ~ 900mm。

② 双人式：长度取 1260 ~ 1500mm；深度取 800 ~ 900mm。

③ 三人式：长度取 1750 ~ 1960mm；深度取 800 ~ 900mm。

④ 四人式：长度取 2320 ~ 2520mm；深度取 800 ~ 900mm。

6）小型茶几：长度取 600 ~ 750mm，宽度取 450 ~ 600mm，高度取 380 ~ 500mm（380mm 最佳）。

7）固定式书桌：深度取 450 ~ 700mm（600mm 最佳），高度取 750mm。

一般餐桌：高度取 750 ~ 780mm；西式餐桌：高度取 680 ~ 720mm；一般方桌宽度取 1200mm，900mm，750mm。

长方桌：宽度可取 800mm，900mm，1050mm，1200mm；长度可取 1500mm，1650mm，1800mm，2100mm，2400mm。

圆桌：直径可取 900mm，1200mm，1350mm，1500mm，1800mm。

（2）商场营业厅

1）单边双人走道宽：1600mm。

2）双边双人走道宽：2000mm。

3）双边三人走道宽：2300mm。

4）双边四人走道宽：3000mm。

5）营业员柜台走道宽：800mm；营业员货柜台：厚度取 600mm，高度取 800 ~ 1000mm。

6）单靠背立货架：厚度取 300 ~ 500mm，高度取 1800 ~ 2300mm；双靠背立货架；厚度取 600 ~ 800mm，高度取 1800 ~ 2300mm。

7）小商品橱窗：厚度取 500 ~ 800mm，高度取 400 ~ 1200mm。

8）陈列地台高度取 400 ~ 800mm。

9）敞开式货架高度取 400 ~ 600mm。

10）放射式售货架直径取 2000mm。

11）收款台：长度取 1600mm，宽度取 600mm。

（3）饭店客房

1）标准面积：大房间约 $25m^2$，中房间约 $16 ~ 18m^2$，小房间约 $16m^2$。

2）床：高度取 400 ~ 450mm，床靠高度取 850 ~ 950mm。

3）床头柜：高度取 500 ~ 700mm；宽度取 500 ~ 800mm。

4）写字台：长度取 1100 ~ 1500mm；宽度取 450 ~ 600mm；高度取 700 ~ 750mm。

5）行李台：长度取 910 ~ 1070mm；宽度取 500mm；高度取 400mm。

衣柜：宽度取 800mm ~ 1200mm；高度取 1600 ~ 2000mm；深度取 500mm。

6）沙发：宽度取 600 ~ 800mm；高度取 350 ~ 400mm；靠背高 1000mm；衣架高度取 1700 ~ 1900mm。

（4）办公家具

1）办公桌：长度取 1200 ~ 1600mm；宽度取 500 ~ 650mm；高度取 700 ~ 800mm。

2）办公椅：高度取 400 ~ 450mm；长度×宽度取 450mm ×450mm。

3）沙发：宽度取 600 ~ 800mm；高度取 350 ~ 400mm；靠背面高度取 1000mm。

4）茶几：前置型尺寸取 900mm ×400mm ×400（高）mm；中心型尺寸取 900mm × 900mm ×400mm、700mm ×700mm ×400mm；左右型尺寸取 600mm ×400mm ×400mm。

5）书柜：高度取 1800mm；宽度取 1200 ~ 1500mm；深度取 450 ~ 500mm。

架：高度取 1800mm；宽度取 1000 ~ 1300mm；深度取 350 ~ 450mm。

7.1.4　房间尺寸的确定

开间是指房间在建筑外立面上所占的宽度，进深是垂直于开间的深度尺寸，这里开间和进深并不是指房间净宽和净深尺寸，而是指房间轴线尺寸。影响房间大小的主要因素如下：

1）房间的使用特点及容纳的人数，家具设备种类、数量及布置方式（图 7-2）。

2）室内交通流线组织。

3）采光通风等环境要求，在确定房间开间及进深尺寸时也要给予充分考虑。

4）结构布置的合理性。

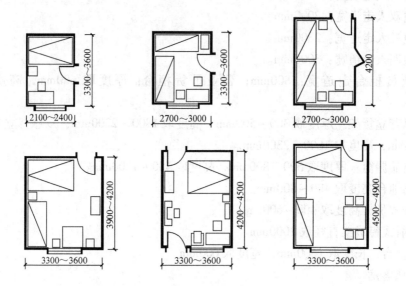

图 7-2　卧室的常见布置形式

7.1.5　房间门窗布置

1. 房间门的设置

房间门的设置包括确定房间门的数量、宽度、位置及开启方向。

（1）门的宽度　民用建筑常用门的宽度取决于人流股数及家具设备的大小等因素。一般单股人流通行最小宽度为 550mm，一个人侧身通行需要 300mm 宽。因此，门的最小宽度一般为 700mm，常用于住宅中的厕所、浴室。住宅中卧室、厨房、阳台的门应考虑一人携带物品通行，卧室常取 900mm，厨房可取 800mm。普通教室、办公室等的门应考虑一人正面通行，另一人侧身通行，常采用 1000mm。双扇门的宽度可为 1200～1800mm，四扇门的宽度可为 2400～3600mm。

（2）门的数量　按照《建筑设计防火规范》的要求，当房间使用人数超过 50 人，面积超过 60m² 时，至少需设两个门。影剧院、礼堂的观众厅、体育馆的比赛大厅等，门的总宽度可按每 100 人 600mm 宽（根据规范估计值）计算。影剧院、礼堂的观众厅，按 ≤250 人／安全出口，人数超过 2000 人时，超过部分按 ≤400 人／安全出口；体育馆按 ≤400～700 人／安全出口，规模小的按下限值。

（3）门的开启方向　门的开启方向原则上是向疏散方向开启（比如封闭楼梯间和防烟楼梯间的门在底层和其他层开启方向就不同），不影响交通，便于安全疏散，防止紧靠在一起的门扇相互碰撞（图 7-3）。

2. 房间窗的设置

决定窗的大小和位置时，要考虑室内采光、通风、立面美观、建筑节能及经济等方面要求。为获取良好的天然采光，保证房间足够的照度值，房间必须开窗。窗口面积大小主要根据房间的使用要求、房间面积及当地日照情况等因素来考虑（表 7-2）。

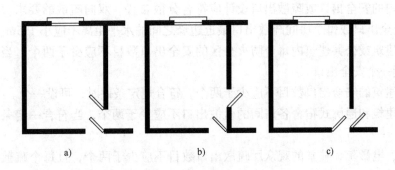

图 7-3 门的开启方向
a）不好 b）好 c）较好

表 7-2 民用建筑采光等级表

采光等级	视觉工作特征		房 间 名 称	窗地面积比
	工作或活动要求精确程度	要求识别的最小尺寸/mm		
Ⅰ	极精密	0.2	绘图室、制图室、画廊、手术室	1/3~1/5
Ⅱ	精密	0.2~1	阅览室、医务室、健身房、专业实验室	1/4~1/6
Ⅲ	中精密	1~10	办公室、会议室、营业厅	1/6~1/8
Ⅳ	粗糙	>10	观众厅、居室、盥洗室、厕所	1/8~1/10
Ⅴ	极粗糙	不作规定	贮藏室、走廊、楼梯间	不作规定

7.1.6 安全出口的设置原则

1. 疏散楼梯

（1）平面布置

1）疏散楼梯宜设置在标准层的两端。

2）疏散楼梯宜靠近电梯设置。

3）疏散楼梯宜靠外墙设置。

（2）竖向布置

1）疏散楼梯应上下直通。

2）应避免不同的人流路线相互交叉。

3）设置可供临时避难使用的安全区域。

2. 疏散门

1）门应向疏散方向开启。

2）民用建筑及厂房的疏散门不应采用推拉门、电动门、卷帘门，严禁采用转门。

3）甲类仓库不应采用推拉门，其他仓库的疏散门采用推拉门时应靠墙的外侧设置。

4）人员密集的公共场所、观众厅的入场门、疏散出口不应设置门槛，从门扇开启 90°的门边处向外 1m 范围内不应设踏步。公共建筑内安全出口的门应设置在火灾时能从内部易于开启门的装置。

3. 安全出口的数量

（1）单层、多层民用建筑

1）建筑内的安全出口或疏散出口设计应符合分散布置、双向疏散的要求。每个防火分区相邻两个安全出口或每个房间疏散出口最近边缘之间的水平距离不应小于5m。

2）公共建筑或公共建筑内每个防火分区的安全出口数目不应少于两个，当符合一定条件时，可设置一个安全出口。

3）居住建筑的安全出口数目不应少于两个，符合规定条件时，可设一个。

4）公共建筑和通廊式宿舍各房间的疏散出口不应少于两个，当符合一定条件下，可设置一个。

5）剧院、电影院、礼堂的观众厅疏散出口数目不应少于两个，且每个疏散出口的平均疏散人数不宜超过250人。容纳人数超过2000人时，其超过的部分，每个疏散出口的平均疏散人数不应超过400人。

6）体育馆观众厅疏散出口的数目不应少于两个，且每个疏散出口的平均疏散人数不宜超过400~700人。

7）地下、半地下建筑内每个防火分区的安全出口数目不应少于两个，特殊情况下可以设一个，相邻防火分区的防火墙上的防火门可以作为第二个安全出口。

（2）高层民用建筑

1）高层建筑每个防火分区的安全出口不应少于两个，特殊情况下可设一个。

2）高层建筑的地下室、半地下室每个防火分区的安全出口不应少于两个，房间面积不超过50m^2，人数不超过15人时，可设一个门。相邻防火分区的防火墙上的防火门可以作为第二安全出口。

3）观众厅、会议厅每个出口的平均疏散人数不超过250人。

（3）厂房

1）厂房的安全出口设计应符合分散布置、双向疏散的要求，每个防火分区相邻两个安全出口最近的水平距离不应小于5m。每座厂房或每个防火分区的安全出口数目不应少于两个，但当面积小、人数少时可设一个。

2）厂房的地下室、半地下室的安全出口数目不应少于两个，但建筑面积不超过50m^{2}且人数不超过15人时可设一个。相邻防火分区的防火墙上的甲级防火门可作为第二安全出口。

（4）仓库

1）每座仓库或每个防火分区的安全出口数目不应（宜）少于两个，但一座仓库的占地面积不超过300m^{2}时，可设一个安全出口，面积不超过100m^{2}的防火分区可设置一个安全出口。

2）仓库的地下室、半地下室的安全出口数目不应少于两个，但建筑面积不超过100m^{2}时可设一个。

7.1.7　平面布局与防火设计

防火设计必须从方案设计阶段开始就进行认真地考虑，主要是指建筑的平面布局和布置要从建筑防火安全出发，满足规范的要求。现行建筑防火规范主要有《高层民用建筑防火规范》（简称高规），《建筑设计防火规范》（简称低规）和《汽车库、修车库、停车场设计防火规范》三个规范。规范中针对特殊功能的用房作了规定，设计过程中必须予以充分的考虑。

1. 歌舞娱乐放映游艺场所

该类功能空间设置在高层建筑中时，应设在首层或二层、三层；宜靠外墙设置，不应设置在袋形走道的两侧和尽端。

设置在多层建筑中时，宜设置在一、二级耐火等级建筑内的首层、二层或三层的靠外墙部位，不应设置在袋形走道的两侧和尽端。

设置在建筑物的地下部分中时，应符合下列规定：

1）不应设置在地下二层及二层以下。设置在地下一层时，地下一层地面与室外出入口地坪的高差不应大于10m。

2）一个厅室的面积不应大于200m²。

3）应设置防烟、排烟设施。

2. 商场

该类功能空间设置在建筑物的地下部分中时，营业厅不宜设置在地下三层及三层以下，且不应经营与储存火灾危险性为甲、乙类储存物品属性的商品。

地下商场总建筑面积大于2000m²时，应采用防火墙分隔，且防火墙上不得开设门窗洞口。

3. 观众厅、会议厅、多功能厅

该类功能空间设置在高层建筑中时，应设在首层、二层或三层；当必须设在其他楼层时应符合下列规定：

1）一个厅室的面积不宜超过400m²。

2）一个厅室的安全出口不应少于两个。

4. 托儿所、幼儿园、游乐厅

该类功能空间一般不应设置在高层建筑内。当必须设在高层建筑内时，应设置在建筑物的首层或二层、三层，并应设置单独出入口。

设置在多层建筑中时，应独立建造。当必须设在其他建筑物内时，宜设置独立的出入口。

5. 消防控制室

该类功能空间设置在高层建筑中时，宜设在高层建筑的首层或地下一层，且应采用耐火极限不低于2.00h的隔墙和1.50h的楼板与其他部位隔开，并应设直通室外的安全出口。

7.1.8　建筑平面布局在现行建筑规范中的规定

1.《文化馆建筑设计规范》（JGJ41—87）

1）当文化馆基地距医院、住宅及托幼等建筑较近时，馆内噪声较大的观演厅、排练室、游艺室等，应布置在离开上述建筑一定距离的适当位置，并采取必要的防止干扰措施。

2）舞厅应具有单独开放的条件及直接对外的出入口。

3）学习辅导部分由综合排练室、普通教室、大教室及美术书法教室等组成。其位置除综合排练室外，均应布置在馆内安静区。

4）综合排练室的主要出入口宜设隔声门。

5）美术书法教室宜为北向侧窗或天窗采光。

6）文化馆设置儿童、老年人专用的活动房间时，应布置在当地最佳朝向和出入安全、方便的地方，并分别设有适于儿童和老年人使用的卫生间。

7）展览厅、舞厅、大游艺室的主要出入口宽度不应小于 1.50m。

2.《中小学校建筑设计规范》（GBJ99—86）

1）音乐教室、琴房、舞蹈教室应设在不干扰其他教学用房的位置。

2）教学用房的平面，宜布置成外廊或单内廊的形式。

3）广播室的窗宜面向操场布置。

4）保健室的设计应符合下列规定：保健室的窗宜为南向或东南向布置。

5）条形教学楼走道的净宽度应符合下列规定：教学用房内廊不应小于 2100mm，外廊不应小于 1800mm；行政及教师办公用房不应小于 1500mm。

6）化学实验室的设计应符合下列规定：实验室宜设在一层，其窗不宜为西向或西南向布置。

7）物理实验室宜设仪器室、准备室、实验员室等附属用房。

8）生物实验室宜设准备室、标本室、仪器室、模型室、实验员室等附属用房。

9）生物实验室的设计应符合下列规定：实验室的窗宜为南向或东南向布置，实验室的向阳面宜设置室外阳台和宽度不小于 350mm 的室内窗台。

10）生物标本室宜为北向布置。

11）自然教室的设计应符合下列规定：教室的向阳面宜设置宽度不小于 350mm 的室内窗台，教具仪器室应设门与教室相通。

12）美术教室的设计应符合下列规定：美术教室宜设北向采光，或设顶部采光；教具储存室宜与美术教室相通，教室四角应各设一组电源插座，室内应设窗帘盒、银幕挂钩、挂镜线和水池。

13）微型电子计算机教室的设计应符合下列规定：教室的平面宜布置为独立的教学单元，微机操作台宜采用平行于教室前墙或沿墙周边布置，微机操作台前后排之间净距离和纵向走道的净距离均不应小于 700mm。

14）合班教室的地面，容纳两个班的可做平地面，超过两个班的应做坡地面或阶梯形地面。

15）合班教室的布置应符合下列规定：教室第一排课桌前沿与黑板的水平距离不宜小于 2500mm；教室最后一排课桌后沿与黑板的水平距离不应大于 18000mm。在计算坡地面或阶梯地面的视线升高值时，设计视点应定在黑板底边；隔排视线升降高度宜为 120mm，前后排座位宜错位布置。

16）体育器材室的设计应符合下列规定：体育器材室宜靠近运动场，并宜与体育教师办公室和体育教师更衣室相邻布置。体育器材室应设借物窗口和易于搬运运动器械的出入口。

17）阅览室的设计应符合下列规定：阅览室应设于环境安静并与教学用房联系方便的位置。教师阅览室与学生阅览室应分开设置。

18）教职工厕所应与学生厕所分设。当学校运动场中心，距教学楼内最近厕所超过 90m 时，可设室外厕所，其面积宜按学生总人数的 15% 计算。教室、实验室靠外廊、单内廊一侧应设窗。

3. **《托儿所、幼儿园建筑设计》**（JGJ39—87）

1) 寄宿制幼儿园的活动室、寝室、卫生间、衣帽贮藏室应设计成每班独立使用的生活单元。

2) 单侧采光的活动室，其进深不宜超过 6.60m。楼层活动室宜设置室外活动的露台或阳台，但不应遮挡底层生活用房的日照。

3) 音体活动室的位置宜临近生活用房，不应和服务、供应用房混设在一起。单独设置时，宜用连廊与主体建筑连通。

4. **《建筑设计防火规范》**（GB 50016—2006）

托儿所、幼儿园及儿童游乐厅等儿童活动场所应独立建造。当必须设置在其他建筑内时，宜设置独立的出入口。

5. **《办公建筑设计规范》**（JGJ67—2006）

厕所应设前室，前室内宜设置洗手盆。

6. **《铁路旅客车站建筑设计规范》**（GB 50226—2007）

1) 进站门厅入口处应至少设一处方便残疾人使用的坡道。

2) 旅客、车辆、行包和邮件的流线避免交叉。

3) 进、出站旅客流线在平面或立体上分开。

4) 行包库的位置宜靠近旅客列车的行李车处。

5) 服务员室应设在候车室或旅客站台附近，检票员室应设在进、出站检票口附近，在站房出口处应设补票室。

6) 当综合型站房中设有锅炉房、库房、食堂时，应设置运送燃料、货物、垃圾的单独出入口。

7. **《档案馆建筑设计规范》**（JGJ25—2000）

1) 馆区建筑主要用房应具有良好的朝向。

2) 库区或库房入口处应设缓冲间。

3) 每个档案库应设两个独立的出入口，且不宜采用串通或套间布置方式。

4) 当档案库与其他用房同层布置且楼地面有高差时，应采用坡道连通。

5) 缩微阅览室设计应符合下列要求：朝向以北向为宜，避免朝西。

6) 缩微用房宜设于首层，应远离振源。

7) 静电复印室不应设于缩微用房和计算机房区域内。

8) 中心控制室宜设在首层主要入口附近。

8. **《综合医院建筑设计规范》**（JGJ49—88）

1) 总平面设计应符合下列要求：

① 功能分区合理，洁污路线清楚，避免或减少交叉感染。

② 应保证住院部、手术部、功能检查室、内窥镜室、献血室、教学科研用房等处的环境安静。

③ 病房楼应获得最佳朝向。

2) 医院出入口不应少于两处，人员出入口不应兼作尸体和废弃物出口。

3) 在门诊部、急诊部入口附近应设车辆停放场地。

4) 太平间、病理解剖室、焚毁炉应设于医院隐蔽处，并应与主体建筑有适当隔离。尸体运送路线应避免与出入院路线交叉。

5）职工住宅不得建在医院基地内；如用地毗连时，必须分隔并另设出入口。

6）病房的前后间距应满足日照要求，且不宜小于12m。

① 门诊、急诊、住院应分别设置出入口。

② 在门诊、急诊和住院主要入口处，必须有机动车停靠的平台及雨棚。如设坡道时，坡度不得大于1/10。

③ 电梯井道不得与主要用房贴邻。

7）通行推床的室内走道，净宽不应小于2.10m；有高差者必须用坡道相接，其坡度不宜大于1/10。

8）病人使用的厕所隔间的平面尺寸，不应小于1.10m×1.40m，门朝外开，门闩应能里外开启，大便器旁应装置"助立拉手"。

9）厕所应设前室，并应设非手动开关的洗手盆。如采用室外厕所，宜用连廊与门诊、病房楼相接。

10）利用走道单侧候诊的情况，走道净宽不应小于2.10m；两侧候诊的情况，走道净宽不应小于2.70m。

9.《旅馆建筑设计规范》（JGJ62—90）

1）应合理划分旅馆建筑的功能分区，组织各种出入口，使人流、货流、车流互不交叉。

2）在综合性建筑中，旅馆部分应有单独分区，并有独立的出入口；对外营业的商店、餐厅等不应影响旅馆本身的使用功能。

3）总平面布置应处理好主体建筑与辅助建筑的关系。对各种设备所产生的噪声和废气应采取措施，避免干扰客房区和邻近建筑。

4）锅炉房、冷却塔等不宜设在客房楼内，如必须设在客房楼内时，应自成一区。

5）主要乘客电梯位置应在门厅易于看到且较为便捷的地方。

6）相邻客房之间的阳台不应连通。

7）门厅内交通流线及服务分区应明确，对团体客人及其行李等，可根据需要采取分流措施；总服务台位置应明显。

7.2　辅助房间的平面设计

7.2.1　卫生间设计

1. 卫生设备的类型及数量

1）大便器：蹲式（公用）、坐式（人数少的场所，如：宾馆、家用）、大便槽。

2）小便器：小便槽、小便斗（挂式、落地式）用于标准高人数少的场所。

3）洗手盆：挂式、台式、盥洗槽。

卫生设备的数量及小便槽的长度主要取决于使用人数、使用对象、使用特点。一般民用建筑每一个卫生器具可供使用的人数见表7-3。具体设计中可按此表并结合调查研究最后确定其数量。

表 7-3　部分民用建筑厕所设备数量参考指标

建筑类型	男小便器 /（人/个）	男大便器 /（人/个）	女大便器 /（人/个）	洗手盆或龙头 /（人/个）	男女比例	备　注
旅馆	20	20	12			男女比例按设计要求
宿舍	20	20	15	15		男女比例按实际使用情况
中小学	40	40	25	100	1:1	小学数量应稍多
火车站	80	80	50	150	2:1	
办公楼	50	50	30	50 ~ 80	3:1 ~ 5:1	
影剧院	35	75	50	140	2:1 ~ 3:1	
门诊部	50	100	50	150	1:1	总人数按全日门诊人次计算
幼托		5 ~ 10	5 ~ 10	2 ~ 5	1:1	

小便槽按每人 0.60m 长度计作一件，盥洗槽按每人 0.70m 长度计作一件。

2. 卫生间常用尺寸（图 7-4）

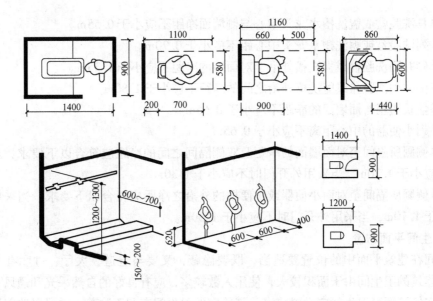

图 7-4　卫生间的基本尺寸

1）卫生间面积：3 ~ 5m²。

2）浴缸长度：一般有三种 1220mm、1520mm、1680mm；宽：720mm，高：450mm。

3）坐便：750mm × 350mm。

4）冲洗器：690mm×350mm。

5）盥洗盆：550mm×410mm。

6）淋浴器高：2100mm。

7）化妆台：长度×宽度1350mm×450mm。

3. 卫生设备间距要求（图7-5）

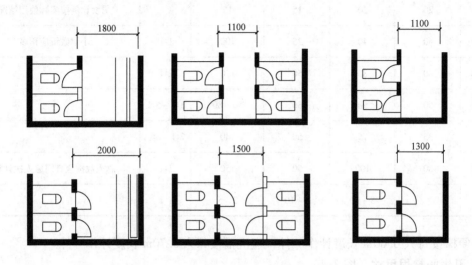

图7-5　卫生隔间基本尺寸

1）单具洗脸盆或盥洗槽水龙头中心与侧墙面净距不应小于0.55m。

2）并列洗脸盆或盥洗槽水龙头中心距不应小于0.70m。

3）单侧并列洗脸盆或盥洗槽外沿至对面墙的净距不应小于1.25m。

4）双侧并列洗脸盆或盥洗槽外沿之间的净距不应小于1.80m。

5）浴盆长边至对面墙面的净距不应小于0.65m。

6）并列小便器的中心距离不应小于0.65m。

7）单侧厕所间至对面墙面的净距及双侧隔间之间的净距应符合以下要求：当采用内开门时不应小于1.10m，当采用外开门时不应小于1.30m。

8）单侧厕所间至对面小便器或小便槽的外沿之净距应符合以下要求：当采用内开门时不应小于1.10m，当采用外开门时不应小于1.30m。

4. 卫生间平面布置

卫生间在建筑平面中的位置要适当，既要隐蔽，又要与走道、大厅、过厅有方便的联系。公共建筑的卫生间由于面积较大，使用人数较多，应有良好的自然采光和通风，以保证卫生间内空气清新。卫生间应设置前室，带前室的卫生间有利于隐蔽，并可以改善通往卫生间的走道和过厅的卫生条件，前室的深度应不小于1.5～2.0m。当卫生间面积小，不可能布置前室时，应注意门的开启方向，务必使卫生间蹲位及小便器处于隐蔽位置。

5. 浴室、盥洗室平面设计

浴室、盥洗室中面盆及淋浴器数量可根据使用人数确定。浴室和盥洗室的主要设备有洗脸盆、污水池、淋浴器，有的设置浴盆等，除此以外，公共浴室还有更衣室，其中主要设备有挂衣钩、衣柜、更衣凳等。浴室、盥洗室的平面设计时可根据使用人数确定卫生器具的数量，同时结合设备尺寸及人体活动所需的空间尺寸进行布置。

7.2.2　厨房设计

厨房设计应着重考虑设计的合理性和实用性，在考虑布局的同时还应该附带考虑今后的发展余地。

厨房设计一般包括操作台、厨柜、灶具、排油烟机及其他厨房电器线路和设备等。在设计布局时首先应根据厨房的实际面积尺寸来布置厨具，面积较小的厨房应尽量只放置一些必要的厨具及厨房电器设备，以便留有足够的空间便于操作；面积较大的厨房则可根据居室的整体布置风格来布置厨具及厨房电器设备。

厨房的布局一般可分为Ⅰ形、L形、T形、U形、岛形等布置形式，可按厨房的实际面积尺寸和业主的实际需要进行布置。然而不管什么形式的布局，都应尽量遵循厨房工作的"三角原理"，即取物、清洗、烹调三者的工作线路流畅而不拥挤（图7-6）。

图7-6　经济发展厨房客厅化已经成为一种新的趋势

厨房设计应满足以下要求：

1）厨房应紧靠外墙布置，以满足采光和通风的要求。

2）厨房的墙面、地面应考虑防水设计，为了便于清洁，厨房地坪一般应比房间地面低20～30mm。

3）尽量利用厨房的有效空间布置足够的储藏设施，如壁龛、吊柜等。

4）厨房室内布置宜符合操作流程，其布置形式以Ⅰ形、L形和U形较为理想，因为其提供了连续案台空间，所以与双排式布置形式相比，避免了操作过程中频繁转身的缺点。表7-4所示为厨房布置的几种形式。

表 7-4 厨房净宽、净长最小尺寸 （单位：mm）

布 置 形 式	布置平面示意图	厨房最小净宽	厨房最小净长
I 形		1800	3000
L 形		1800	2700
II 形		2100	3000
U 形		2400	2700

5）厨房的使用面积不应小于下列规定：

① 一类和二类住宅为 4m²。

② 三类和四类住宅为 5m²。

③ 厨房应有直接采光、自然通风，并布置在套房内靠近入口处。

④ 厨房应设置洗涤池、案台、炉灶及排油烟机等设施或预留位置，并按炊事操作流程排列，操作面净长不应小于 2.10m。单排布置设备的厨房净宽不应小于 1.50m；双排布置设备的厨房其两排设置的净距不应小于 0.90m。

7.3 交通联系部分的平面设计

交通联系部分包括水平交通空间（走道）、垂直交通空间（楼梯、电梯、自动扶梯、坡道）、交通枢纽空间（门厅、过厅）等。

7.3.1　走道设计

（1）走道宽度的确定　走道的宽度应符合人流通畅和建筑防火要求，通过单股人流的通行宽度约为 500～600mm。

（2）兼有其他从属功能的走道　不同建筑类型具有不同的使用特点，走道除了交通联系外，也可以兼有其他的使用功能，在这种情况下，走道宽度应适当增加。

（3）采光和通风　走道的采光和通风主要依靠天然采光和自然通风。外走道由于只有一侧布置房间，可以获得较好的采光通风效果；内走道由于两侧均布置房间，如果设计不当，就会造成光线不足、通风较差，一般是通过走道尽端开窗，利用楼梯间、门厅或走道两侧房间设高窗来解决。

（4）消防要求

1）建筑内疏散走道和楼梯的净宽度不应小于 1.1m，公共建筑疏散出口门的净宽不应小于 0.9m，不超过六层的单元式住宅中一边设有栏杆的疏散楼梯，其最小净宽可不小于1m。

2）人员密集的公共场所、观众厅的入场门、疏散出口的净宽不应小于 1.4m，室外疏散小巷净宽不应小于 3m。

3）剧院、电影院、礼堂、体育馆等人员密集公共场所，其观众厅内的疏散走道宽度应按其通过人数每 100 人不小于 0.6m 计算，最小净宽不应小于 1.0m，边走道净宽不宜小于0.8m。横走道之间的座位排数不宜超过 20 排；纵走道之间的座位数，剧院、电影院、礼堂等每排不超过 22 个，体育馆每排不宜超过 26 个，但前后排座椅的排距不小于 90cm 时，可增加一倍，但不应超过 50 个，仅一侧有纵走道时，座位减半。

各类建筑中楼梯、门和走道的宽度指标的确定如表 7-5 所示。

表 7-5　楼梯、门和走道的宽度指标

宽度指标/（m/百人）　　耐火等级 层数	一、二级	三级	四级
一、二层	0.65	0.75	1.00
三层	0.75	1.00	
≥四层	1.00	1.25	

综上所述，一般民用建筑常用走道宽度如下：

教学楼：内廊取 2.10～3.00m，外廊取 1.8～2.10m。

门诊部：内廊取 2.40～3.00m，外廊取 3.00m（兼候诊）。

办公楼：内廊取 2.10～2.40m，外廊取 1.50～1.80m。

旅　馆：内廊取 1.50～2.10m，外廊取 1.50～1.80m。

作为局部联系或住宅内部走道宽度不应小于 0.90m。

走道的长度应根据建筑性质、耐火等级及防火规范来确定。按照《建筑设计防火规范》

的要求，最远房间出入口到楼梯间安全出入口的距离必须控制在一定的范围内，如表 7-6 所示。

表 7-6 房间门至外部出口或封闭楼梯间的最大距离 （单位：m）

名　　称	位于两个外部出口或楼梯之间的房间			位于袋形走道两侧或尽端的房间		
	耐火等级			耐火等级		
	一、二级	三级	四级	一、二级	三级	四级
托儿所、幼儿园	25	20		20	15	
医院、疗养院	35	30		20	15	
学校	35	30	25	22	20	
其他民用建筑	40	35	25	22	20	15

注：敞开式外廊可增加 5m。

7.3.2 楼梯设计

（1）楼梯的形式　楼梯的形式主要有单跑楼梯、双跑楼梯（平行双跑、直双跑、L 形、双分式、双合式、剪刀式）、三跑楼梯、弧形楼梯、螺旋楼梯等形式。

（2）楼梯的功能　楼梯是解决竖向交通最常见的设施，也是消防疏散最常用的手段（电梯和自动扶梯不能做为安全出口）。所以建筑防火设计中，楼梯的数量、形式、宽度是必须考虑的因素。

（3）楼梯安全性要求　楼梯是垂直交通的主要空间，具体要求如下：

1）供日常主要交通用的楼梯的梯宽，应根据建筑物使用特征，一般按每股人流宽度 $0.55 + (0 \sim 0.15)$ m 确定。楼梯梯段宽度考虑单股人流通行时为 900mm，两股人流通行时为 1100mm，三股人流通行时为 1500mm。

2）住宅楼梯梯段净宽度不应小于 1.1m；6 层及 6 层以下或一边设有栏标杆时，净宽不应小于 1m；套内楼梯的梯段净宽，当一边临空时，净宽不应小于 0.75m，当两侧有墙时，净宽不应小于 0.90m。

3）楼梯平台上部及下部的净高（从最低处即平台梁底计算）不应小于 2m，梯段净高不应小于 2.2m。当净高较小时，为确保不碰头，梯段踏步的起步位置，应从平台梁边后退一梯步宽度或 300mm。

4）楼梯平台扶手处的最小宽度不应小于梯段宽度。

5）梯段长度按踏步数定，最长不应超过 18 级，最少不应小于 3 级。踏步的高与宽，则随建筑的性质而定，如住宅中踏步宽不应小于 0.26m，踏步高不应大于 0.175m。

6）有儿童经常使用的楼梯，如托儿所、幼儿园、中小学、少年宫等，梯井净宽大于 0.20m 时，必须采取安全措施。住宅梯井大于 0.11m 时，必须采取防止儿童攀滑的措施。

（4）楼梯间设计是防火设计中安全疏散的要害部位，根据不同情况，需要设置封闭楼梯间和防烟楼梯间，详见表 7-7。

表 7-7 需要设置封闭楼梯间和防烟楼梯间

建 筑 分 类	高 层		多 层	
	一类高层或高度32m以上的二类高层建筑，塔式住宅	裙房、建筑高度32m以内的二类高层建筑（楼梯间靠外墙，直接采光和通风）	医院、疗养院的病房楼，设有空调系统的多层旅馆，超过5层的其他公共建筑。设有歌舞娱乐放映游艺场所且超过3层的建筑	地下商场和设有歌舞娱乐放映游艺场所的地下建筑，当其他下层数为3层及3层以上，以及地下1层或2层且棋室内地面与室外出入口地坪高差大于10m时
楼梯间要求	防烟楼梯间	封闭楼梯间	封闭楼梯间	防烟楼梯间
备注			超过6层的塔式住宅设封闭楼梯间	

7.3.3 电梯设计

高层建筑的垂直交通以电梯为主，其他有特殊功能要求的多层建筑，如大型宾馆、大型商场、医院等，除设置楼梯外，还需设置电梯以解决垂直交通的问题。

电梯按其使用性质可分为乘客电梯、载货电梯、消防电梯、客货两用电梯、杂物电梯等几类。确定电梯间的位置及布置方式时，应充分考虑以下几点要求：

1）电梯间应布置在人流集中的地方，如门厅、出入口等，位置要明显，电梯前面应有足够的等候面积，以免造成拥挤和堵塞。

2）按防火规范的要求，设计电梯时应配置辅助楼梯，供电梯发生故障时使用。布置时可将两者靠近，以便灵活使用，并有利于安全疏散。

3）电梯井道无天然采光要求，布置较为灵活，通常主要考虑人流交通方便、通畅。电梯等候厅由于人流集中，最好有天然采光及自然通风。

4）建筑物内每个服务区，乘客电梯台数不宜少于2台，单侧排列的电梯不应超过4台，双侧排列的电梯不应超过8台。

5）在公共建筑中配备电梯时，必须设无障碍电梯。

6）候梯厅的无障碍设施与设计要求：

① 候梯厅最小深度为1.8m。

② 呼梯按钮高0.9~1.1m。

③ 电梯门洞最小净宽度0.9m。

④ 有清晰显示轿厢上、下运行方向和层数位置及电梯抵达音响。

⑤ 每层电梯口应安装楼层标志，并设提示盲道。

7.3.4 自动扶梯设计

1）在具有频繁而连续人流的大型公共建筑中，如大型商场、展览馆、游乐场、火车站、地铁站、航空港等建筑，一般将自动扶梯作为主要垂直交通工具考虑（图7-7）。

2）自动扶梯应布置在明显的位置，其两端应较开敞，避免面对墙壁、死角。一般均设在大厅的中间。

图 7-7　黑川纪章设计的墨尔本中心的自动扶梯

3）公共建筑中设置自动扶梯的同时，仍需布置电梯及普通楼梯，作为辅助性垂直交通工具。

4）自动扶梯布置形式如图 7-8 所示。

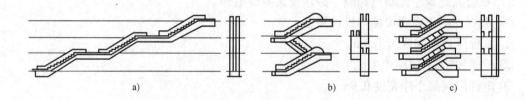

图 7-8　自动扶梯的布置形式
a）单向布置　b）转向布置　c）交叉布置

7.3.5　门厅设计

门厅作为交通枢纽，其主要作用是接纳、分配人流，室内外空间过渡及各方面交通（过道、楼梯等）的衔接（图 7-9），其设计要求如下：

1）门厅的位置应明显而突出，一般应面向主干道，使人流出入方便。

图 7-9 诺曼福斯特设计的兼有门厅功能的共享空间

2）门厅内各组成部分的位置应与人流活动路线相协调，尽量避免或减少流线交叉，为各使用部分创造相对独立的活动空间。

3）使用者在门厅或过厅中应能很容易发现其所希望到达的通道、出入口或楼梯、电梯等空间的位置，而且能够很容易选择和判断通往这些空间的路线，在行进中又较少受到干扰。

4）门厅对外出入口的宽度不得小于通向该门的走道、楼梯宽度的总和。门厅的面积参考指标详见表 7-8。

表 7-8 部分民用建筑门厅面积参考指标

建 筑 名 称	面 积 定 额	备 注
中小学校	$0.06 \sim 0.08 m^2$/每生	
食堂	$0.08 \sim 0.18\ m^2$/每座	包括洗手池、小卖部
城市综合医院	$11 m^2$/每日百人次	包括衣帽间和询问处
旅馆	$0.2 \sim 0.5\ m^2$/床	
电影院	$0.13\ m^2$/每个观众	

7.4 平面组合设计

建筑平面组合设计的主要任务如下：

1）根据建筑物的使用和卫生等要求，合理安排建筑各组成部分的位置，并确定它们的相互关系。

2）组织好建筑物内部以及内外之间方便和安全的交通联系。

3）满足结构布置、施工方法和所用材料的合理性，符合建筑标准，注意美观要求。

4）符合总体规划的要求，密切结合基地环境等平面组合的外在条件，注意节约用地和环境保护等问题。

7.4.1 合理的功能分区

建筑是由各个部分组成的，它们在使用中必然存在着不同性质的差别，因而也会有不同的要求，因此，在设计时，不仅要考虑使用性质和使用程序，而且是按不同功能要求进行分类，进行分区布局，以达到分区明确而又联系方便。常用功能气泡图帮助分析（图7-10），在此基础上完成功能组合分析图（图7-11），进而进行下一步的设计。

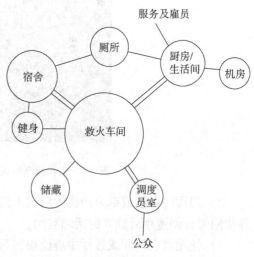

图7-10 消防站功能气泡图

（1）"主"与"辅"的关系 任何建筑的组成都是由主要使用部分和辅助使用部分或附属使用部分所组成（图7-12）。例如学校教学楼中，满足教学的教室、实验室等，应是主要的使用房间，其余的管理、办公、贮藏用房和厕所等，属次要房间；住宅建筑中，起居室、卧室是主要房间，厨房、浴厕、贮藏室等属次要房间。

这两大部分在空间布局中应有明确的分区，以免相互干扰，并且应将客房及公共活动用房置于基地较优越的地段，保证良好的朝向、景向、采光、通风等条件。辅助使用空间从属于它们布置，切不能主次颠倒或者相混，更不应将辅助使用空间安排在公众先到的区位，避免需要先通过辅助使用空间才能到主要使用空间，正如一些住宅设计通过厨房再进居室是很不妥当的。

（2）"内"与"外"的关系 任何建筑中的各种使用空间，有的对外性强，直接为公众使用，有的对内性强，主要供内部工作人员使用，如内部办公、仓库及附属服务用房等。在进行空间组合时，也必须考虑这种"内"与"外"的功能分区。

一般来讲，对外性强的用房（如观众厅、陈列室、营业厅、讲演厅等）人流大，应该靠近入口或能直接进入，使其位置明显，便于直接对外，通常环绕交通枢纽布置；而对内性强的房间则应尽量布置在较隐蔽的位置，以避免公共人流穿越而影响内部的工作。

（3）"动"与"静"的关系 建筑中一般供学习、工作、休息等使用部分希望有较安静的环境，而有的用房在使用中嘈杂喧闹，甚至产生机器噪声，这两部分要求适当的隔离。这

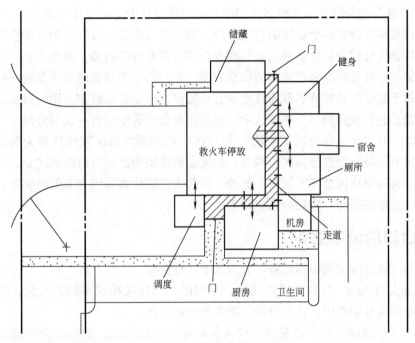

图 7-11　消防站平面功能组合图

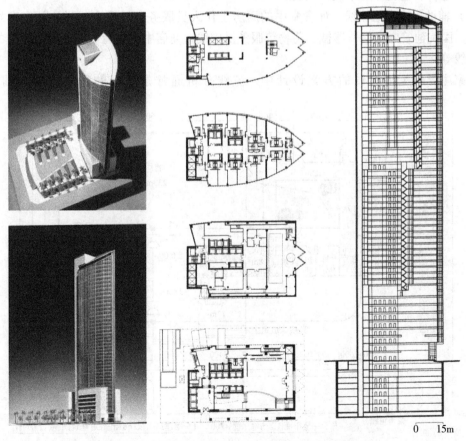

图 7-12　台中大厦各层平面不同功能空间的主辅关系

种"闹"与"静"的分区要求在很多类型的公共建筑设计中都会经常遇到，在平面组合中，根据不同的环境要求确定各个房间的合适位置，例如学校建筑，可以分为教学活动、行政办公以及生活后勤等几部分，教学活动和行政办公部分既要分区明确，避免干扰，又要考虑分属两个部分的教室和教师办公室之间的联系方便，它们的平面位置应适当靠近一些；对于使用性质同样属于教学活动部分的普通教室和音乐教室，由于音乐教室上课时对普通教室有一定的声响干扰，它们虽属同一个功能区中，但是在平面组合中应有一定的分隔。

（4）"清"与"污"的关系　"清"与"污"的问题尤以医院建筑最为突出，除了上述附属用房因有污染物而要与病区隔离外，病区也有传染病区和一般病区之别，二者也要隔离布置，且要将传染病区置于下风向。此外，医院中的同位素科因有放射性物质，也需要与一般治疗室、诊室相分开，应最好独立设置。

7.4.2　合理的流线组织

建筑内部交通流线按其使用性质可分为以下几种类型：

（1）公共交通流线　公共交通流线中，不同的使用对象构成不同的人流，这些不同的人流在设计中都要分别组织，相互分开，避免彼此的干扰。

（2）内部工作流线　即内部管理工作人员的服务交通流线，在某些大型建筑物中还包括摄影、记者、电视等工作人员流线。

（3）辅助供应交通流线　如食堂中的厨房工作人员服务流线及食物供应线，车站中行包流线，医院建筑中食品、器械、药物等服务供应线，商店中货物运送线，图书馆中的书籍运送流线等。

国家注册建筑师考试的方案设计中，流线分析通常是考察的重要内容（图7-13、

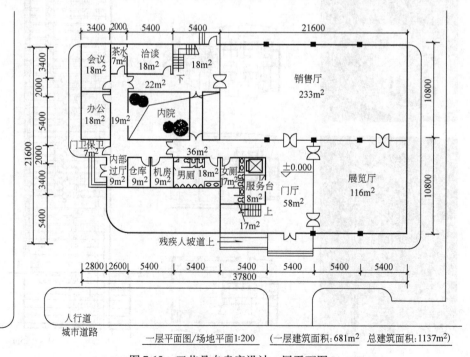

图7-13　工艺品专卖店设计—层平面图

图 7-14）。

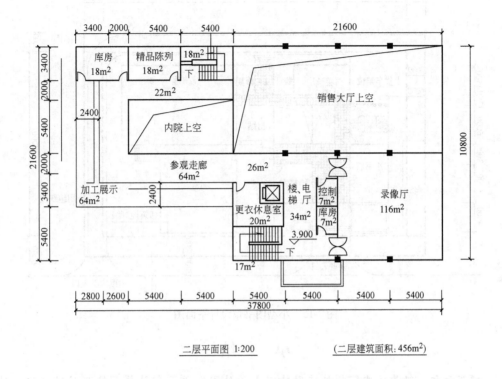

二层平面图　1:200　　　　（二层建筑面积：456m²）

图 7-14　工艺品专卖店设计二层平面图

不同性质的流线应明确分开，避免相互干扰。因此，在建筑流线设计中首先使主要活动人员流线不与内部工作人员流线或服务供应流线相交叉；其次，主要活动人流线中，有时还要将不同对象的流线适当的分开；此外，在集中人流的情况下，一般应将进入人流与外出人流分开，避免出现交叉、聚集、"瓶子口"的现象。

7.4.3　建筑平面组合方式

（1）串连式组合　又称套间式，是房间之间直接串通的组合方式。套间式的特点是房间之间的联系最为简捷，把房屋的交通联系面积和房间的使用面积结合起来，通常房间的使用连续性较强，使用房间不需要单独分隔，通常在展览馆、车站、浴室等建筑类型中主要采用套间式组合。

（2）大厅式组合　大厅式组合是在人流集中、厅内具有一定活动特点并需要较大空间时形成的组合方式。这种组合方式常以一个面积较大，活动人数较多，有一定的视、听等使用特点的大厅为主，辅以其他的辅助房间。如图 7-15 所示的小型图书馆平面就是典型的大厅式组合。

（3）混合式组合　使用以上两种方法，根据需要，在建筑物的某一个局部采用一种组合方式，而在整体上以另一种组合方式为主。

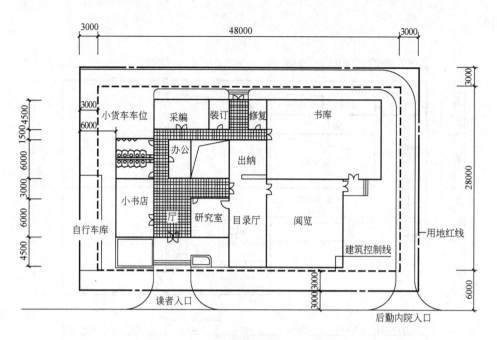

图 7-15　小型图书馆设计平面图

小　　结

1. 建筑面积一般是按建筑物外墙勒脚以上的外围水平面积计算，按照层数累积。对于阳台、雨篷等辅助性空间分别做不同方式的规定。

2. 房间面积和尺寸的确定，主要是使用人数、房间功能的影响，同时要考虑交通流线、防火疏散的要求。

3. 平面防火设计的核心问题是安全出入口和疏散距离的确定。

4. 交通和流线设计实质是水平交通空间（走道），垂直交通空间（楼梯、电梯、自动扶梯、坡道），交通枢纽空间（门厅、过厅）的设计。

5. 建筑物的平面组合方式主要是按照功能要求采取以下方式：串连式组合、大厅式组合、混合式组合。

复习思考题

1. 简述建筑面积计算的基本规则。
2. 举例说明安全出口的设置原则。
3. 简述楼梯的梯段宽度是如何确定的。
4. 简单说明什么是功能分区。
5. 举例说明如何进行建筑流线设计。

第8章　建筑剖面设计

学习目标

　　本章包括房间的剖面形状、建筑层数和总高度的确定、建筑各部分高度的确定、建筑剖面组合形式、建筑空间的利用等内容。通过学习二维平面到三维空间概念的转化与过渡，掌握一些常用的剖面设计手法，以达到对建筑空间全面理解和把握的目的。

　　建筑是三维空间的实体，建筑设计除了平面图、立面图以外，还要用剖面图来表达在垂直方向上建筑内部各个空间的组合关系，即在适当的部位将建筑物从上至下垂直剖切开来，令其内部的结构得以暴露，得到该剖切面的正投影图，这就是剖面图。剖面设计主要分析建筑各部分的高度、剖面形状、建筑层数、建筑空间的组合和利用，以及建筑剖面中的结构、构造关系等。

8.1　房间的剖面形状

　　房间的剖面形状主要是根据使用要求和特点来确定，同时应考虑具体的物质技术、经济条件及特定的艺术构思，既要满足基本使用要求又要能达到一定的艺术效果。大多数民用建筑（如居室、教室、办公室等）要求稳定、有秩序、理性，比较适合于矩形剖面。矩形空间六个界面均为水平或竖直平面，剖面简洁、规整，给人以秩序感，长方体形的内部空间简单而实用。矩形剖面的空间十分便于竖向叠加与组合，获得完整而紧凑的整体造型。同时，矩形剖面形式有利于梁板式结构的布置，节约空间，施工方便。因此，房间剖面形状应优先考虑采用矩形。

　　某些对视线要求高的房间，如学校的阶梯教室、电影院和体育馆的观众厅等，它们的使用人数多，面积大，对视线要求较高，如果室内地面不做升起或升起不够，就会产生视线遮挡，影响使用，只有当室内地面应按一定的坡度升起，才能获得良好的视线质量（图 8-1）。地面升起坡度与设计视点（按照设计要求所能看到的极限位置）的选择、座位的排列方式（前后排是否错位排列）、排距、视线升高值（后排与前排的视线升高差值）等因素有关。每排视线升高值应等于后排观众的视线与前排观众眼睛之间的视高差，一般定为 120mm，当座位错位排列时，每排视线升高值为 60mm。如此求得剖面中的地面升起曲线，一般设计视点越低，则地面升起坡度越大；反之，则升起坡度越小。因此，一般电影院观众厅的地面升起坡度较小，而体育馆观众席的地面升起坡度较大（图 8-2）。此外，影剧院的观众厅对声音质量要求较高，为获得良好的声场，要求空间有一定高度，形成足够的容积来获得理想的混响时间，由于声音反射时反射角等于入射角，观众厅的顶部剖面可以做成一定的折线形，以取得均匀良好的混响效果（图 8-3）。

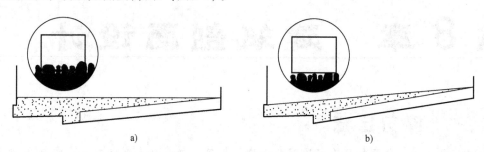

图 8-1　地面升起坡度对视线的影响
a）地面起坡不够，视线受到遮挡　b）地面起坡足够，视线不受遮挡

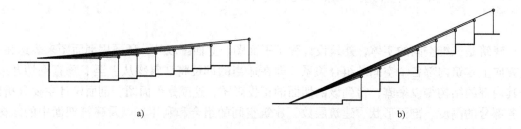

图 8-2　不同使用要求的地面升起坡度
a）电影院观众厅的地面升起坡度较小　b）体育馆比赛厅的地面升起坡度较大

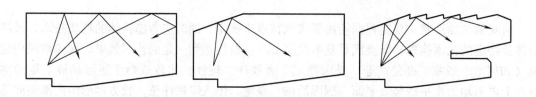

图 8-3　考虑声音反射的几种观众厅剖面形式

　　非矩形剖面常用于有特殊要求的房间，形成特定的空间效果，或是用于特殊的结构形式所限定的特殊空间。其中，特殊的功能要求与特殊的结构形式又往往是相结合考虑，如罗马万神庙的穹顶空间，一方面它是一个宗教建筑，出于精神要求需要有一个高大、集中、神秘的超尺度室内空间，另一方面大教堂建筑采用的砖石材料与拱券结构注定了只有这样巨大的穹窿才能实现如此跨度的内部空间；哥特式教堂内部窄而高的空间，同样既是表达了对天国的强烈向往，又是精美的尖券构筑而成的必然结果。现代建筑设计中，一些有特殊要求的建筑也常常采用不规则的内部空间形态，因此也出现一些不规则的剖面形状。另外大跨度与特殊的结构形式，如薄壳、拱形、拉索等，覆盖的建筑空间也呈现出非矩形的剖面形式（图 8-4）。

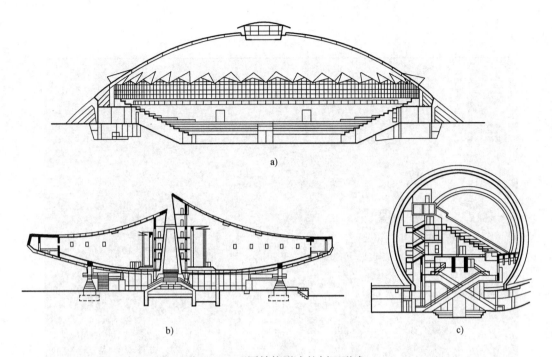

图8-4 不同结构形式的剖面形式

a）拱形结构 b）悬索结构 c）球形网架结构

8.2 建筑层数和总高度的确定

建筑层数是在方案阶段就需要基本确定的问题，层数不确定，建筑剖面、立面高度也无法确定。合理确定建筑层数和总高度十分重要。影响建筑层数与总高度的因素很多，主要有城市规划的要求、建筑使用的要求、建筑结构的要求、建筑防火的要求、建筑经济的要求等。

8.2.1 城市规划的要求

城市规划从宏观上控制整体城市面貌，从改善城市面貌和节约用地的角度考虑，城市各用地分区规划对城市内各个地段、沿街部分或城市广场的新建房屋，都有明确的高度限定。位于城市干道、广场、道路交叉口的建筑，对城市面貌影响很大，城市规划往往对其层数和总高度有严格的要求。城市主要道路的临街建筑，应根据面临道路的宽度控制建筑高度，以维持街道空间的良好比例尺度。城市中重点保护的历史地段或历史建筑周围，为了尊重和保护历史风貌，新建建筑的高度受到严格的控制，如巴黎老城区（图8-5），为保护古城风貌，对城市建设进行了严格的控制，新建建筑高度被严格限制，以保持与历史建筑的协调，整个巴黎老城区在今天看来所有建筑联系紧密，融洽共存。位于风景区的建筑，其体量和造型对周围景观有很大影响，为了保护风景区，使建筑与环境协调，一般不宜建造体量大、层数多的建筑物。另外城市航空港附近的一定范围内，从飞行安全的角度考虑，对新建房屋有限高要求。电台、电信、微波通信、气象台、卫星地面站、军事要塞工程等周围的建筑，在各自所处技术作业控制区范围内的，应按有关净空要求控制建筑高度。

图 8-5　巴黎老城区的建筑控制

8.2.2 建筑使用的要求

由于建筑用途不同，使用对象不同，往往对建筑层数也有不同的要求。如幼儿园、疗养院、养老院等建筑，因使用者活动能力有限，且要求与户外联系紧密，因此，建筑层数不应太多，一般以 1~3 层为宜。影剧院、体育馆、车站等建筑物，由于人流量大，考虑人流集散方便，也应以低层为主。公共餐饮娱乐设施，在使用中有大量顾客，为了就餐购物方便，便于货物及垃圾进出，单独建造时，以低层或多层为宜。对于中小学建筑，考虑到学生正在发育成长，为了安全及保护青少年健康成长，小学建筑不宜超过三层，中学建筑不宜超过四层。对于大量建设的住宅、宿舍、办公楼等建筑，因使用中无特殊要求，一般可建多层或高层，而城市中心区繁华地段的商务写字楼、酒店等，由于地价的昂贵和稀缺，则常建成高层，以最大限度的创造效益。

8.2.3 建筑结构的要求

房屋建造时所用材料、结构体系、施工条件以及房屋造价等因素，对建筑层数的确定也有一定影响，不同建筑结构类型和建筑材料有不同的适用性。建筑如果处在地震区，建筑物允许建造的层数，根据结构形式和地震烈度的不同，要受抗震规范的限制，如多层砌体与混和结构，由于结构自身自重较大，强度较低，整体性较差，允许建造的建筑层数和高度有明确的限制（表 8-1）。

表 8-1 多层砌体房屋总高度（层数）限制

承重墙体类别	墙厚/m	地震烈度			
		6 度	7 度	8 度	9 度
烧结普通砖墙	≥0.24	24（八）	21（七）	18（六）	12（四）
混凝土小型砌块	≥0.19	21（七）	18（六）	15（五）	—
混凝土小型砌块	≥0.20	18（六）	15（五）	9（三）	—
混凝土小型砌块	≥0.24	18（六）	15（五）	9（三）	—

注：1. 本表数字为房屋总高度（m），括号内数字为房屋层数；"—"表示不宜采用。
　　2. 房屋的总高度值室外地面到檐口的高度；当地下室顶板在室外地面以上时，总高度从地下室室内地面算起。当顶板在室外地面以下，且开有密洞时，总高度从室外地面算起。
　　3. 医院、学校等横墙较少的房屋，高度限值应降低 3m，层数应降低一层。各层横墙很少的房屋，应根据具体情况适当降低高度和层数。
　　4. 砖房屋的层高不宜超过 4m，砌块房屋不宜超过 3.6m。

要求较高的多层及高层建筑，由于自身的垂直荷载较大，还要考虑水平风荷载及地震荷载的影响，所以常采用钢筋混凝土框架结构，以保证足够的刚度和良好的稳定性。至于高层及超高层建筑，当普通钢筋混凝土框架结构无法满足要求时，则需要强度更高的框架剪力墙结构及筒体结构等。

8.2.4 建筑防火的要求

城市消防能力体现在对不同性质不同高度的建筑有不同的消防要求。各类建筑防火规范中详细的规定了建筑的耐火等级、允许层数、防火间距以及细部构造等。建筑设计防火规范中对建筑层数与高度有明确限定，住宅建筑按层数划分为：1~3层为低层；4~6层为多层；7~9层为中高层；10层以上为高层。公共建筑及综合性建筑总高度超过24m者为高层（不包括高度超过24m的单层主体建筑）。建筑物高度超过100m时，不论住宅或公共建筑均为超高层。不同的耐火等级对建筑物的层数有不同的要求（表8-2），在《建筑设计防火规范》（GB50016—2006）中有详细的规定。

表8-2   民用建筑的耐火等级、最多允许层数和防火分区、最大允许建筑面积

耐火等级	最多允许层数	防火分区的最大允许建筑面积/m²	备 注
一、二级	9层及9层以下的居住建筑（包括设置商业服务网点的居住建筑） 建筑高度小于等于24m的公共建筑 建筑高度大于24m的单层公共建筑	2500	1）体育馆、剧院的观众厅，展览建筑的展厅，其防火分区最大允许建筑面积可适当放宽 2）托儿所、幼儿园的儿童用房和儿童游戏厅的儿童活动场所不应超过3层或设置在4层及4层以上的楼层或地下、半地下建筑（室）内
三级	5层	1200	1）托儿所、幼儿园的儿童用房和儿童游戏厅等儿童活动场所、老年人建筑和医院、疗养院的住院部分不应超过2层或设置在3层及3层以上楼层或地下、半地下建筑（室）内 2）商店、学校、电影院、剧院、礼堂、食堂、菜市场不应超过2层或设置在3层及3层以上楼层 3）医院、疗养院不应超过3层
四级	2层	600	学校、食堂、菜市场、托儿所、幼儿园、老年人建筑、医院等不应设置在2层
	地下、半地下建筑（室）	500	—

注：建筑内设置自动灭火系统时，该防火分区的最大允许建筑面积可按本表的规定增加1.0倍。局部设置时，增加面积可按局部面积的1.0倍计算。

8.2.5   建筑经济的要求

建筑经济方面的要求，既包括建筑本身的造价，还包括征地、搬迁、街区建设、市政设施等费用，需要进行多方面综合评价。建筑层数直接影响到建筑的造价，建筑层数越多，在相同建筑面积的条件下，越节约用地，单位建筑面积的平均造价随之降低。但建筑层数越多，结构上的要求也越高，荷载直接增加，结构成本也随之提高。另外，建筑层数越多，建筑设备要求也越高，如普通城市住宅，如果建造6层，可不设电梯，而建造7层就必须按规范设电梯，因此许多城市住宅将层数控制在6层，相对比较经济。

在限定的建筑高度的情况之下，每层层高越低，则建筑层数就可以越多，所获得的建筑面积也就越大；在同样的层数条件下，每层层高越低，建筑总高度就越小，结构方面也越有利。因此建筑每层的层高在满足使用要求的前提下应尽量节约，一般多层住宅采用的层高为2.8~3m，高层建筑更是应该合理控制层高，以达到良好的建筑经济效益。

8.3　建筑各部分高度的确定

8.3.1　建筑的标高系统

在建筑设计中，建筑物各个部分在垂直方向的高度由一个相对标高系统来表示。我们一般将建筑物底层室内地面标高确定为 ±0.000，单位是米（m），高于这个平面的标高都为正，低于此的标高都为负。例如某建筑物室内外高差为 0.45m，层高为 3.6m，则其标高系统如图 8-6 所示，室外地面标高为 −0.450，底层室内地面标高为 ±0.000，2 层室内地面标高为 3.600，3 层室内地面标高为 7.200，以次类推。

8.3.2　层高的确定

表达建筑物每层的高度一般使用"净高"与"层高"两个概念。如图 8-7 所示，房间净高是指室内地面到吊顶或楼板底面之间的垂直距离，如果楼板或屋盖的下悬构件影响有效使用空间，则应按地面至结构下缘之间的垂直高度计算。在有楼层的建筑中，楼层层高是指上下相邻两层楼（地）面间的垂直距离。层高与净高之间的差值就是楼板结构构造厚度。

在建筑设计中，主要考虑使用功能对房间净高的要求，结合结构厚度，对层高进行直接控制。与建筑开间、进深一样，层高的确定也是遵循模数数值，当层高在 4.2m 以内时，选用 100mm 的模数级差，当层高在 4.2m 以上时，则选用 300mm 的模数级差。各种类型的房间对净高的要求各不相同，影响房间高度的因素主要有：

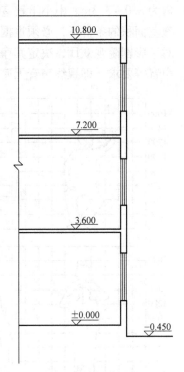

图 8-6　建筑标高系统

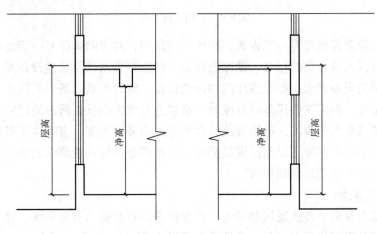

图 8-7　"层高"与"净高"

1. 人体活动及家具设备的使用要求

房间的净高与人体活动尺度有很大关系。一般情况下，室内最小净高至少应使人举手不接触到顶棚为宜，为此，房间净高应不低于2.2m（图8-8、图8-9），地下室、贮藏室、局部夹层、走道及房间的最低处的净高不应小于2m。对于住宅中的居室和旅馆中的客房等生活用房，从人体活动及家具设备在高度方向的布置考虑，净高2.6m已能满足正常的使用要求。集体宿舍由于使用人数较多，净高应适当加大，特别是设双层床铺时，室内净高应不低于3.2m。对于使用人数较多，房间面积较大的公用房间（如教室、办公室等），室内净高常为3.0～3.3m。中小学教室按照卫生标准规定，每个学生的气容量为3～5m³/人，在一定教室面积的条件下，必须根据所容纳学生人数，保证足够的层高以满足人均气容量要求。而对于影剧院观众厅，决定其净高时考虑的因素比较多，涉及观众厅容纳人数的多少及视线、声音等要求，即视线声音无遮挡，且反射声分布合理。

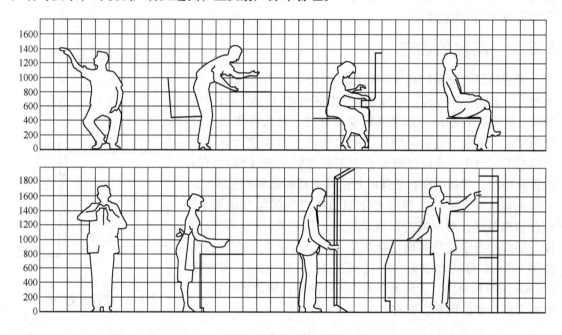

图8-8 常用人体尺度

建筑内部一般都需要布置一些设备，在民用建筑中，对房间高度有一定影响的设备布置主要有顶棚部分嵌入或悬吊的灯具、顶棚内外的一些空调管道以及其他设备所占的空间。还有一些比较特殊的设备要求，如观演厅内的声光设备、舞台吊景设备、医院手术室内的医疗照明与器械设备等，确定这些房间的高度时，必须充分考虑到设备所占的尺寸。对于游泳池比赛厅，主要考虑跳台的高度，电影院放映厅则考虑银幕的高度。有时为了节约空间，只在房间安放设备的部位局部提高层高以满足要求，其他部分仍按一般要求处理，顶棚可以处理成倾斜的，以减少不必要的空间损失。

2. 通风采光要求

房间的高度应有利于自然通风和采光，以保证房间有必要的卫生条件。建筑内部的通风组织，除了与窗的平面位置有关外，受到窗洞高度的影响也非常大（表8-3）。从剖面上要注意进出风口位置的设置，引导空气穿堂贯通，充分利用风压与热压的共同作用，达到良好

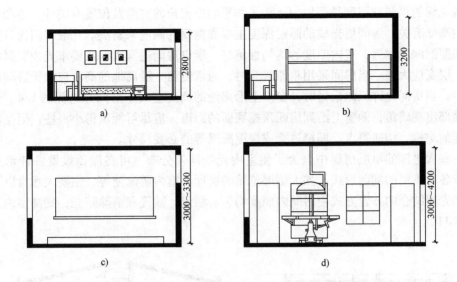

图 8-9 人体活动及家具设备对房间净高的要求
a) 住宅居室 b) 集体宿舍 c) 普通教室 d) 手术室

的通风效果。一般在墙的两侧设窗洞进行对流，或在一侧设窗让空气上下流通，有特殊需要的房间，还可以开设天窗，增加空气压差（图 8-10）。

表 8-3 窗地面积比

采光等级	单 侧 窗	双 侧 窗	矩 形 天 窗	锯齿形天窗	平 天 窗
I	1/2.5	1/2	1/3	1/3	1/5
II	1/3	1/2.5	1/3.5	1/3.5	1/6
III	1/4	1/3.5	1/4.5	1/5	1/8
IV	1/6	1/5	1/8	1/10	1/15
V	1/10	1/7	1/15	1/15	1/25

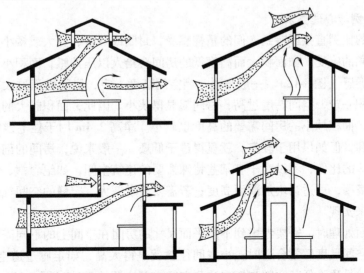

图 8-10 不同通风方式对剖面的影响

室内光线的强弱和照度是否均匀，除了和平面中窗户的宽度及位置有关外，还和窗户在剖面中的高低有关。房间里光线的照射深度主要靠侧窗的高度来解决。一般房间窗口上沿越高，光线照射深度越远，室内照度的均匀性越好。所以房间进深大，或要求光线照射深度远的房间，层高应大些。当房间采用单侧采光时，通常侧窗上沿离地的高度应大于房间进深长度的一半；当房间允许双侧采光时，窗户上沿离地的高度应大于房间总进深的1/4。为了避免房间顶部出现暗角，侧窗上沿到房间顶棚底面的距离，应尽可能留得小一些，但是需要考虑到房屋的结构、构造要求，即窗过梁或房屋圈梁等的必要尺寸。

在一些大进深的单层房屋中，为了使室内光线均匀分布，可在屋顶设置各种形式的天窗，形成各种不同的剖面形式。如大型展览馆的展厅、室内游泳池等，主要大厅常以天窗的顶光和侧光相结合的布置方式使房间内照度均匀、稳定，减轻和消除眩光，提高室内采光质量（图8-11）。

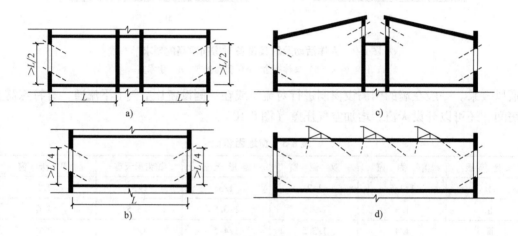

图 8-11　采光方式与房间进深的关系
a) 单侧采光　b) 双侧采光　c) 单侧采光加高窗　d) 双侧采光加天窗

3. 空间比例与心理要求

室内空间的比例直接影响到人们的精神感受，封闭或开敞、宽大或矮小、比例协调与否都会给人以不同的感受。如面积大而高度低的房间会给人以压抑感，面积小而高度高的房间又会给人以局促感（图8-12）。一般来说，当空间高度一定，房间面积过大，房间就显得低矮；当房间面积一定，空间高度过高，房间就显得狭小。因此，面积越大的房间需要的高度也越高，反之，面积越小的房间需要的高度也越小。净高2.4m用于住宅建筑的居室，使人感到亲切、随和，但如果用于教室，就显得过于低矮。一般来说，房间的剖面高度与其面积应保持一个合适的比例，不过对于有些特殊需要的建筑空间，如纪念堂、大会堂等，为了显示其庄严、肃穆，可适当增加剖面高度；若需要显示博大、宁静的空间气氛，也可用适当降低剖面高度来实现。

在建筑剖面处理时，需要考虑到不同平面尺寸的房间在空间上的不同需要。在同一层高下，大空间的空间尺度感觉合适时，小空间往往就显得太高，如走廊过道空间，平面狭长，可以运用局部的吊顶降低其空间高度，达到空间比例协调的目的（图8-13）。一个房间在剖

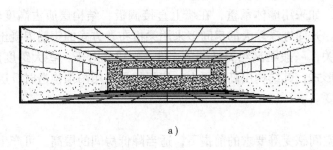
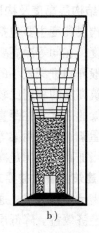

图 8-12　空间比例影响心理感受

a）面积大而高度小的房间给人压抑感　b）面积小而高度大的房间给人局促感

面上处理出两种不同高度，也是对空间进行软性划分的有效手段，如居室中常常将起居和餐厅空间结合在一起，同一个空间中的两种功能用剖面上的高差处理分隔开来（图 8-14）。

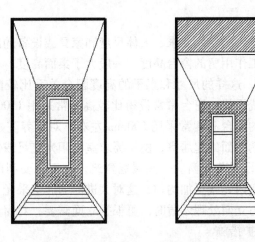

图 8-13　降低走道高度以协调空间比例

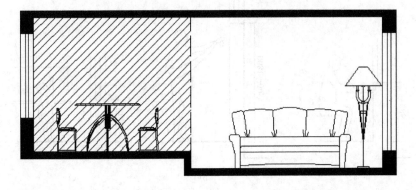

图 8-14　运用地面标高的变化来分隔空间

4. 结构层高度及构造形式的要求

结构层高度主要包括楼板、屋面板、梁和各种屋架所占的高度。层高等于净高加上结构层的高度，在同等净高要求下，结构层愈高，则层高愈大。

一般开间进深较小的房间，如采用墙体承重，在墙上直接搁板，结构层所占高度较小，对于建筑高度的利用比较充分。开间进深较大的房间多采用梁板布置方式的钢筋混凝土框架结构，梁的高度与柱距直接相关，一般梁高约为柱距的1/8～1/12。对于一些大跨度建筑，多采用屋架、空间网架等构造形式，其结构层高度更大。房间如果采用吊顶构造时，层高则应再适当加高，以满足净高需要。

5. 建筑经济效益要求

在满足使用、采光通风、空间感受等要求的前提下，适当降低房间的层高，可产生十分突出的经济效益。降低层高可以降低整幢建筑的高度，有效减轻建筑物的自重，改善结构受力情况，减少围护结构面积，节约建筑材料，并减少使用中的能耗损失，还能够缩小建筑间距，节省投资和用地。因此，合理确定层高对于控制建筑物的经济成本，创造经济效益有着重大意义。

8.3.3 建筑细部高度的确定

1. 窗台高度

窗台的高度主要根据室内的使用要求、人体尺度和家具或设备的高度来确定（图8-15）。民用建筑中生活、学习或工作用房的窗台高度，一般大于桌面高度，小于人们的坐姿视平线高度，常采用900mm左右，这样的尺寸和桌子的高度配合关系比较恰当。浴室、厕所及紧邻走廊的窗户为了避免视线干扰，窗台常常设得比较高，常采用1500～1800mm。幼儿园建筑根据儿童尺度，活动室的窗台高度常采用600mm左右。对疗养院建筑和风景区的一些建筑物，以及住宅建筑中的朝南面的起居室，由于要求室内阳光充足或便于观赏室外景色，常降低窗台高度至300mm或设置落地窗。一些展览建筑，由于需要利用墙面布置展品，则将窗台设置到较高位置，使室内光线更加均匀，这对大进深的展室采光十分有利。以上由房间用途确定的窗台高度，如与立面处理矛盾时，可根据立面需要，对窗台做适当调整。当窗台低于800mm时，应采取防护措施。

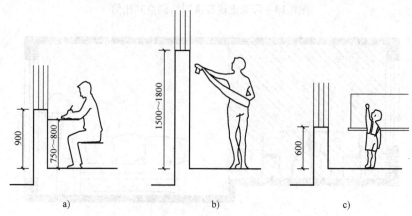

图 8-15　窗台高度与人体尺度

a）普通窗台高度　b）浴室窗台高度　c）幼儿园活动室窗台高度

2. 雨篷高度

雨篷的高度要考虑到与门的关系，过高遮雨效果不好，过低则有压抑感，而且不便于安装门灯。为了便于施工和使构造简单，可以将雨篷与门洞过梁结合成一个整体。雨篷标高宜高于门洞标高 200mm 左右。出于建筑外观考虑，雨篷也可以设于 2 层，甚至更高的高度，获得尺度更大的过渡空间（图 8-16）。

3. 建筑内部地面高差

建筑内部同层的各个房间地面标高应尽量取得一致，这样行走比较方便。对于一些易于积水或者需要经常冲洗的房间，如浴室、厕所、厨房、阳台及外走廊等，它们的地面标高应比其他房间的地面标高低约 20 ~ 50mm，以防积水外溢，影响其他房间的使用。不过，建筑内部地面还是应尽量平坦，高差过大会不便于通行和施工。

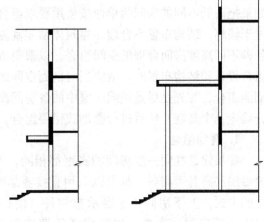

图 8-16　不同高度的雨篷

4. 建筑室内外地面高差

一般民用建筑常把室内地面适当提高，这既是为了防止室外雨水流入室内，防止墙身受潮，又是为了防止建筑物因沉降而使室内地面标高过低，同时为了满足建筑使用及增强建筑美观的要求。室内外地面高差要适当，高差过小难以保证满足基本要求，高差过大又会增加建筑高度和土方工程量。对大量的民用建筑而言，室内外地面高差一般为 300 ~ 600mm。一些对防潮要求较高的建筑物，需参考有关洪水水位的资料以确定室内地面的标高。建筑物所在场地的地形起伏较大时，需要根据地段内道路的路面标高、施工时的土方量以及场地的排水条件等因素综合分析后，选定合适的室内地面标高。一些纪念性及大型的公共建筑，从建筑造型考虑，常加大室内外高差，增多台阶踏步数目，以取得主入口处庄重、宏伟的效果。

8.4　建筑剖面的组合形式

建筑剖面的组合形式主要是由建筑物中各类房间的高度和剖面形状，房屋的使用要求和结构布置特点等因素决定的，主要归纳有以下几种形式。

8.4.1　单层建筑的剖面组合形式

建筑空间在剖面上没有进行水平划分则为单层建筑。单层建筑空间比较简单，所有流线都只在水平面上展开，室内与室外直接联系，常用于面积较小的建筑，用地条件宽裕的建筑以及大跨度、需要顶部采光通风的建筑等。对于层高相同或相近的单层建筑，为简化结构，便于施工，最好做等高处理，即按照主要房间的高度来确定建筑高度，其他房间的高度均与主要房间保持一致，形成单一高度的单层建筑。对于建筑各部分层高相差较大的单层建筑，为避免等高处理造成空间浪费，可根据实际情况进行不同的空间组合，形成不等高的剖面形式。

8.4.2 多层和高层建筑的剖面组合

多层和高层建筑空间相对比较复杂，其中包括许多用途、面积和高度各不相同的房间。如果把高低不同的房间简单地按使用要求组合起来，势必会造成屋面和楼面高低错落，流线过于崎岖，结构布置不合理，建筑体型零乱复杂的结果。因此在建筑的竖向设计上应当考虑各种不同高度房间合理的空间组合，以取得协调统一的效果。实际上，在进行建筑平面空间组合设计和结构布置时，就应当对剖面空间的组合及建筑造型有所考虑。多层和高层建筑的剖面组合，首先是尽量使同一层中的各房间高度取得一致，或将平面分成几个部分，每个部分确定一个高度，然后进行叠加或错层组合。

1. 叠加组合

如果建筑在同一层房间的高度都相同，不论每层层高是否相同，都可以采用直接叠加组合的方式，上下房间、主要承重构件、楼梯、卫生间等应对齐布置，以便设备管道能够直通，使布置经济合理（图8-17）。许多建筑如住宅、办公楼、教学楼等每层平面与高度都基本上一样，在设计图纸中以标准层平面来代替中间层，剖面只需按要求确定层数，垂直叠加即可。这种剖面空间组合有利于结构布置，也便于施工。

有些建筑因造型需要，或要满足其他使用要求，建筑各层采用错位叠加的方式。上下错位叠加既可以是上层逐渐向外出挑，也可以是上层逐渐向内收进。如住宅建筑的顶层向内收进，或逐层向内收近，形成露台，以满足人们对露天场地的需求（图8-18）。一些公共建筑采用上下错位叠加的方式进行造型处理，可以获得非常灵活的建筑形体（图8-19）。

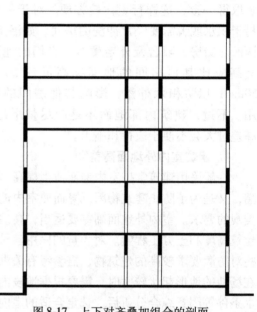

图 8-17　上下对齐叠加组合的剖面

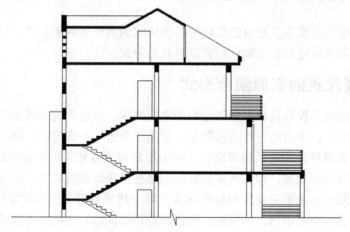

图 8-18　上下错位叠加组合，顶层收进形成露台

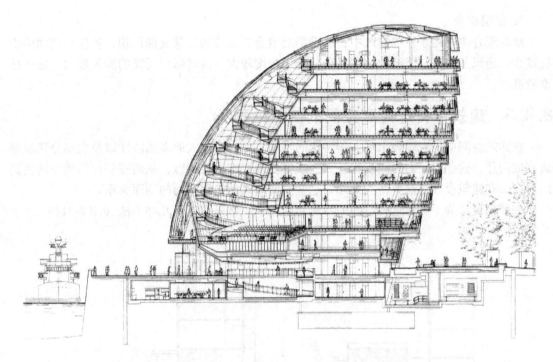

图 8-19　上下错位叠加组合，获得灵活的建筑形体

2. 错层组合

当建筑受地形条件限制，或标准层平面面积较大，采用统一的层高不经济时，可以分区分段调整层高，形成错层组合。错层组合关键在于连接处的处理，对于错层间高差不大，层数也较少的建筑，可以在错层间的走廊通道处设少量台阶来解决高差；当错层间高差达到一定高度并且每层都相同时，可以结合楼梯的设计，使楼梯的某一中间休息平台高度与错层高度相同，巧妙地利用楼梯来连接不同标高的错层；当建筑内部空间高度变化较大时，也应尽量综合考虑楼梯设计，利用不同标高的楼梯平台连接不同高度的房间（图 8-20）。

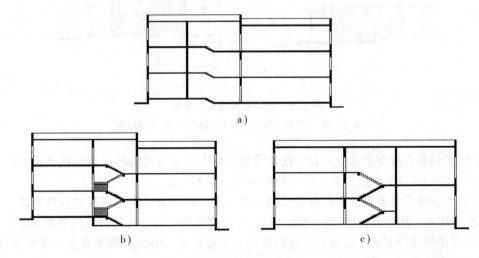

图 8-20　错层组合

a）用台阶踏步解决高差　b）利用楼梯来连接不同标高的错层　c）利用不同标高的楼梯平台连接不同高度的房间

3. 跃层组合

跃层组合主要用于住宅建筑中，这种剖面组合方式节约公共交通面积，各住户之间的干扰较少，通风条件好，但结构比较复杂，施工难度较大，通常每户所需的面积较大，居住标准较高。

8.4.3　建筑中特殊高度空间的剖面处理

在建筑空间中，有时会出现一些特殊的空间，如面积较大的多功能厅以及大部分建筑都具有的门厅，这些空间因为面积比较大，或者使用要求比较特殊，从而需要比其他空间更高的层高，在建筑设计时需要特别处理好这些空间与其他使用空间的剖面关系。

一般来说，为了满足这些空间的特殊高度要求，常采取以下几种手法（图8-21）：

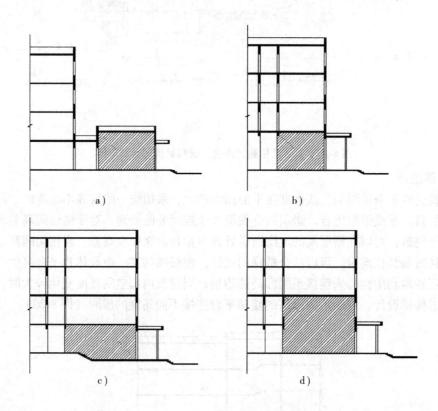

图 8-21　特殊高度房间的处理
a）独立设置　b）底层加高　c）利用地形　d）局部通高

1）将有特殊高度要求的空间相对独立设置，与主体建筑之间可以用连接体进行过渡衔接，这样，它们各自的高度要求都可以得到满足，互不干扰。

2）将有特殊高度要求的空间所在层的层高提高，例如为了满足门厅的高度要求，将底层层高统一提高，底层其他使用空间高度与门厅高度保持一致。在两者高度要求相差不大的情况下可以使用这种方式，结构与构造的处理上比较容易，但如果两者高度要求相差较大，则空间浪费比较多。

3）局部降低地坪，以满足特定空间的需要。这种方式如果能结合地形进行设计，则可以巧妙地将地形变化的不利因素转化为有利因素，解决建筑空间的多种需求。

4）在建筑剖面中，遇到有特殊高度要求的房间，还可以将其做成多层通高，一个空间占用多层高度。如门厅常常为了显示其空间的高大宏伟而高达 2～3 层，在剖面中充分考虑门厅高度与其他层高的关系，既可以满足他们各自不同的高度要求，又充分利用了建筑空间，避免了空间浪费。

高层建筑中通常把高度较低的设备房间布置在同一层，成为设备层，同时兼做结构转换层（图 8-22），使得高度相差较大的房间布置在建筑的上部，采用不同的结构体系。

对于高度要求特别大的空间，如体育馆和影剧院建筑中的比赛厅、观众厅，与其他辅助性空间高度相差悬殊，而且主体空间本身剖面形状呈不规则矩形，有相当大的底部倾斜、起坡，这时可以将辅助性的办公、休息、厕所等空间布置在看台以下或大厅四周，以实现大小空间的穿插和紧密结合（图 8-23）。

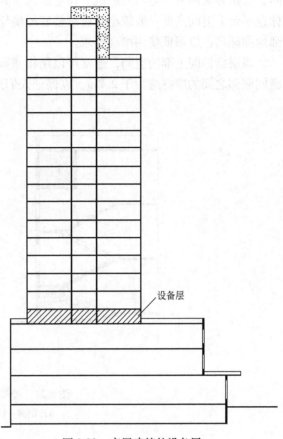

图 8-22 高层建筑的设备层

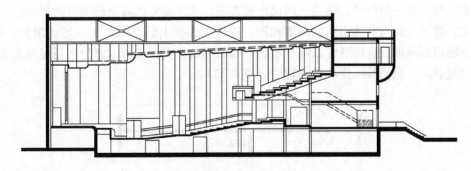

图 8-23 大小空间穿插

8.5 建筑空间的利用

8.5.1 楼梯间的利用

楼梯间的底层休息平台下的空间是一个死角，这个空间可用做储藏间、厕所等辅助房间，或做为通向另一空间的通道。住宅建筑常利用这一空间做单元入口，并兼做门厅。底层休息平台下空间高度一般较小，可调整底层楼梯形式，或适当抬高平台高度，或降低平台下部地面标高，以保证使用净高要求。

顶层楼梯间上部的空间，通常可以用作储藏间。利用顶层上部空间时，应注意梯段与储藏间底部之间的净空应大于2.2m，以保证人们通过楼梯间时，不会发生碰撞（图8-24）。

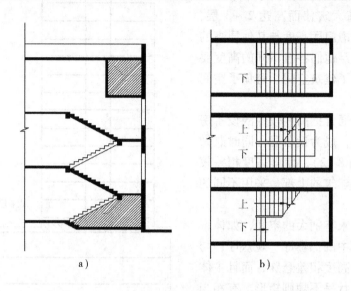

图8-24 楼梯间的利用
a）剖面 b）平面

8.5.2 走廊上部空间的利用

建筑中的走廊一般较窄，按照空间比例的要求，其净高可比其他使用空间低些，但为了结构简化，通常走廊与其他房间的高度相同，造成走廊的上部空间产生一定的浪费。因此，常常将走廊局部吊顶，这样既可以调节走廊空间的剖面比例，还可以充分利用走廊上部的吊顶空间设置通风、照明等线路和各种管道（图8-25）。

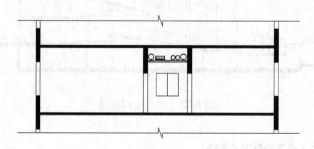

图8-25 走廊上部空间的利用

8.5.3 坡屋顶下方空间的利用

许多住宅建筑采用坡屋顶形式，既美观，也便于组织排水，但坡屋顶造成内部空间的不规则，为了保证低处的净高，就要浪费一些高处的空间。因此，坡屋顶下可以做成阁楼用作储藏空间加以利用，或者作为家中小巧却充满变化的趣味空间（图8-26）。

图 8-26　坡屋顶下方空间的利用

8.5.4　大空间的充分利用

公共建筑中常常有大空间，如面积较大的门厅、休息厅、图书馆阅览室等，不仅面积较大，高度也比较高。大空间周边可以设置夹层，既可以达到充分利用空间的目的，还可以衬托出主体空间的高大宏伟。如图书馆的开架阅览室，一般面积较大，层高较高，而书架陈列部分则尺度较小，不需要过高的空间，这就可以充分利用阅览室的空间高度，设置夹层来陈列藏书（图8-27）。

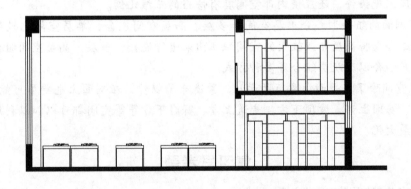

图 8-27　图书馆设夹层利用空间

8.5.5　建筑细部空间的利用

住宅室内常用设置吊柜、壁柜、搁板等方式充分利用边角空间，如窗台下部空间可做为储物柜存放日常生活用具。为了美化建筑立面，避免空调室外机随意悬挂，凸窗下部空间还可以被用做统一的空调室外机位，不仅巧妙利用了空间，也是维护建筑立面的一种有效措施（图8-28）。

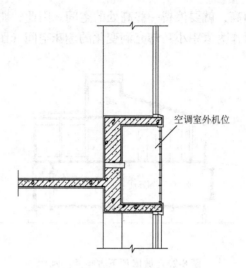

空调室外机位

图 8-28　凸窗下部做空调室外机位

小　　结

1. 建筑空间剖面形状的确定需要考虑空间的使用要求、结构形式、材料、施工等方面的因素，以及采光通风的卫生要求。

2. 建筑层数与高度的确定应在城市规划的宏观控制下，符合建筑使用性质的要求，结合结构形式的特点，满足建筑防火规范，并考虑建筑经济效益。建筑剖面高度由一个标高系统来表示。建筑内部层高与净高的确定受到人体活动及家具设备的使用要求影响，要使室内具有良好通风采光条件，还应使内部空间具有恰当的三维比例。

3. 建筑剖面的组合形式分单层空间和多层、高层空间组合，单层空间比较简单，在水平面上直接组合或将高度相差较大的空间独立出来进行连接；多层、高层空间组合有直接叠加组合、错层组合以及跃层组合等多种方式。

4. 建筑空间除了在平面上要节约面积、紧凑布局以外，在剖面上也要尽可能利用空间，如楼梯下方、房间上部、坡顶下方、走道上方、窗台下方等等空间都可以加以利用，以达到空间效率的最大化。

复习思考题

1. 确定建筑高度与层数有哪些方面的要求？

2. 建筑的层高和净高概念各是什么？二者之间是怎样的关系？

3. 建筑标高系统如何确定？室内外高差的设置有什么要求？

4. 确定建筑的层数有哪些主要影响因素？

5. 错层剖面的适用范围有哪些？错层高差有几种解决途径？

第9章 建筑空间组合设计

学习目标

　　本章包括空间形式的处理、空间的分隔与联系、空间的延伸和借景、空间的过渡、空间序列、空间的形态构思和创造等内容。掌握建筑空间组合的基本手法及其各自的适用范围，以达到在建筑设计中运用不同空间匹配不同需求的目的。

　　建筑空间的形式多种多样，通常情况下建筑空间由顶界面、底界面和侧界面所共同界定，但有时候空间界面并不完整连续，或有局部缺失，如四面透空的亭廊、悬挑雨篷覆盖的入口等。在一般情况下，人们常常将屋顶作为界定内部空间的重要因素，有顶则为内，无顶则为外。内部空间是建筑实现其使用功能的主要载体，是与人们有着密切联系的内容，不仅要满足人们的使用功能要求，还要从精神上心理上带给人们适当的空间感受，内部空间的质量直接关系着人们对于建筑的使用感受。

9.1 空间形式的处理

9.1.1 空间的体量与尺度

　　现代建筑提倡"形式追随功能"，一般情况下，建筑内部空间的大小主要是根据功能要求确定的（图9-1）。比如一套住宅，总的来说空间尺度比较小，比较亲切，其中各房间的大小又根据其具体使用要求各不相同，如卧室一般 $10 \sim 20m^2$ 就可以满足要求，太小会无法容纳基本卧室家具的摆放，太大则难以创造宁静温馨的亲切气氛，起居室面积可稍大，以满足日常起居及会客功能要求，而厨房和卫生间面积明显较小，住宅建筑层高也多在 3m 左右，过高太浪费，过低则会让人感到压抑；又如一间 50 人左右的教室，根据桌椅座位的布置要求，一般需要 $80m^2$ 左右的面积，层高则常在 3.9m 左右；再如博物馆中的陈列室，需要提供展品的陈列，同时还要给观众留出足够的观看距离，所以一般都是大空间，柱距要求都在 7m 以上，净高不超过 5m，这都是受到物质因素的影响。

　　有些建筑空间形式更多的受到精神因素的影响，最典型的是西方的哥特式教堂，如著名的巴黎圣母院（图9-2），内部空间非常高，细长的束柱向上发散为弧形的尖券，内部空间呈现出强烈的上升感。如果单从宗教活动方面考虑，十分之一的高度也够用了，但哥特式教堂内部异乎寻常的高度显然不是出于使用功能的要求，而是为了渲染教堂所要的神秘宗教气氛，完全是精神需求的结果。当然，在实际设计中物质因素与精神因素的影响常常是一致的，比如具有重要政治意义和纪念意义的人民大会堂观众厅（图9-3），从使用功能上需要能容纳万人集会，从空间气氛上需要庄严宏伟，两方面都需要一个巨大的空间，物质因素与精神因素要求完全一致。

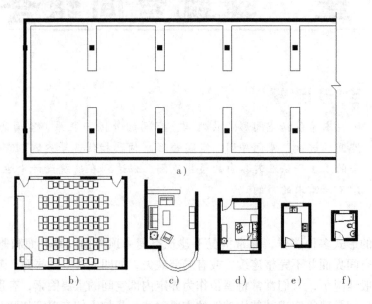

图 9-1　建筑内部空间的不同尺度
a）陈列室　b）普通教室　c）起居室　d）卧室　e）厨房　f）卫生间

图 9-2　巴黎圣母院内景

图 9-3　人民大会堂观众厅

9.1.2　空间的形状与比例

　　建筑空间从形状上看最有利于空间利用的无疑是长方体，矩形平面，竖直墙壁，利于室内家具的布置，最大限度的节约面积，竖直墙面符合结构规律，并给人以稳定感。空间平面面积与高度是正比例关系的，平面面积越大，要求的高度就越高，平面面积越小，要求的高度也越低，如火车站候车大厅，平面面积很大，一般内部空间高度也较高，住宅层高 3m 左右对于起居室和卧室来说是比较合适的，对于较小的卫生间，高度还可以适当降低，所以在内部装修时吊顶到 2.4m 也不会感觉压迫。

　　同样体积的长方体空间，长、宽、高处于不同比例，给人的空间感受也完全不同，如前文提到的哥特式教堂，内部空间窄而高，向上的感觉很强烈，引导着人们对天国的向往，而一个平面细长的空间，如走道空间，由于沿长边方向透视剧烈，纵深感明显，线性的动态感比较强，不易使人停留（图9-4）。大多数建筑空间平面采用比较方正的矩形，

图 9-4　走廊的线性空间

比如教室平面，长边太长会使得后排座位距离黑板太远，长边太短又导致前排两侧座位看到黑板反光严重。一般来讲，矩形平面长宽比例在2:3左右最为适宜，平面的长宽比例直接由平面的使用性质来决定，如住宅中的起居室和卧室，平面比例过于狭长会非常影响使用效率，而厨房则不同，狭长一些的平面也无妨，只要能够满足一排操作台面和两个人的通行宽度就可以了。

对于那些需要采用特殊结构形态的建筑来说，内部空间的形状常常与其结构形式紧密相关，利用特殊的结构形式获得特殊的空间效果，如意大利罗马小体育宫（图9-5、图9-6），球形穹顶，沿圆周分布36个"Y"形斜撑，外形刚劲有力，十分符合体育建筑的特点，内部空间也因优美独特的球顶天花而著称于世，空间与结构完美的结合在一起。

图9-5　罗马小体育宫外观

图9-6　罗马小体育宫内景

由于结构技术的不断发展，现代建筑的空间形式已经不需要完全局限于横平竖直的传统模式，而是更加追求个性特征，试图用建筑空间来表达人们的各种思想和情绪。许多不寻常规的建筑空间形态纷纷出现，建筑空间呈现出空前的多样性，如弗兰克·盖里

（Frank Gehry）设计的毕尔巴鄂古根海姆博物馆（图 9-7、图 9-8），三维曲面层叠起伏、闪闪发光的建筑形象，同样变化莫测、难以言表的内部空间，具有打破简单几何秩序性的强大冲击力。

图 9-7　毕尔巴鄂古根海姆博物馆外观

图 9-8　毕尔巴鄂古根海姆博物馆内景

9.1.3　空间界面的处理

通常情况下，建筑空间由顶界面、侧界面和底界面围合而成，界定空间的这些界面的形态、质感、色彩等都会对建筑空间产生重要的影响。

围合空间的侧界面多以垂直面的形式出现，对人的视觉影响至关重要，侧界面可以是封闭的墙体，可以是通透的玻璃窗，也可以是开敞的柱廊。一般情况下，建筑空间侧界面是以墙为主的围护结构，根据功能需要开设一些门窗洞口，门窗洞口在墙面上的形式与构成则要结合美学规律整体考虑。横向分割的墙面常有安定的感觉，竖向分割的墙面则可以使人产生兴奋的情绪（图9-9）。

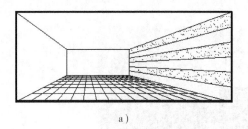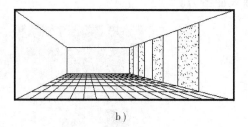

图9-9 墙面分割方式对心理感受的影响
a）横向分割的墙面有安定的感觉 b）竖向分割的墙面使人产生兴奋的情绪

　　顶界面对空间效果的影响十分明显，相同的空间平面如果将顶界面处理成不同的形态，则空间效果是完全不同的，顶界面的特定质感与色彩也常常是某种建筑风格的重要特征，如中国传统建筑空间的顶界面一般是层层叠加的梁和天花板共同构成，并施以彩画，装饰性很强，地域色彩十分浓重，如天坛祈年殿（图9-10），正圆形平面，藻井正中呈一圆井，梁枋大木和天花板均雕梁画栋、飞金走彩，十分雍容华贵。西方古典建筑多由石材砌筑而成，覆盖以各种形式的穹顶，如罗马万神庙的主厅（图9-11），同样的正圆形平面，半球形穹顶覆盖下的空间雄伟而粗犷，穹顶中间的圆形采光孔有着神秘的象征意义，成为当时罗马城，甚至是罗马帝国的象征。

图9-10 天坛祈年殿的天花　　　　　　图9-11 罗马万神庙的穹顶

　　现代建筑空间中底界面和顶界面常常都是水平面，分别是室内地面和天花板。地面与天花板相互平行，两者的密切联系是对建筑空间的有力限定。我们可以通过对底界面或顶界面的图案、材质、标高等的变化来达到软性的划分空间的目的，如住宅中起居室与餐厅常常合在一起，而餐桌上方的局部吊顶或是地面铺装略加变化就可以明确的暗示出餐厅的范围，与起居室分而不隔。有时甚至只需要在地上铺一块地毯，就能起到限定空间的作用，如赖特设计的流水别墅起居室内（图9-12），沙发和茶几下面用了一块地毯以示区分，地面的小小变化强化了沙发和茶几这个交流空间的专属性。底界面作为直接承载人们活动的水平面，由于透视的关系，对空间效果的心理影响要略小于其他界面，但底界面与人们直接接触，不同的地面质感适合于不同性质的空间使用，如居室中人们希望温暖舒适，可选择木材或织物材质的地面，公共场所需要光洁耐磨，则常用石材铺地。

图 9-12　流水别墅起居室

围合成空间的各个界面，必定具有色彩和质感的特征，并由于其特定的质感与色彩带给人们不同的精神感受（图 9-13、图 9-14）。一般的讲，暖色可以使人亲切、热烈、兴奋，冷色则使人感到安定、幽雅、宁静，根据这一心理特征，在病房、阅览室等场所适合选择冷色调，而影剧院的观众厅、体育馆的比赛厅、商业娱乐场所等适合选择暖色调。此外，明度高的色调使人感到明快、兴奋，明度低的色调使人感到压抑、沉闷；暖色使人感觉近，而冷色使人感觉远，因此两个完全相同的空间，空间界面使用暖色调者看起来比使用冷色调着要小。在界面的处理上利用好色彩对人的影响，就能达到更为理想的空间效果。

图 9-13　暖色空间

图 9-14　冷色空间

9.2 空间的分隔与联系

9.2.1 空间的内部分隔

在建筑空间中，出于功能或结构上的原因，有时需要将空间进行进一步划分，也就是在单一空间中存在多个相对独立的子空间，对建筑空间的内部分隔包括垂直分隔和水平分隔。

墙或柱对空间的分隔属于垂直分隔，比较常见的是使用列柱将空间进行内部划分（图9-15），一排列柱暗示着一个似隔非断的侧界面，利用视觉张力形成的透明"空间膜"能够将空间划分为两部分，这两部分从心理上很容易区别，而实际上不曾真正分开，如果出现两排平行的列柱，则空间被划分为三部分，如巴西利卡式大厅，两排列柱划分出中部的主要空间和两侧的辅助空间（图9-16）。不相等的柱距划分出主次有别的空间部分，而相等的柱距则划分出均质的空间，如面积较大的商场或工业厂房等。除了侧界面的暗示外，顶界面或底界面的标高变化也常常是空间内部划分的标志，如前述的巴西利卡式大厅，中部的主要空间除了由两排列柱限定，其顶棚高度也高于两侧辅助空间，顶界面的标高变化进一步确定了空间的内部分隔。

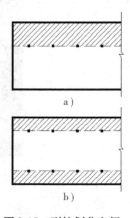

图9-15 列柱划分空间
a) 一排列柱将空间划分为两部分
b) 两排列柱将空间划分为三部分

楼板和梁对空间的分隔属于水平分隔，比较常见的是在室内设置夹层，设置夹层通常在比较高的空间中，一般是沿大厅一侧或周边布置夹层，原有空间高度在夹层处被划分成两部分，而支撑夹层的列柱作为暗示的侧界面参与了对空间的进一步分隔（图9-17）。夹层上下的空间必然比未设夹层处低矮得多，再加上可能出现的列柱的限定，建筑空间自然的被划分为主要部分和辅助部分。

图9-16 巴西利卡式大厅

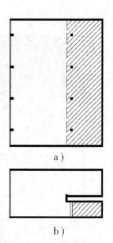

图9-17 夹层划分空间
a) 平面 b) 剖面

9.2.2 空间的组合与联系

在一幢建筑中，各种使用空间可能大小不等，形态各异，但最终是要聚集在一起，通过空间上的有序组合达到功能上的有机联系，共同构成建筑这个综合有机体。空间的组合与联系方式有以下几种基本类型：

1. 使用空间直接穿套组合

这是最直观的一种空间组合方式，各使用空间直接穿套相连（图 9-18）。这种空间组合方式可用于功能简单的小型建筑设计，以及使用空间具有明显连续性的一些展览类建筑，如博物馆、美术馆等，沿着主要人流路线，各使用空间依次顺序展开。这种连续性的空间组合在展览建筑中，表现为各展室之间首尾相连，环环相套的串联组合方式，观众穿越其中，完成既定的参观路线，如上海鲁迅纪念馆（图 9-19），各展室围绕内院依次展开，环绕一周，然后回到出发点，结束参观路线。采用这种布局方式的展览类建筑具有流线紧凑，方向单一，简洁明确，人流不重复、不逆行、不交叉等优点，但使用起来不够灵活，不利于有选择性的只使用其中某个展示空间。

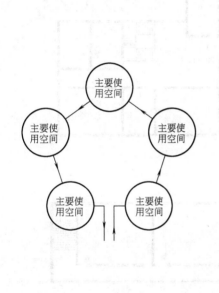
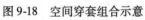

图 9-18　空间穿套组合示意

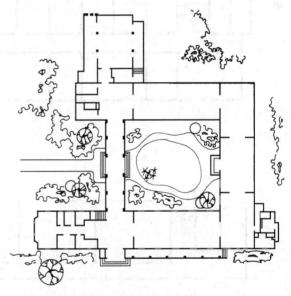

图 9-19　上海鲁迅纪念馆平面

2. 用线性交通空间组合各类使用空间

现代建筑设计中，有许多建筑的主要使用空间大小适中，具有明显的重复性，适合用线性的走道空间进行联系，如大量的办公、学校、医院、宿舍等建筑类型，就非常适用于这种空间组合方式（图 9-20），其中线性交通有内廊式走道和外廊式走道两种方式（图 9-21）。内廊式走道两侧皆布置使用房间，交通空间利用率较高，布局紧凑，但基本上有一半房间朝向不理想，因此，在采用内廊式布局时，尽量将楼梯间、卫生间等辅助房间布置于不利朝向一侧，另外，内廊走道采光常常不足，设计中需要设法加以弥补。我国南方地区为了争取良好的通风、采光，往往使用外廊式走道来联系空间，即走道空间一侧布置使用房间，与内廊式相比，外廊式布局可以使所有房间都争取到良好的朝向，更利于通风，但外廊式走道交通空间利用率较低，辅助面积大，而且建筑进深浅，用地不够经济。在建筑设计中可根据内、外廊布局优缺点将二者结合起来利用，取得建筑布局合理、朝向通风良好的效果。

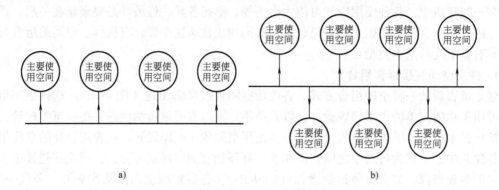

图 9-20　通过线性空间组合示意
a）线性空间单面使用　b）线性空间双面使用

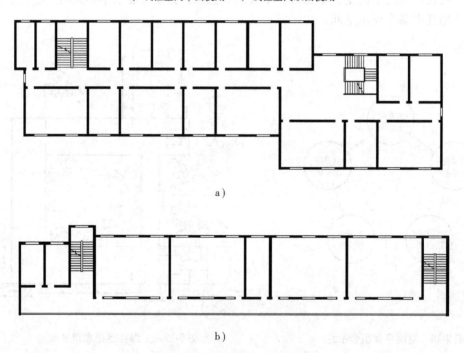

图 9-21　线性交通空间组合
a）内廊式空间组合　b）外廊式空间组合

3. 用点状交通枢纽空间组合各类使用空间

当线性交通空间演变为一个点状交通枢纽时，各使用空间都需要围绕这个交通枢纽而展开（图 9-22），从一个使用空间到另一个都需要通过这个交通枢纽，虽然交通枢纽本身可能并不被赋予特定的功能，但交通枢纽空间成为了流线的中心，常被置于核心位置。用交通枢纽来组织空间的方式适用于很多不同种类的建筑，如博物馆、美术馆等观展类建筑中就有很多采用这种方式来组织流线，此外学校的教学楼也有时用交通枢纽来组合空间，如图 9-23 所示的某中学教学楼教学单元设计，四个教室围绕着一个交通枢纽布置，简洁有效。交通枢纽空间可大可小，在建筑设计中常见以一个综合大厅甚至是一个中庭来兼做交通枢纽，不仅从平面上，更从剖面上控制整个建筑的空间组合。

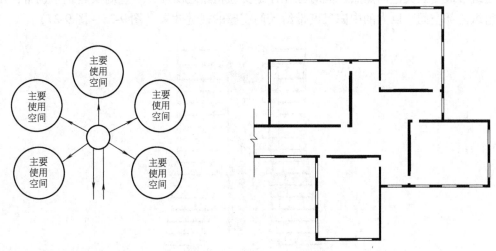

图 9-22　通过点状交通枢纽组合示意　　　　图 9-23　教学单元空间组合

4. 以大空间为中心穿插组合小空间

在现代城市中，有些建筑类型十分明确的以一个或数个巨大空间为核心，其体量尺度远远超过其他附属空间，如观演类建筑的体育馆、影剧院、音乐厅，以及火车站、航空港候机楼等，这类建筑的空间组合方式是以大型空间作为中心，其他服务性空间环绕在周围，共同构成建筑整体。这种空间组合方式的关键在于大空间的形式，如体育馆的比赛大厅（图 9-24），周围座席逐步升起，座席下面的倾斜空间刚好可以安排门厅、休息厅以及辅助用房等小空间。大空间和其他小空间之间关系紧密，从平面上和剖面上都紧紧相依，巧于因借，利用各空间不同的高度要求达到整体建筑的紧凑有序。

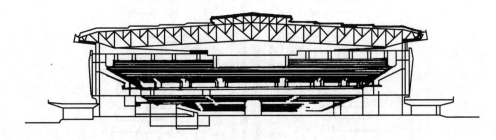

图 9-24　以大空间为中心的空间组合

5. 多层、高层建筑的空间组合

对于多层、高层建筑来说，垂直交通空间是组合其各层使用空间的关键所在，特别是高层建筑，各层平面基本相同或具有相当的关联相似性，围绕垂直交通核心筒而展开。建筑体型大部分可归为长条形的板式以及紧凑的塔式两种，前者进深小，容易争取较好的朝向和通风采光，而后者布局紧凑，结构有利，经济性也较好。

在多层、高层建筑中，常常使用中庭来组织空间，中庭作为组合多层空间的一种良好手段，越来越多的出现在各种类型的公共建筑中，包括学校、办公楼、旅馆、医院、博物馆等。中庭空间具有共享性和开放感，配合玻璃采光顶棚，使得室内空间与室外联系紧密。中庭是建筑中最受人关注的焦点，同时也往往是交通枢纽之所在，一些高层建筑中也常常用中庭来组织内部空间，巨大的中庭尺度带给人们震撼的视觉效果（图9-25～图9-27）。

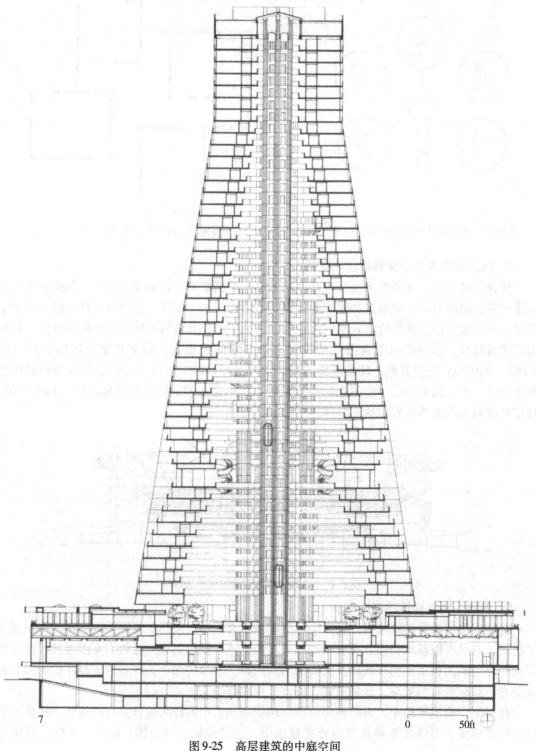

图9-25 高层建筑的中庭空间

图 9-26　中庭内景之一

图 9-27　中庭内景之二

9.3 空间的延伸和借景

9.3.1 空间的围与透

在建筑空间中，围与透是相辅相成，对立统一的。在建筑设计中，处理建筑空间的原则应该是围透结合，根据使用功能要求的不同，有的空间以围为主，有的则以透为主，例如博物馆的藏品仓库，由于藏品对储存条件要求比较高，需要避免阳光直射，保持稳定的温度和湿度，采用封闭性较强的空间显然比较合适，因此藏品仓库空间是以围为主；而一些园林建筑则宜处理得开敞通透，充分满足景观上的看与被看的要求，面向好的朝向与景观常常采用以透为主的设计，而面向不利的朝向与不良的景观则可以尽量围起来。

围合建筑空间的界面中，侧界面的变化比较多，对空间感受的影响比较大。侧界面如果使用实墙面，就成为内部空间的明确界限，不论实墙面采用何种材料，都具有遮挡视线的作用，会给人以阻塞感。如果侧界面部分透空，内部空间的界限在一定程度上被淡化，透空之处会不自觉地吸引人的视线向更远的地方看出去。一般建筑空间侧界面可能出现四种围透关系，向良好朝向或良好景观的一面透，其他三面封闭；前后两面透、左右两端封闭；背靠一面实墙，其他三面透；四面皆透，完全开敞等（图9-28）。

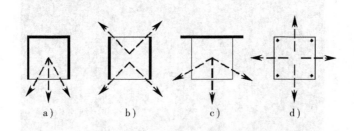

图9-28　建筑空间侧界面的围透关系
a）一面透三面围　b）前后两面透　c）三面透一面围　d）四面皆透

空间的"透"，方式、程度均可不同，在一般的建筑中，透往往是在围的基础上透，有时候直接于实墙面上开设门窗洞口让视线、光线、空气自由流通，实墙面上所开门窗洞口的面积较大时，空间感觉清晰明亮，实墙面上所开门窗洞口面积较小时，空间感受更倾向于封闭，如朗香教堂的内部空间（图9-29），不规则的狭小窗洞中射入的光线使空间充满了迷幻神秘的色彩。而在安藤忠雄设计的光之教堂中（图9-30），形式特殊的十字形狭小洞口开在一片实墙上使空间充满了神圣静寂的气氛。

园林建筑中常采用复杂的洞口形式，如花窗、漏窗等，窗洞中装饰有各种镂空花纹。墙上开设漏窗，既增加了墙面的明快和灵巧效果，又通风采光，山水亭台、花草树木，透过漏窗隐约可见，倘移步看景，则画面更是变化多端。如小巧精致的苏州留园，以建筑和墙壁划分空间，在许多院落的墙壁上又有各式花窗漏窗（图9-31、图9-32），拓展空间，扩大视野，使内外空间若即若离，视线若隐若现。

图 9-29　朗香教堂内部神秘的光线

图 9-30　光之教堂内部静寂的光线

图 9-31　留园花窗之一

图 9-32　留园花窗之二

有些建筑根据功能需要采用百叶等半遮挡方式，有的还可以随意调节百叶方向以改变透的程度，既可以达到遮阳的效果，又为建筑空间的围透提供了一种新的可变方式，如芬兰麦当劳总部办公大楼（图 9-33、图 9-34），向阳一面的木百叶带给内部空间无穷变幻的光影效果。

现代建筑常常使用大面积的玻璃作为空间界面，玻璃的透光性使空间界面介于围透之间，从视觉和心理上透，从流线组织和物理性能上又可以不透。室内用玻璃进行分隔可以使内部空间隔而不断，视线不受阻挡，空间各部分相互渗透，联系紧密。使用大面积玻璃隔断作为外围护，则可以把室外的景物引入室内，使室内空间的视野极度开放，既是室外空间向室内的渗透，同时也是室内空间向室外的延伸，空间的层次感得到大大增强，如密斯设计的范斯沃斯住宅（图 9-35 ~ 图 9-37），坐落在风景如画的树林中，四面均为纯净透明的落地玻璃，室外的怡人景致与室内的简洁空间相得益彰，融为一体。

图 9-33　芬兰麦当劳总部办公大楼的遮阳百叶　　图 9-34　芬兰麦当劳总部办公大楼内部变幻的光影

图 9-35　范斯沃斯住宅外观

图 9-36　范斯沃斯住宅的落地玻璃之一　　　　　图 9-37　范斯沃斯住宅的落地玻璃之二

　　一些以景观要求为主的园林建筑，也常常采用以透为主，三面甚至四面透空的形式，建筑空间完全融入外部环境中，如拙政园中的荷风四面亭（图 9-38），坐落在湖中小岛上，飞檐出挑，单檐六角，四面被水围绕，湖内种有荷花，内外空间完全融合，亭也因此得名。

图 9-38　荷风四面亭

9.3.2　空间的渗透与层次

　　两个相邻空间之间如果不是以实墙面彻底分隔，而是有意识地使之一定程度的连通，这两个空间就产生互相渗透，一个空间向另一个空间延伸了，此空间中的景象可以在彼空间中被看到，这就形成了借景。

　　空间的延伸与借景是中国古典园林中最常见的设计手法之一。特别是江南私家园林，一般用地规模有限，要做到小中见大，常常利用花门漏窗使视线可以穿越几个空间层次，延伸到较远的地方，用丰富的层次来弥补空间的狭小。在空间相互渗透，视线得以穿越之处，常常设立目标物，或山石树木或亭台水榭，有意识地让人们透过若干空间层次看到他处的特定景物，这就是造园时的借景处理。借景有借自家园林中其他空间的景物，也有借园外更远处的景物，如苏州拙政园借北寺塔为景（图 9-39），极大地加深了园内的视觉层次。

　　中国传统建筑有时直接用大面积的镂空隔扇和花窗来分隔空间，建筑内外空间从无数的空隙间相互渗透，甚至整个建筑空间四面皆剔透（图 9-40）。室内也常见空间渗透与延伸的设计手法，中国传统建筑主要依靠内部陈设分隔出不同功能空间，常用如屏风、落地罩、博古架等，都是在分隔的基础上使各部分空间保持相对的连通关系，内部空间充分的相互渗透与延伸。

　　在建筑设计实践中，可以借鉴古典园林与传统建筑内部处理的手法，利用空间的渗透与延伸来丰富空间层次，利用借景手法来加强空间感受，在有限的空间尺度下获得更多变的空间效果。

图 9-39　拙政园借景北寺塔

　　现代建筑大师密斯创造的流动空间是对空间围透关系的另一种注解，在这里空间的界定变得模糊和不确定，如 1929 年的巴塞罗那德国馆（图 9-41 ~ 图 9-43），建筑建造于一个平台之上，整齐的金属柱子撑起一片薄薄的屋顶；大理石和玻璃构成的墙板纵横交错，布置灵活，形成既分割又连通，既简单又复杂的空间序列；室内和室外也互相穿插贯通，没有截然的分界，形成奇妙的流通空间，展馆空间的围透关系十分奇妙，对 20 世纪建筑艺术风格产生了广泛影响。

图 9-40　四面剔透的建筑

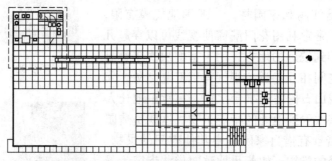

图 9-41　巴塞罗那德国馆平面

图 9-42　巴塞罗那德国馆外观

图 9-43　巴塞罗那德国馆内景

9.4　空间的过渡

9.4.1　建筑内外空间的衔接

　　两个空间之间的连接最简单的方式就是通过门窗洞口直接连通。建筑内部空间与室外空间就是通过主入口的门洞相互联系的，但是建筑主入口处一般都会处理一些过渡空间，以避免使用上的不便和心理上的突然，使内外空间衔接与过渡自然，最常用的是设置门廊（图9-44）。门廊的作用是多方面的，既可以点缀立面，强调主入口，也是重要的防雨设施。门廊一般有顶无墙，以柱支撑，限定空间的界面较少，围合感远远不及建筑内部空间那么明确肯定，门廊空间是建筑室内外空间的良好过渡，将人们自然地由室外引入建筑中。有时候门廊简化为悬挑的雨篷（图9-45、图9-46），没有柱子落地支撑，这时如果悬挑的雨篷高度与深度适宜，则与门廊效果差不多，但如果雨篷挑得太高或太浅，则其界定的空间就会显得太模糊、太单薄，而起不到空间过渡的作用了。

图9-44　某独立式住宅的门廊

图9-45　建筑雨篷之一

建筑底层部分架空也可以取得同样的空间过渡
效果，如广州的传统骑楼空间（图9-47），既是沿街
店铺内部空间的延伸，也是街道空间的一部分，特
别适合南方炎热多雨的气候，非常自然地将建筑内
外空间衔接起来，起到了良好的过渡作用，在现代
商业步行街设计中仍然非常实用（图9-48）。又如华
盛顿国家美术馆东馆的入口（图9-49、图9-50），底
层向内深深的凹入，形成自然的室内外过渡空间，
既在立面上强调了主入口，又提供给人们出入美术
馆时理想的停留守候空间。

图 9-46　建筑雨篷之二

图 9-47　骑楼

图 9-48　骑楼式的商业步行街

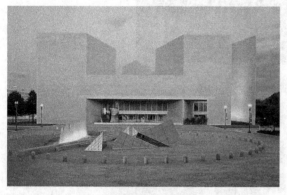

图 9-49　华盛顿国家美术馆东馆外观

图 9-50　华盛顿国家美术馆东馆入口过渡空间

9.4.2　建筑内部空间的过渡

建筑内部空间也需要合理的过渡，如果两个重要的建筑空间没有明显的主次之分、大小
之差、功能之别，直接的连通常常会使人感到突兀，空间印象会变得淡薄，这时就需要在两
个空间之间特别设置一个过渡空间。主体空间给人的感受可能是严肃的、沉静的、兴奋的或
程式化的，而过渡空间给人的感受应该是相对缓和的，比较随意的，调适人们的心理，使下

一个主体空间的出现给人留下鲜明的空间印象。过渡空间在建筑中常常作为辅助性空间，一般面积不大，特别是对比主体建筑空间而言，过渡空间通常比较矮小，很好地衬托了主体空间的高大与宽敞。在设计中过渡空间的使用不可生硬，而应结合其他的辅助性功能一同设置，如楼梯、厕所、休息处等，在保证主体空间完整性的基础上尽量节约面积，使过渡空间得到充分的利用。如贝聿铭设计的伊弗森美术馆（图 9-51 ～图 9-52），四个封闭的展室呈风车状排列，展室之间的连接是狭小的透明天桥，各个巨大封闭的主体空间如果直接相连接，则空间印象就会变得模糊，贝聿铭在其中特别穿插使用了亲切通透的过渡空间，很好地衬托了主要展室的空间感受，同时调适人们的情绪，随着观览路线的延伸，人们将再度进入巨大封闭的下一个展室空间。

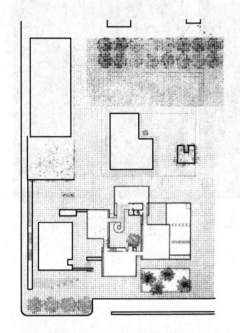

图 9-51　伊弗森美术馆总平面

图 9-52　伊弗森美术馆外观

9.4.3　空间的引导与暗示

在很多建筑中，重要的主体空间并不在触目所及的范围内而轻易被人们发现的，或者是设计时有意识地将主体空间置于比较隐蔽的地方，避免开门见山，一览无余，这就需要采取措施对人流进行引导或暗示，让人们可以沿着既定路线达到预期目的地。空间的引导处理需要流畅、巧妙，使人们自然而然地从一个空间进入下一个空间。

曲线型的侧界面使空间显得柔和，没有平直方正的棱角，也就模糊了方向性，是引导人流的一个有效手段。空间侧界面的曲线充满动感，给人感觉阻力更小，曲线的尽头无法一眼洞穿，人们会产生一种期待感，从而不自觉地顺着弯曲的方向前行探索。利用这种原理进行空间的引导，可以比较容易达到预期的效果（图 9-53、图 9-54）。

在空间侧界面无法作为曲面进行引导时，在顶界面和底界面上做出一些变化也可以起到类似的作用，如在天花板或地面处理出具有明确方向性的图案，使人们循着图案的变化而确定行进方向，从而达到引导人流的目的。

楼梯在建筑中用来组织垂直交通，同时也是空间引导的重要工具。向上下延伸的梯段暗示着视线所不能及的上下层空间的存在，对人们的心理有着很强的诱惑力，引导人们通过楼梯去亲身体验另一层空间，尤其是螺旋楼梯，如卢浮宫玻璃金字塔下入口大厅的巨大螺旋楼梯（图9-55），平滑的三维曲线连接不同标高的平面，在空间中占据着主导地位，吸引着人们的注意，对人流有着强烈的引导作用。

图9-53　弯曲的侧界面之一　　　　图9-54　弯曲的侧界面之二　　　　图9-55　卢浮宫入口

9.5　空间的序列

9.5.1　空间的重复与再现

建筑总是由一系列空间组合在一起的，多个空间共同构成建筑空间序列，同一种空间形式不断反复出现，或与其他形式的空间互相交替，穿插组合成为整体，人们在行进过程中可以直接或间接感受到由于某种空间形式重复出现而产生的节奏感。

相同空间的直接重复往往给人深刻的空间印象，如科隆大教堂中央部分由尖券覆盖的长方形平面不断重复，有着优美的韵律感（图9-56）。现代建筑设计中也常常有意识地选择同一种空间形式作为基本单元进行排列组合，大量重复之下获得的是完整连续而有节奏的整体效果，如路易斯·康设计的金贝尔美术馆（图9-57～图9-59），16个摆线拱形单元组成一个C形平面，虽然其中有些地方留空做内院，整个建筑空间的单元重复性仍然十分明显。作为重复单元的空间有可能并不是直接联系，而是分散于建筑各处，通过其他空间的过渡，在流线中间歇性地出现，人们并不能一眼就看出它的重复性，而是通过回忆与联想，感受到空间的节奏与韵律。从建筑构图法则上看，直接重复是简单的重复，间接重复是复杂的重复，前者直接明了，后者委婉深刻，在设计实践中应根据具体需要选择使用。

图 9-56　科隆大教堂内景

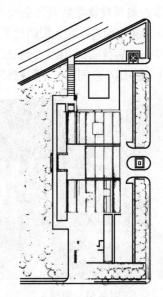

图 9-57　金贝尔美术馆总平面

图 9-58　金贝尔美术馆外观

图 9-59　金贝尔美术馆内景

9.5.2　空间的对比与变化

两个邻近的空间，如果在某一方面呈现出明显的差异，则可以互相反衬，强化人们对这两个空间不同特点的感受（图 9-60）。

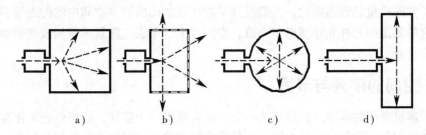

图 9-60　空间的对比

a) 空间大小的对比　b) 空间通透性的对比　c) 空间形态的对比　d) 空间方向的对比

1. 空间尺度的对比

如果相邻两个空间的尺度相差甚远，从小空间突然进入大空间，会给人一种豁然开朗的感觉。中国古典园林就常常利用空间尺度的对比做到小中见大，如苏州留园（图9-61、图9-62），入口处非常狭小窄迫，当人们通过低矮狭长的入口空间进入园中部时，顿感开朗，这种处理手法被称作"先抑后扬"，利用这个规律，我们在设计中常常特意安排一个小空间来衬托大空间的开阔，当人们穿越小空间时，视野被极度压缩，一旦进入主体大空间，就会感到特别的振奋。

图 9-61　留园入口

图 9-62　留园内部

2. 空间形态的对比

相邻两个空间如果具有不同的空间形态，如一个充满动感的倾斜不规则空间出现在一个平和稳重的长方体空间之后，人们会充分地、明确地感受到不规则空间的丰富变化，从而加深对整个空间序列变化的印象。空间形态的变化多种多样，同样都是长方体空间，长、宽、高之间不同比例所致的不同方向性空间，如果纵横交错安排在一起，骤然改变的方向也会给人深刻的空间印象。

3. 空间质量的对比

如果相邻两个空间的围合程度有明显的差别，从很封闭的空间进入很开敞的空间，人的心理从比较封闭的状态突然过渡到与外界的亲密接触，强烈的对比会让人感到封闭的空间更封闭，开敞的空间更开敞。如果相邻两个空间的光线条件差别较大，一个幽暗，一个明亮，人们在相继经历这两个空间时也会感到非常强烈的对比，较暗的空间必然围合程度较高，与外界接触较少，给人封闭之感，较亮的空间由于门窗洞口面积较大，与外界接触较多，给人开敞之感。

在前文提到的贝聿铭设计的伊弗森美术馆中，四个完全封闭的展室与连接它们的透明天桥就形成了空间质量的强烈对比，人们经过了在比较封闭的展室空间中的游走徘徊，马上置身极为通透的廊道中与外界环境密切交流，空间尺度、形态、质量的骤然改变带给人们极为强烈的心理感受。

9.5.3　空间的序列与节奏

人对于建筑空间的体验，必然是从一个空间走到另一个空间，循序渐进的体验，从而形成一个完整的印象。建筑空间的组织，就是将空间的排列和时间的推移结合起来，当人们沿着既定路线体验建筑后，能够留下一个和谐一致，又充满变化的整体印象。运用前文所述的多种空间组合方式，按照一定的规律将建筑各空间串成一个整体，这就是空间的序列。

空间序列的安排与音乐旋律的组织一样，应该有鲜明的节奏感，流畅悠扬，有始有终。根据主要人流路线逐一展开的空间序列应该有起有伏，有抑有扬，有缓有急，空间序列的起始处一般是缓和而舒畅的,要妥善处理室内外关系,将人流引导进入建筑内部;序列中最重要的是高潮部分,常常为大体量空间,为突出重点,可以运用空间的对比手法,用较小较低的空间来衬托,使之成为控制全局的核心,引起人们情绪上的共鸣;除了高潮以外,在空间序列的结尾处还应该有良好的收尾,一个完整的空间序列既要放得开,又要收得住,恰当的收尾可以更好地衬托高潮,使整个序列紧凑而完整。控制好起始、高潮和收尾之外,空间序列中的各个部分之间也应该有良好的衔接关系,运用过渡、引导、暗示等手段保持空间序列的连续性。

　　北京故宫建筑群中轴线上的空间序列处理得极为精妙。如图 9-63、图 9-64 所示的午门前广场给人感觉严肃压抑,穿过午门看到太和门,从太和门的明间中望去,太和殿形象饱满,端庄威严,穿过太和门到太和殿前广场,豁然开朗,这是整个紫禁城中最大的一个广场空间,对比刚才在午门前广场上的压抑,到此更觉开阔,极好地衬托了太和殿至高无上的形象,空间序列至此达到高潮。

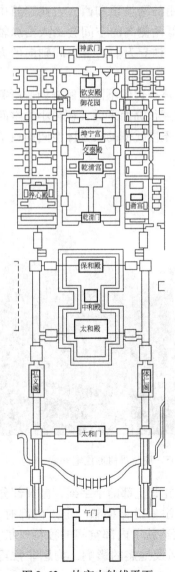

图 9-63　故宫中轴线平面

图 9-64　故宫中轴线鸟瞰

9.6 空间的形态构思和创造

空间之所以给人不同的感觉，是因为人特有的联想赋予空间不同的性格。通常，平面规则的空间比较单纯、朴实、简洁，曲面的空间感觉丰富、柔和、抒情，垂直空间给人崇高、庄严、肃穆、向上的感觉，水平空间给人开阔、舒展、宽广的感觉，倾斜的空间则给人不安、动荡的感觉。总之，不同的空间形式带来不同的空间气氛，我们应根据需要选择适当的空间形态进行建筑创作。

然而，在有特殊需要的时候，我们需要借助一些其他类型的空间形态来带给人不同的感受，如罗马万神庙那样的穹隆结构，半球形顶界面，中间高四周低，给人向心、内聚和收敛的感受，反之，如果空间顶界面四周高中间低，如拉索结构，则给人离散、扩散和向外延伸的感受。中间高两侧低的空间，如中国传统建筑中常用的两坡顶和西方古典建筑中多见的筒形拱，都给人沿纵轴方向内聚的感受，反之，中间低两侧高的空间会给人沿纵轴方向扩散的感受。弯曲、弧形或环状的空间产生一种导向感，诱导人们沿着空间轴向的方向前进。

在现代建筑中最常用的长方体空间形式中，主要通过长方体三边的不同比例来创造所需的空间感受，如平面面积大而高度较小的空间平展、压抑，高度很高而平面面积较小的空间显得神秘、向上，某一水平方向特别长的空间导向性明确等。不同比例的长方体空间构成了人们最常使用的大部分民用建筑空间。

将长方体空间倾斜搁置，那么内部空间将是完全不同的效果。位于荷兰鹿特丹，建于1984年的树状住宅（Pole Dwellings）就是这样一个简单而又复杂的设计（图9-65～图9-67）。建筑师波洛构想建造以柱子为构造主体的三维体住宅，树状住宅的地面部分完全向公众开敞，倾斜的立方体住宅单元呈树形排列，高架于混凝土支柱上。楼梯间就设在支柱内，支柱上端之间以玻璃连廊相连，形成空中通道，窄长的楼梯、倾斜的墙面、变幻的光影，建筑内部空间丰富多变。

由于人们对不同空间有着不同的感受，我们可以通过对不同空间的设计和组织来满足不同的物质要求和精神要求。比如贝聿铭设计的台湾东海大学路易斯教堂（图9-68～图9-70），由四片抛物线曲面组合而成，整个建筑很像一本倒置的

图 9-65　鹿特丹树形住宅外观

书，贴满菱形琉璃瓦的四片曲面既是墙亦是屋顶，组合起来烘托其上部的十字架，屋脊部分分开，形成"一线天"的天窗，两侧边窗逸人的光线，更增添一份神秘感。走入内部时，视线自然沿曲线而上至天界，有空灵之感，陡峭的曲线形屋面造就了内部空间的独特气氛，很好地满足了建筑作为教堂的精神要求，更可以有效减少大风及地震的影响，构思非常巧妙。

图 9-66　鹿特丹树形住宅内景之一

图 9-67　鹿特丹树形住宅内景之二

图 9-68　东海大学路易斯教堂内景

图 9-69　东海大学路易斯教堂外观之一

图 9-70 东海大学路易斯教堂外观之二

在进行建筑设计时不仅要从平面上着手解决问题，更要考虑建筑空间的实际需求，有些时候出现平面难以解决的矛盾，从剖面出发进行构思设计反而可以将其化解。如荷兰建筑小组 MVRDV 设计的位于荷兰乌德勒支（Utrecht）的双宅（图 9-71 ~ 图 9-73），基地面积有限，为了最大限度的保留花园面积，解决两户住宅业主的特殊要求，建筑师设计了一幢 7m 进深、4 层高的建筑体量，两户住宅的剖面被处理成相互咬合的关系，建筑在通常意义上的"层"的概念被化解。密斯的德国馆与该建筑相比较，前者是建筑空间在平面上的流动与变化，而后者则是通过剖面的设计来实现空间的多样组合。MVRDV 的双宅以自由剖面为特征，通过剖面的设计，使两户住宅都获得了丰富的室内空间、面对城市公园的开阔视野、满意的建筑朝向以及与屋顶花园的良好关系。

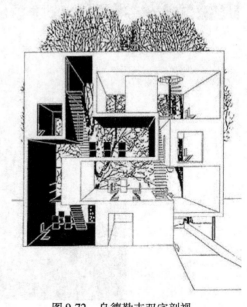

图 9-71 乌德勒支双宅外观   图 9-72 乌德勒支双宅剖视

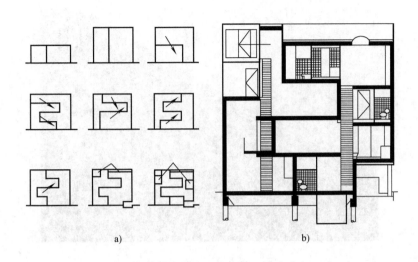

图 9-73　乌德勒支双宅剖面分析

a）剖面生成　b）剖面图

　　建筑空间既是满足人们使用需求的载体，也可以表达人们特定的情感与思绪，如德国建筑师里伯斯金设计的柏林犹太人博物馆（图 9-74 ~ 图 9-77），整个建筑形体是一个被压扁的狭长的长方体，蜿蜒生长，反复连续地出现锐角转折，馆内所有通道、墙壁、窗户均充满了倾斜，极度表达着痛苦、不安、扭曲和反抗的情绪，馆内曲折的通道、沉重的色调无不给人以精神上的震撼和心灵上的撞击。设计者以此隐喻出犹太人在德国所遭受的巨大苦难，以及犹太人的无奈抗争，冰冷尖锐的建筑本身成为纪念那段不同寻常历史的良好载体。

图 9-74　柏林犹太人纪念馆鸟瞰

图 9-75　柏林犹太人纪念馆外观

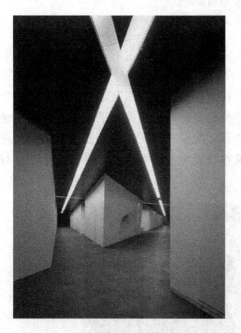

图 9-76　柏林犹太人纪念馆内景之一

图 9-77　柏林犹太人纪念馆内景之二

小　结

1. 远古时代的人们为了遮风避雨选择位置有利的山林洞穴，利用大自然的作品来达到保护自身的目的。今天的人们在高度发达的城市社会生活中创造着纷繁复杂的建筑类型，建筑的外形千变万化。然而，自始至终，建筑的主角从未改变，那就是空间。既然说建筑是空间的艺术，那么建筑设计的目的，归根到底也就是为人们创造既符合物质需要、又满足精神诉求的建筑空间。

2. 空间的形式处理。从分析单一空间的形式、比例、尺度、界面等入手，了解不同性质空间的不同适用性以及对人们的不同心理影响，在此基础上运用对比、过渡、重复、渗透、引导等一系列空间处理手法，把建筑中各个单一空间组织起来，成为一个有秩序、有变化的空间集群。

3. 空间的组合与联系方式有以下几种基本类型：

1）空间直接穿套组合。

2）用线性交通空间组合各类使用空间。

3）用点状交通枢纽空间组合各类使用空间。

4）以大空间为中心穿插组合小空间。

5）多层、高层的建筑空间组合。

4. 空间的过渡包括建筑内外空间的衔接、建筑内部空间的过渡、空间的引导与暗示。

5. 空间序列的安排包括空间的重复与再现、空间的对比与变化、空间的序列与节奏。

复习思考题

1. 建筑空间质量一般从哪些方面进行分析？

2. 中国和西方传统宗教建筑的内部空间特征有哪些异同？

3. 中国古典园林中有哪些空间组织手法值得我们在建筑设计中借鉴？

4. 多空间的组合方式有哪些基本类型？

5. 试分析一个著名建筑作品的空间序列。

第 10 章 建筑外部体型及立面设计

学习目标

本章包括建筑外部体型的基本认识、体量组合与体型处理、立面设计等内容。重点在理解建筑外部形体和建筑内在特质之间的关系，并能在塑造建筑外部形体、设计建筑立面时更合理地运用艺术处理手法。

10.1 建筑外部体型的基本认识

10.1.1 建筑外部体型是建筑内部空间的反映

建筑设计应该做到表里一致，力求建筑物的外部体型能在正确反映内部空间的前提下给人美感。一般认为，古典建筑过分地强调了外部形式，以致限制了内部空间自由灵活组合的可能性，古典建筑的内部空间主要不是由功能决定的，而是由外形决定的，这种形式的空间不仅满足不了发展变化了的功能要求，而且本身也是呆板机械、千篇一律和毫无生气的。针对当时状况，发起现代建筑运动的大师们提出了不同的观点，密斯·凡·德·罗在《关于建筑形式的一封信》中曾反复强调："把形式当作目的不可避免地只会产生形式主义"；"形式主义只努力于搞建筑的外部，可是只有当内部充满生活，外部才会有生命"；"不注意形式不见得比过分注重形式更糟，前者不过是空白而已，后者却是虚有其表……"。从这一系列言论中可以清楚地看出密斯的观点："内容决定形式、空间决定体形"，这种指导思想就是一种由内到外的设计思想。

当时，与之相对立的学院派，重形式、轻内容，常常把古典建筑形式当作目标来追求，这实际上就是一种从外到内的设计思想。在这种思想的支配下，就会无视功能的特点，把功能性质千差万别和使用要求各不相同的建筑，统统塞进先入为主的古典建筑形式里，其结果必然会抹煞建筑物的个性，使得形式本身千篇一律、毫无生气。这种思想也严重阻碍了建筑新形式的发展。由此可见，密斯·凡·德·罗所代表的观点无疑是进步的。

当然，"不注意形式不见得比过分注重形式更糟"并不是指可以根本不需要考虑形式，或者说只要功能合理其形式必然是美的。事实上，在设计过程中只考虑功能而不顾及形式的做法也是很难想象的，还是以密斯·凡·德·罗的实践为例，他所设计的许多建筑，形式多呈方形的玻璃盒子，这显然是有形式上、视觉上的考虑的。

总之，外部体形是内部空间的反映，而内部空间，包括它的形式和组合情况，又必须符合于功能的规定性，所以，建筑体形不仅是内部空间的反映，也是建筑功能特点的反映。正是千差万别的功能才赋予建筑体形以千变万化的形式，复古主义、折衷主义把千差万别的功能统统塞进模式化的古典建筑形式中去，结果是抹煞了建筑的个性，使得建筑形式千篇一律。近现代建筑强调了功能对于形式的决定作用，反而使得建筑的个性更加鲜明。从这样的事实中可以看出：只有把握住各个建筑的功能特点，并合理地赋予形式，那么这种形式才能充分地表现建筑物的个性，而每个建筑都有自己鲜明强烈的个性（图 10-1）。

10.1.2　建筑外部形体是建筑个性的反映

建筑的外部形体就是其性格特征的表现，它植根于功能，但又涉及到设计者的艺术意图。前者是属于客观方面的因素，是建筑物本身所固有的，后者则属于主观因素，是由设计者所赋予的。

一幢建筑物的性格特征在很大程度上是功能的自然流露，因此，只要实事求是地按照功能要求来赋予它以形式，这种形式本身就或多或少地能够表现出功能的特点，从而使这一种类型的建筑区别于另一种类型的建筑。此外，设计者还需要在这个基础上以各种方法来强调建筑个性，有意识地使其更鲜明、更强烈，当然，这种强调必须是含蓄的、艺术的，而不能用贴标签的方法。

各种类型的公共建筑，通过体量组合处理往往最能表现建筑物的性格特征，这是因为：不同类型的公共建筑，由于功能要求不同，各自都有其独特的空间组合形式，反映在外部，必然也各有其不同的体量组合特点。例如办公楼、医院、学校等建筑，由于功能特点，通常适合采用走道式的空间组合形式，反映在外部体形上必然呈带状的长方体；再如剧院建筑，它的巨大的观众厅和高耸的舞台在很大程度上就足以使它和别的建筑相区别（图 10-2）；至于体育馆建筑，其体量巨大，几乎没有别的建筑可以与之相匹敌，根据功能的不同，体育建筑可分为综合体育馆、游泳馆、综合（足球）体育场、棒球场等，各自有各自的体形特征（图 10-3）。紧紧抓住这些由功能而赋予的体量组合上的特征，便可表现出各类公共建筑的个性。

功能特点还可以通过其他方面得到反映，例如墙面和开窗形式的处理就和功能有密切的联系，采光要求越高的建筑，其开窗的面积就越大，立面处理就越通透；反之，其开窗的面积就越小，立面处理就越敦实。例如图书馆建筑，它的阅览室部分和书库部分由于分别适应不同的采光要求而其开窗处理各具特点，充分利用这种特点，将有助于图书馆建筑的性格表现。此外，某些建筑还因其特有的尺度感而加强其性格特征。例如幼儿园建筑，为适应儿童的要求，一般要素通常均小于其他类型的建筑，这也是构成它性格特征的一个重要因素。

在表现建筑性格的时候，还应当充分估计到人的记忆、联想和分析能力，在某些情况下，人们常常可以通过对于某一特殊形象或标志的记忆、联想和分析，从而按照传统的经验来准确无误地判断出建筑物的功能性质。例如像红"十"字，它几乎成为众所周知的医疗卫生的标志，在医院建筑的立面处理上，如果在适当的部位放上一个红"十"字，将可以

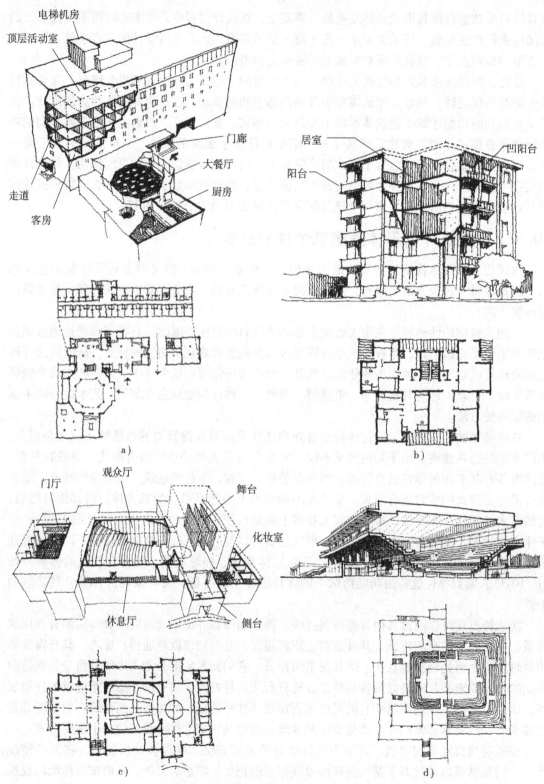

图 10-1　建筑外部形体是内部功能的反映

a）酒店建筑　b）居住建筑　c）影剧院建筑　d）体育建筑

a)　　　　　　　　　　　　　　　　　　b)

c)　　　　　　　　　　　　　　　　　　d)

图 10-2　剧院建筑

a）某大剧院方案　b）某歌剧院方案　c）评剧剧院方案　d）带剧院功能的某大学生活动中心方案

a)　　　　　　　　　　　　　　　　　　b)

c)　　　　　　　　　　　　　　　　　　d)

图 10-3　体育建筑

a）综合体育馆　b）游泳馆　c）棒球场　d）综合体育场（足球场）

十分明确地表明：这是一幢医院建筑。再如钟塔，它几乎成为火车站建筑的一种特有的标志，直到今天，虽然采用钟塔形式的火车站建筑已经为数不多，但人们仍然不放弃用巨大的时钟来加强火车站建筑的性格特征。和上述情况相类似的还有航空站建筑，尽管这类建筑的体形和立面处理已经有不少特征，但足以把它和别的建筑明确区别开来的最有力的手段是设置航空调度塔。而广播电视建筑往往以高耸的天线和高挂的雷达作为自己的标示，甚至建筑形体也与之呼应，出现"高塔"、"弧形"等造型元素（图10-4）。

a)

b)

c)

d)

图 10-4 建筑形体与建筑个性
a) 医疗建筑 b) 车站建筑 c) 航空港建筑 d) 广播电视建筑

纪念性建筑的房间组成与功能要求比较简单，但却必须具有强烈的艺术感染力，这类建筑的性格特征主要不是依靠对于功能特点的反映，而是由设计者根据一定的艺术意图赋予的。这类建筑要求能够唤起人们庄严、雄伟、肃穆和崇高等感受，为此，它的平面和体形也形成一种独特的性格特征。

居住建筑的体形组合及立面处理也具有极其鲜明的性格特征，居住建筑是直接服务于人们生活、休息的一种建筑类型，为了给人以平易近人的感觉，应当具有小巧的尺度和亲切、宁静、朴素、淡雅的气氛。

工业厂房作为生产性建筑也有自己独特的性格特征，生产空间虽然要考虑到人，但更多的是考虑物，人和物的尺度概念是不同的。一般的工业建筑，特别是重型工业厂房，无论从空间、体量或门窗设置，都要比一般的民用建筑大得多，从容纳的对象来看，容纳人的空间比容纳物的空间要灵活得多，如果抓住这两个基本特点，工业建筑的性格特征就可以得到比较充分地反映。此外，工业建筑也有其特有的"象征符号"，这就是烟囱、水塔、煤气罐、冷却塔、输煤道，对于这些构筑物，如果处置得当，不仅不会破坏工业建筑构图的完整性，相反却可以利用其独特的外形极大地丰富建筑体形，有力地强调工业建筑的性格特征。

西方近现代建筑，打破了古典建筑形式的束缚，特别是强调了功能对于形式的决定作用，这无疑有助于突出建筑物的个性和性格。此外，西方近现代建筑在表现手段和表现力方面也有不少突破，不仅借抽象的几何形式来表现一定的艺术意图，而且有时还赋予建筑体形以某种象征意义，并借此来突出建筑的性格特征。例如纽约肯尼迪机场候机楼建筑，针对建筑物的功能特点，设计者使其外部体形呈飞鸟的形式，这种体量虽然不是出自功能的要求，但对实现航空站建筑的性格却十分贴切。再如朗香教堂，形态特异，充满神秘色彩，给人多种联想，很适合宗教建筑（图 10-5）。由此可见，尽管西方近现代建筑肯定了由内而外的设计原则，但也未将其奉为一成不变的教条。

图 10-5 郎香教堂

10.2 体量组合与体型处理

10.2.1 主从分明与有机结合

一幢建筑物，无论它的体形怎样复杂，都不外是由一些基本的几何形体组合而成的，只有在功能和结构合理的基础上，使这些要素能够巧妙地结合成为一个有机的整体，才能具有完整统一的效果。

完整统一和杂乱无章是两个互相对立的概念，体量组合要达到完整统一，最起码的要求就是要建立起秩序感，那么从哪里入手来建立这种秩序感呢？我们知道，体量是空间的反映，而空间主要又是通过平面来表现的，要保证有良好的体量组合，首先必须使平面布局具有良好的条理性和秩序感，勒·柯布西耶在《走向新建筑》的纲要中提出"平面布局是根本"，"没有平面布局你就缺乏条理，缺乏意志"等论断，显然是他长期实践的经验总结。

传统的构图理论十分重视主从关系的处理，并认为一个完整统一的整体，首先意味着组成整体的要素必须主从分明而不能平均对待、各自为政。传统的建筑，特别是对称形式的建筑体现得最明显，对称形式的组合，中央部分较两翼的地位要突出，只要能够善于利用建筑物的功能特点，以种种方法来突出中央部分，就可以使它成为整个建筑的主体和重心，并使两翼部分处于它的控制之下而从属于主体。突出主体的方法很多，在对称形式的体量组合中，一般都是使中央部分具有较大或较高的体量，少数建筑还可以借特殊形状的体量来达到削弱两翼以加强中央的目的（图10-6）。

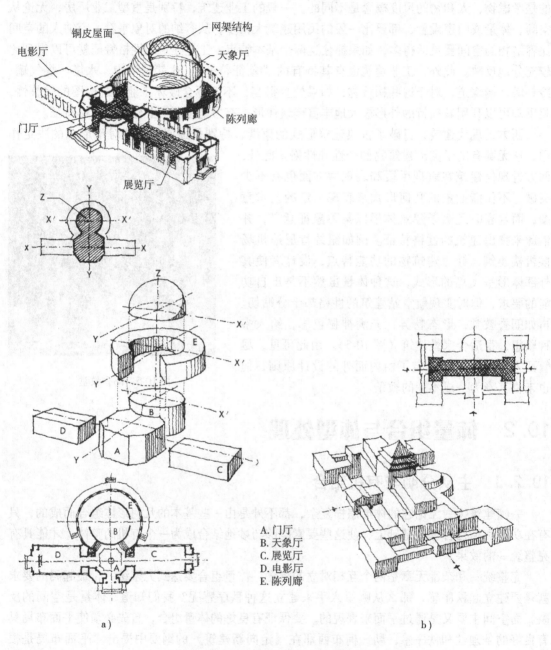

A. 门厅
B. 天象厅
C. 展览厅
D. 电影厅
E. 陈列廊

a)   b)

图10-6   通过对称达到主从分明的建筑
a）北京天文馆   b）中国美术馆

　　不对称的体量组合也必须主从分明，所不同的是，在对称形式的体量组合中，主体、重点和中心都位于中轴线上，在不对称的体量组合中，组成整体的各要素是按不对称均衡的原则展开的，因而它的重心总是偏于一侧。至于突出主体的方法，则和对称的形式一样，也是通过加大、提高主体部分的体量或改变主体部分的形状等方法以达到主从分明的目的（图10-7）。明确主从关系后，还必须使主从之间有良好连结，特别是在一些复杂的体量组合中，还必须把所有的要素都巧妙地连结成为一个有机的整体，也就是通常所说的"有机结合"。有机结合就是指组成整体的各要素之间，必须排除任何偶然性和随意性，而表现出一种互为依存和互相制约的关系，从而显现出一种明确的秩序感。

a)

b)

图 10-7　主从分明的非对称建筑
a）福建广播电视中心中标方案　b）河南发展大厦方案

　　在讨论主从分明和有机结合问题时，总离不开这样一个前提，即整体是由若干个小体量集合在一起组成的，而当代某些新建筑，由于在空间组织上打破了传统六面体空间的概念，进而发展成为在一个大的空间内自由、灵活地分隔空间，这反映在外部体量上便和传统的形式很不相同。传统的形式比较适合用"组合"的概念去理解，但对于某些新建筑来讲，则比较适合于用"挖除"多余部分的概念去理解。"组合"包含有相加的意思，"挖除"则包含有相减的意思。不言而喻，由相加而构成的整体，必然可以分解成为若干部分，于是各部分之间就可以呈现出主与从的差别，此外，各部分之间也存在着连接是否巧妙的问题；用相减的方法形成整体（图10-8），便不能或不易分解成为若干部分，因此也就无所谓主，无所谓从，更说不上有机结合了。

　　用相减的方法形成整体尽管所用的方法不同，不强求主从分明和有机结合，但必须保证体形的完整统一性这一根本原则。现代国外许多新建筑，尽管在体形组合上千变万化，和传统的形式大不相同，但万变不离其宗，都遵循完整统一的原则。从这里可以得到一点启示：看待新建筑，既不能用老的框框去套，也不能丢掉永恒不变的原则。

图 10-8　运用减法处理手法的建筑

a）美第奇住宅　b）美第奇住宅外室内　c）美第奇住宅轴测

d）瑞士独户住宅　e）瑞士独户住宅轴测　f）中国科学院图书馆方案

10.2.2　对比与变化

体量是内部空间的反映，为适应复杂的功能要求，内部空间必然具有各种各样的差异性，而这种差异性又不可避免地要反映在外部体量的组合上。巧妙地利用这种差异性的对比作用，将可以破除单调以求得变化。体量组合中的对比作用主要表现在三个方面：方向性的对比，形状的对比，直与曲的对比。

（1）方向性对比　最基本和最常见的是方向性的对比。所谓方向性的对比，即是指组成建筑体量的各要素，由于长、宽、高之间的比例关系不同，各具一定的方向性，交替地改变各要素的方向，即可借对比而求得变化。一般的建筑，方向性的对比通常表现在三个向量之间的变换：X 轴、Y 轴、Z 轴。前两者具有横向的感觉，后一种则具有竖向的感觉，交替穿插地改变各体量的方向，将可以获得良好的效果。著名建筑大师赖特所设计的流水别墅，可以说是利用方向性对比而取得良好体量组合的杰出范例（图 10-9）。

图 10-9　流水别墅

（2）形状的对比　与方向性的对比相比较，不同形状的对比往往更加引人注目，这是因为人们比较习惯于方方正正的建筑体形，一旦发现特殊形状的体量总不免有几分新奇的感觉（图 10-10）。但是应当看到，特殊形状的体量来自特殊形状的内部空间，而内部空间是否适合或允许采用某种特殊的形状，则取决于功能，这就是说利用这种对比关系来进行体量组合必须考虑到功能的合理性。此外，由不同形状体量组合而成的建筑体形虽然比较引人注目，但如果组织得不好则可能因为相互之间的关系不协调而破坏整体的统一，为此，对于这类体量组合，必须更加认真地推敲研究各部分体量之间的连接关系。

a）

b）

图 10-10　不同形状对比的建筑

a）韩国金川青少年会馆　b）某天文馆设计方案

（3）直与曲的对比 在体量组合中，还可以通过直线与曲线之间的对比而求得变化。由平面围成的体量，其面与面相交所形成的棱线为直线；由曲面围成的体量，其面与面相交所形成的棱线为曲线。这两种线型分别具有不同的性格特征：直线的特点是明确、肯定，并能给人以刚劲挺拔的感觉；曲线的特点是柔软、活泼而富有运动感。在体量组合中，巧妙地运用直线与曲线的对比，可以丰富建筑体形的变化（图 10-11）。

a) b)

图 10-11 合理运用曲直对比的建筑
a) 中国烟草博物馆 b) 韩国中小企业技术开发支援中心

10.2.3 稳定与均衡

黑格尔在《美学》一书中，曾把建筑看成是一种"笨重的物质堆"，其之所以笨重，就是因为在当时的条件下，建筑基本上都是用巨大的石块堆砌出来的。在这种观念的支配下，建筑体形要想具有安全感，就必须遵循稳定与均衡的原则。

1. 稳定

所谓稳定的原则，就是像金字塔那样，具有下部大、上部小的方锥体，或像我国西安大雁塔那样，每升高一层就向内作适当的收缩，最终形成一种下大上小的阶梯形（图 10-12）。西方古典建筑和我国解放初期建造的许多公共建筑，其体量组合大体上遵循的就是这种原则。但是在建筑发展的长河中，没有哪一个问题像"稳定"那样，随着技术的发展，以致使某些现代的建筑师把以往确认为不稳定的概念当作一种目标来追求。他们一反常态，或者运用大悬臂的出挑；或者运用底层架空的形式，把巨大的体量支撑在细细的柱子上；或者采用上大下小的形式，把"金字塔"倒转过来。人的审美观念总是和一定的技术条件相联系的，技术的发展和进步支持着人们的梦想，逐渐摆脱传统观念的羁绊，例如采用底层架空的形式，这不仅不违反力学规律，而且也不会产生不安全或不稳定的感觉，这样的建筑体形已完全可以被大众所接受（图 10-13、图 10-14）。当然，对于一味地追求不安全的新奇感、标新立异的建筑，若无特殊理由，是不值得提倡的。

2. 均衡

在体量组合中，均衡也是个不可忽视的问题。由具有一定重量感的建筑材料砌筑而成的建筑体量，一旦失去了均衡，就可能产生轻重失调的不适感，因此无论是传统的建筑还是近现代建筑，其体量组合都应当符合均衡的原则。

a)　　　　　　　　　　　　　　　　　　　b)

图 10-12　传统的稳定形式

a）埃及金字塔　b）西安大雁塔

图 10-13　萨伏伊别墅

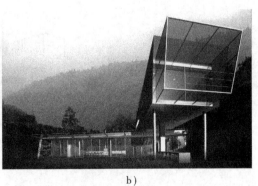

a)　　　　　　　　　　　　　　　　　　　b)

图 10-14　颠覆传统稳定形式的当代新建筑

a）福建广播电视中心主楼　b）水关长城 3 号别墅

传统建筑的体量组合，均衡可以分为两大类：一类是对称形式的均衡；另一类是不对称形式的均衡。前者较严谨，能给人以庄严的感觉；后者较灵活，可以给人以轻巧和活泼的感觉。建筑物的体量组合究竟取哪一种形式的均衡，则要综合地看建筑物的功能要求、体量特征以及地形、环境等条件。

对称和不对称均衡的处理手法，对于传统建筑而言，往往依赖比较明确的轴线和中心；而对于当代新建筑而言，则更多地考虑到从各个角度、特别是从连续运动的过程中来看建筑体量组合是否符合均衡的原则（图 10-15）。由于这种差别，后者比较强调把立面和平面结合起来，并从整体上来推敲研究均衡问题，这就是说它所注重的是动观条件下的均衡（或称三维空间内的均衡）。如果说均衡必须有一个中心的话，那么传统建筑的均衡中心只能在立面上，而当代新建筑则应当在空间内，很明显，后者比前者要复杂得多。为此，在推敲建筑体量组合时，单纯从某个立面图出发来判断是否均衡，常常达不到预期效果，而通过模型来研究其效果则较好。

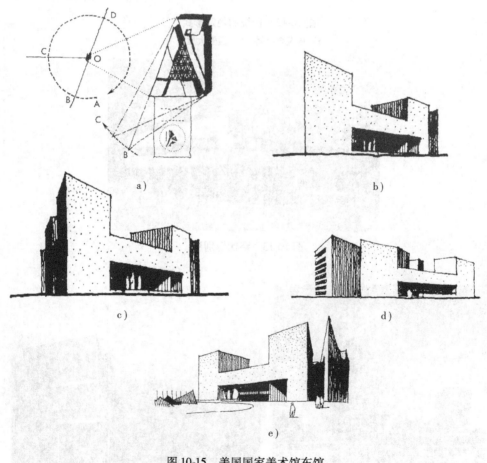

图 10-15　美国国家美术馆东馆
a）东馆总平面及观察者运动轨迹　b）A-B 点透视　c）B-C 点透视　d）C-D 点透视　e）D-A 点透视

10.2.4　轮廓线的处理

外轮廓线是反映建筑体形的一个重要方面，给人的印象极为深刻，特别是当人们从远处或在晨曦、黄昏、雨天、雾天以及逆光等情况下看建筑物时，由于细部和内部的凹凸转折变得相对模糊时，建筑物的外轮廓线则显得更加突出。为此，在考虑体量组合和立面处理时应当力求具有优美的外轮廓线。

我国传统建筑，屋顶的形式极富变化，不同形式的屋顶，各具不同的外轮廓线，加之又呈曲线的形式，并在关键部位设兽吻、仙人、走兽，从而极大地丰富了建筑物外轮廓线的变化。

类似于中国建筑的这些手法，在古希腊的建筑中也不乏先例。古希腊的神庙建筑，通常也在山花的正中和端部分别设置座兽和雕饰，这和我国古建筑中的仙人、走兽所起的作用极为相似，都满足了轮廓线变化的需要（图 10-16）。

图 10-16 中外古建筑的外轮廓

a）中国古建筑的外轮廓处理 b）古希腊建筑的外轮廓处理

对于我国传统建筑的这种优良传统，迄今仍然不乏借鉴的价值，但是由于建筑形式日趋简洁，单靠细部装饰求得轮廓线变化的可能性愈来愈小，为此，还应当从大处着眼来考虑建筑物的外轮廓线处理。这就是说必须通过体量组合来研究建筑物的整体轮廓变化，而不应沉溺在繁琐的细节变化上（图 10-17、图 10-18）。

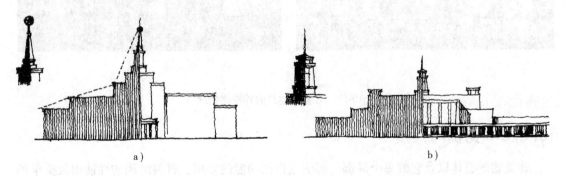

图 10-17 注重轮廓线、兼顾细部、继承传统的建筑

a）中国军事博物馆 b）某火车站方案

a）　　　　　　　　　　　　　b）

图 10-18　轮廓优美的当代建筑
a）韩国道路公司某办事处　b）西部住宅（西萨佩里作品）

自从国外出现了所谓"国际式"建筑风格之后，出现了一些由大大小小的方盒子组成的建筑物，由此而形成的外轮廓线不可能像古代建筑那样，有丰富的曲折起伏变化，但是这却并不意味着近现代建筑可以无视外轮廓线的处理。同样是由方盒子组成的建筑体形，处理得不好，往往使人感到单调乏味，处理得巧妙，则可以获得良好的效果。这表明，现代建筑尽管体形、轮廓比较简单，但在设计中必须通过体量组合以求得轮廓线的变化。例如主体结构基本方整的建筑，但如果能够合理利用电梯机房、楼梯间或其他公共设施，在屋顶或两侧局部做出变化，这将有助于打破外轮廓线的单调感。如图 10-19a 所示的某剧院方案，利用凸起的舞台顶部和竖向交通来丰富轮廓线；图 10-19b 所示的建筑，利用内部主次空间的不同，形成外部体块高低的有序错落。

a）　　　　　　　　　　　　　b）

图 10-19　方盒子建筑的外轮廓处理

10.2.5　比例与尺度

建筑物的整体以及它的每个局部，都应当根据功能的效用、材料结构的性能以及美学的法则而赋予合适的大小和尺寸。

在设计过程中首先应该处理好建筑物整体的比例关系，也就是从体量组合入手来推敲各基本体量的长、宽、高三者的比例关系以及各体量之间的比例关系。然而，体量是内部空间的反映，而内部空间的大小及形状又和功能有密切的联系，为此，要想使建筑物的基本体量具有良好的比例关系，就不能撇开功能而单纯从形式去考虑问题。那么这是不是说建筑基本体量的比例关系会受到功能的制约呢？诚然，它确实受到功能的制约，某些大空间建筑如体育馆、影剧院等，其基本体量就是内部空间的直接反映，而内部空间的长度、宽度、高度为适应一定的功能要求都具有比较确定的尺寸，这就是说其比例关系已经大体上被确定了下来，此时，设计者是不能随心所欲地变更这种比例关系的，然而却可以利用空间组合的灵活性来调节基本体量的比例关系。例如人民大会堂，由于建筑规模大而高度又受到限制，使建筑物的整体比例相对扁长，设计者采用化整为零的方法把它分成若干段，从而改变了建筑物的比例关系，使人看上去并不感到过分的扁长。其他手法，如拉长或缩短建筑物的长度；提高或降低建筑物的层数；把"一"字形平面改变为"口"字形平面等，都可以改变基本体量的比例关系（图 10-20）。

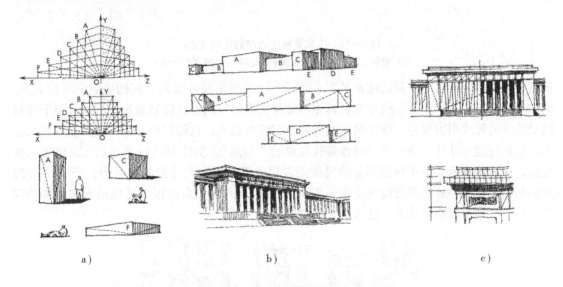

图 10-20　比例的处理

a）不同的比例给人不同的感受　b）人民大会堂的整体比例关系　c）人民大会堂的主体建筑及细部的比例关系

　　在推敲建筑物基本体量的长、宽、高三者的比例关系时，还应当考虑到内部分割的处理，这不仅因为内部分割对于体量来讲表现为局部与整体的关系，而且还因为分割的方法不同将会影响整体比例的效果。例如长、宽、高完全相同的两块体量，一块采用竖向分割的方法，另一块采用横向分割的方法，那么前一块将会使人感到高一些、短一些，后一块将会使人感到低一些、长一些。一个有经验的建筑师，应当善于利用墙面分割的处理手法来调节建筑物整体的比例关系。

　　在考虑内部分割的比例时，也应当先抓住大的关系。建筑物几大部分的比例关系对整体效果影响很大，如果处理不当，即使整体比例很好，也无济于事。

　　再进一步就是在大分割内进行再分割，例如人民英雄纪念碑，无论是碑头、碑座或碑身，都必须再划分为若干个小的段落，这些小的段落，都应当有良好的比例关系。只有从整体到每个细部都具有良好的比例关系，整个建筑才能够获得统一和谐的效果（图 10-21）。

　　和比例相联系的是尺度的处理，这两者都涉及到建筑要素之间的度量关系，所不同的是

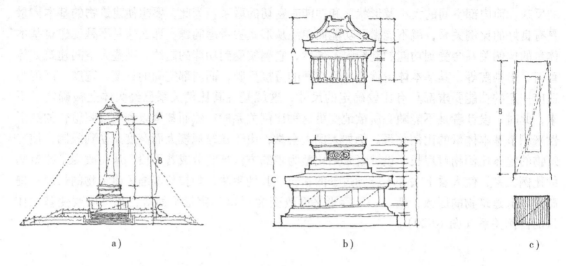

图 10-21　人民英雄纪念碑的比例关系
a）整体比例　b）碑顶和碑座的比例　c）碑身的比例

比例是讨论各要素之间相对的度量关系，而尺度讨论的则是各要素之间的绝对的度量关系。例如有一个正方形，如果形状不变，其相对度量关系的比例就已经被确定了下来，至于绝对度量关系的尺度则表现为一种不确定的因素，它既可以大，也可以小，根本无从显示其尺度感，但经过建筑处理，便可从中获得某种度量的"信息"。如图 10-22a 所示的北京电报大楼立面，层高约 6 米，由于顶层部分的尺度正常化处理，显出大楼的高大气势；图 10-22b 所示的是同样高度的普通层高楼房立面；图 10-22c 所示的是北京电报大楼顶层未作处理的假想立面，显得大而不见其大，让人失去尺度感。

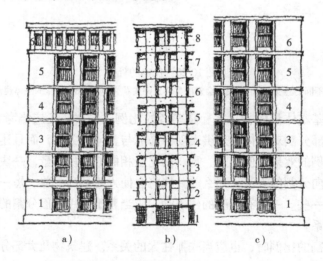

图 10-22　北京电报大楼尺度比较

整体建筑的尺度处理包含的要素很多，在各种要素中，窗台一般都具有比较确定的高度（1m 左右），属于确定要素，它如一把"尺"，通过它可以"量"出整体的大小，而窗洞的情况就大为不同了，随着层高的变化，它既可以大，也可以小，是种不确定的要素。在立面设计中如果处理不当，常常遇到高大的建筑物显得矮小，较小的建筑物显得高大的情况。这是因为设计中缺乏确定要素，没能给出一把"尺"，因此只有利用好窗台高度、栏杆高度、传统纹饰细部等作为标尺，配合不确定要素，才能恰如其分地表达设计者的设计意图。如图10-23 所示的北京站候车厅，人们可以从该建筑的顶部尺度和底部窗台高度来获得应有的尺度感。如图10-24 所示的人民英雄纪念碑，利用基座的栏杆、台阶以及碑座上的浮雕纹饰获得尺度感。

图 10-23　北京站候车厅

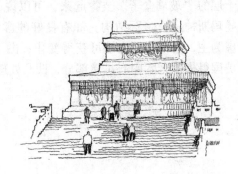

图 10-24　人民英雄纪念碑基座

在我国传统建筑中，为适应不同要求而分为大式做法和小式做法两大类，前者使人感到高大雄伟，后者使人感到小巧亲切，这实际上就是用程式化的方法来统一尺度（图10-25）。

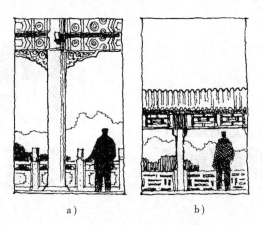

a)　　　　　　　　　　　b)

图 10-25　中国古建筑的尺度
a) 大式做法　b) 小式做法

10.2.6　虚实与凹凸

虚与实、凹与凸在构成建筑体形中，既是互相对立的，又是相互统一的。虚的部分如窗，由于视线可以透过它而及于建筑物的内部，因而常使人感到轻巧、玲珑、通透；实的部分如墙、垛、柱等，不仅是结构支撑所不可缺少的构件，而且从视觉上讲也是"力"的象征。在建筑的体形和立面处理中，虚和实是缺一不可的，没有实的部分整个建筑就会显得脆弱无力，没有虚的部分则会使人感到呆板、笨重、沉闷，只有把这两者巧妙地组合在一起，并借各自的特点相互对比陪衬，才能丰富建筑物的外观。

1. 虚与实

虚和实虽然缺一不可，但在不同的建筑物中各自所占的比重却不尽相同。决定虚实比重主要有两方面因素：其一是结构；其二是功能。古老的砖石结构由于门窗等开口面积受到限制，一般都是以实为主；近代框架结构打破了这种限制，为自由灵活地处理虚实关系创造了十分有利的条件，特别是玻璃在建筑中大量地应用，结构上仅用几根细细的柱子便可把高达几十层的"玻璃盒子"支撑起来，可以说已经将对虚的处理发挥到了极限。图10-26a 为埃及曼玛斯神庙，砖石结构，却有良好的虚实对比关系；图10-26b 为我国木结构传统建筑，以虚为主，局部采用实墙可获得变化；图10-26c 为萨伏伊别墅，强调虚实对比；图10-26d 为美国得梅因艺术中心扩建部分，凹凸处理结合比例、对位，显出韵律感、体积感、整体感。

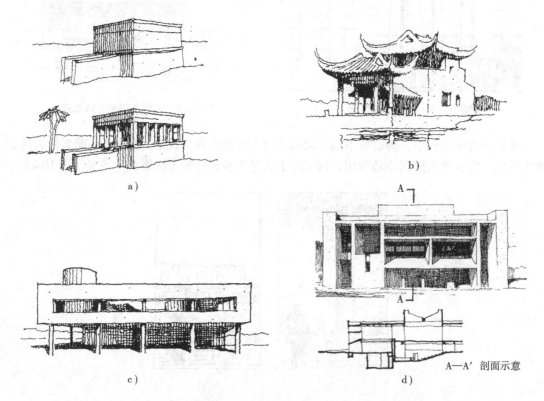

图 10-26　虚实、凹凸的处理

从功能方面讲，有些建筑由于不宜大面积开窗，因而虚的部分占的比重就要小一些，如博物馆、美术馆、电影院、冷藏库等就属于这种情况。大多数建筑由于采光要求都必须开窗，因而虚的部分所占的比重就要大一些，它们或者以虚为主，或者虚实相当。

在体形和立面处理中，为了求得对比，应避免虚实双方处于势均力敌的状态，为此，必须充分利用功能特点把虚的部分和实的部分都相对地集中在一起，而使某些部分以虚为主，虚中有实，另外一些部分以实为主，实中有虚，这样，不仅就某个局部来讲虚实对比十分强烈，而且就整体来讲也可以构成良好的虚实对比关系。

除相对集中外，虚实两部分还应当有巧妙的穿插，例如使实的部分环抱着虚的部分，而又在虚的部分中局部地插入若干实的部分；或在大面积虚的部分中，有意识地配置若干实的部分，这样就可以使虚实两部分互相交织、穿插，构成和谐悦目的图案。

2. 凹与凸

如果把虚实与凹凸等双重关系结合在一起考虑，并巧妙地交织成图案，那么不仅可借虚实的对比而获得效果，而且还可借凹凸的对比来丰富建筑体形的变化，从而增强建筑物的体积感。此外，凡是向外凸出或向内凹进的部分，在阳光的照射下，都必然会产生光和影的变化，如果凹凸处理得当，这种光影变化，可以构成美妙的图案（图 10-27）。

a)　　　　　　　　　　　b)　　　　　　　　　　c)

图 10-27　虚实凹凸案例

a) 北京投资大厦　b) 清华创新中心　c) 某博物馆建筑方案

巧妙地处理凹凸关系将有助于加强建筑物的体积感。建立在砖石结构基础上的西方古典建筑，墙壁是厚得惊人的，这从外观上看必然具有很强的体积感；近现代建筑则不然，由于材料的强度和保温性能的提高，一般墙体的厚度均大为减薄，若不给予适当处理，单凭墙体本身真实厚度的显露，势必使人感到单薄。为此，国外某些建筑师十分注意利用凹凸关系的处理来增强建筑物的体积感，他们运用的手法很多，但最根本的一条原则就是：利用各种可能使门、窗开口退到外墙的基面以内，这样就使得外露的实体显得很深，这种深度给人的感觉好像是墙的厚度，但实际上却大大地超过墙的厚度（图 10-28）。

图 10-28　实墙厚度感的表现

10.2.7　外墙与开窗

要设计好外墙，首先要了解外墙的功能和组织结构。根据建筑重量传力的方式不同，我们可以把"通过墙传力到基础"的结构体系叫承重墙体系，把"通过梁和柱传力到基础"的结构体系叫框架体系（图 10-29）。承重墙体系中，外墙承担了承重功能，在形式处理中就必然受到一定的约束；而框架体系中的外墙（当然也包括承重墙体系中的部分非承重墙）由于不用承担承重功能，在形式处理中就比较自由。

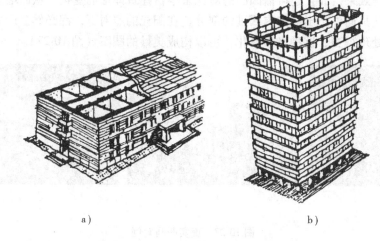

a)   b)

图 10-29   承重墙体系和框架体系

a）承重墙体系   b）框架体系

一般来说，外墙主要由实墙和窗洞构成，此外，阳台、遮阳板、空调室外机位等也是重要组成部分。实墙主要起到保温隔热、防暴等阻隔作用；窗洞和阳台则主要起到通风采光、视觉交流等交换作用；遮阳板起到遮挡多余阳光作用……。可以说，外墙是建筑的皮肤，保温隔热、提供呼吸、过滤阳光……。很多功能简单的外墙只有一层面，而有些功能完备的外墙则有多层面组成。外墙开洞要受到内部房间划分、层高变化以及梁、柱、板等结构体系的制约。我们要在尊重这些功能和规律的基础上组织外墙的形式，创造一个美观的建筑视觉效果。

对于一般的外墙，设计的关键在于如何处理好外墙的两大主要要素——实墙和窗洞的图底关系。如果不加组织，势必混乱不堪；如果机械呆板地开洞，则会显得死板和单调。处理好实墙与窗洞的关系，再根据情况适当配合遮阳板等其他要素，就不难达到一个理想的建筑立面效果。

首先，要善于利用内部空间的统一与变化。很多优秀建筑作品的外观是其内部空间的直接体现，充分利用好内部空间的良好关系，就可以创造出良好的建筑形体。外墙开窗设计也是如此，用整齐划一的开窗去反映同开间、同层高的排列空间，用特殊的开窗去反映特殊开间、特殊层高的空间，从而获得外观的统一与变化，用开窗去体现内部空间往往是外墙设计的必要尝试。图 10-30 所示的某医院建筑，两边的办公单元用统一的方窗，每间两个窗；中间的交通服务空间用条形窗，反映大空间。

其次，要善于利用实墙、窗洞、遮阳板、梁、柱等相关要素，将它们组织得有条理、有秩序、有变化、有韵律感，从而形成一个统一和谐的整体，例如把窗和墙面上的其他要素（墙垛、竖向的棱线、槛墙、窗台线等）有机地结合在一起，并交织

图 10-30   某医疗建筑

成各种形式的图案，可以获得良好的效果。图 10-31a 为两两成组的开窗，图 10-31b 为强调竖向的开窗，图 10-31c 为强调横向、外墙面自由扭动的开窗，图 10-31d 强调杂乱肌理的开窗。

a)　　　　　　　　　　　　　　　　　　b)

c)　　　　　　　　　　　　　　　　　　d)

图 10-31　外墙与各种开窗

　　强调韵律，可以采用大小窗相结合，并使一个大窗与若干小窗相对应的处理方法；还可以把窗洞成双成对地排列，例如某些办公楼建筑，可使窗洞偏于开间的一侧，每两个开间的窗洞集中成一组，反映在立面上窗洞就呈现为两两成对地重复出现，这种形式的开窗处理也具有一种特殊的韵律感。

　　强调方向感，可以把重点放在整个墙面的线条组织上，例如为了强调竖向感，可以尽量缩小立柱的间距，并使之贯穿上下，与此同时又使窗户和檻墙尽量地凹入立柱的内侧，从而借凸出的立柱以加强竖向感。图 10-32a 所示为深圳大学图书馆，其开窗强调竖线条；图 10-32b 为其竖向窗做法平面示意图，采用框架结构，立面与结构脱离，外墙面不承担承重功能，亦不直接反映结构。图 10-32c 所示为北京外国语大学逸夫教学楼，其檻墙的"内收"使开窗形成连贯的竖线条，和梁的横线条相交织；图 10-32d 为其竖向窗做法平面示意图，采用框架结构，外墙面不承担承重功能，但空间关系依附于结构，并且部分反映结构。和强调竖向感截然不同的是强调横向感，这种处理的特点是尽量使窗洞连成带状，并最大限度地缩小立柱的截面，或者借助于横向连通的遮阳板或檻墙与水平的带形窗进行对比（虚实之间），从而加强其横向感。采用竖向分割的方法常因挺拔、俊秀而使人感到兴奋；采用横向分割的方法则可以使人感到亲切、安定、宁静，如果把上述两种处理方法综合地加以运用，则会出现一种交错的韵律感。

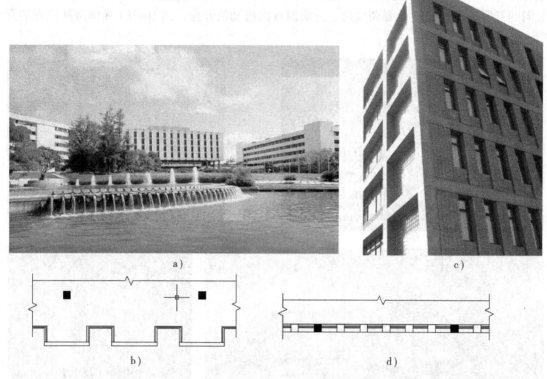

图 10-32　竖向窗的不同做法

　　也有很多新建筑强调特殊的虚实肌理，这些新建筑喜欢采用外墙面和结构脱离，使得外墙面的形式可以更加自由，也使城市里的建筑有了更丰富的表情。

　　对于特殊需要的全实或全虚的外墙，不存在开窗的问题，为了避免显得单调乏味，一般利用其构造特点有意识地制造一些细部或肌理，例如，针对混凝土实墙，可保留支模时留下的有规律的痕迹；针对玻璃幕墙，可利用可视的金属支撑结构或遮阳板等来丰富立面。

10.2.8　色彩与质感

　　在视觉艺术中，直接影响视觉效果的要素有三个方面：形、色、质。在建筑设计中，形所联系的是空间与体量的配置，而色与质仅仅涉及到表面的处理，设计者往往把主要精力集中于形的推敲研究，而只是在形已大体确定之后，才匆忙地决定色与质的处理，因而有许多建筑都是由于对这个问题的重视不够，致使效果受到不同程度的影响。对于建筑色彩的处理，有强调调和与强调对比两种倾向，西方古典建筑，由于采用砖石结构，色彩较朴素淡雅，所强调的是调和；我国古典建筑，由于采用木构架和琉璃屋顶，色彩富丽堂皇，所强调的则是对比。对比可以使人感到兴奋，但过分的对比也会使人受到视觉刺激；人们一般习惯于色彩的调和，但过分的调和则会使人感到单调乏味。

　　灰色是可以和任何颜色相调和的"百搭色"，使用灰色虽然保险，却不免失之平庸，为了避免平庸，就要有对比的效果。我国传统建筑的色彩处理大体上就是以对比而达到统一的，且不说色彩富丽的宫殿、寺院建筑在用色方面如何以对比而求得统一，就是江南一带的民居采用的粉墙青瓦屋顶的做法，就色彩关系来讲也充满了强烈的对比（图 10-33）。

a)

b)

c)

d)

图 10-33　建筑色彩
a）色彩取决于材料的西方古典建筑　b）色彩浓烈的中国古建筑
c）粉墙黛瓦的江南民居　d）讲究色彩统一的当代新建筑

　　我们应当本着古为今用的原则来汲取我国传统建筑色彩处理的某些精神和实质，而不应当盲目地模仿、抄袭。我国传统建筑的用色和当代新建筑之间一个最大的不同之处就是前者的明度太低，大面积地使用低明度的色彩，难以营造明快气氛；而新建筑尽管在色彩处理上相当多地汲取了传统的手法，但就整体来讲是以白、米黄等浅色调为主，这是一个明显的发展。至于其他方面，如根据建筑物不同的功能性质和性格特征分别选用不同的色调；强调以对比求统一的原则；强调通过色彩的交织穿插以产生调和；强调色彩之间的呼应等，原则上和传统建筑的色彩处理都是不矛盾的。

　　色彩处理和建筑材料的关系十分密切。我国古典建筑以金碧辉煌和色彩瑰丽而著称，当然离不开琉璃和油漆彩画的运用，而现代建筑，除琉璃和新型的油漆涂料外，还运用了各种带有色彩的饰面材料，如面砖、大理石、水磨石、铝塑板、各种金属板等。随着建筑材料工业的不断发展，质优而色泽多样的建筑及装修材料会不断推陈出新。建筑材料的品质可以直接影响到建筑的色彩、质感效果，不过对于大量性建造的工程，我们还是应该秉着经济、适

用、美观的原则选用合适的材料。事实证明，即使是一般的建筑材料，如果精心地加以推敲

研究，也可以取得令人满意的色彩和质感效果，例如当前大量性建造的住宅和公共建筑，虽然所使用的只不过是普遍的清水砖墙、水刷石、抹灰等有限的几种材料，但如果组合得巧妙，也可以借色彩和质感的互相交织穿插而形成错综复杂并具有韵律美的图案（图10-34）。

色彩和质感都是材料表面的某种属性，在很多情况下很难把它们分开来讨论，但就性质来讲色彩和质感却完全是两回事。色彩的对比和变化主要体现在色相之间、明度之间以及纯度之间的差异性；而质感的对比和变化则主要体现在粗细、坚柔之间以及纹理

图 10-34　上海某花园住宅的色彩

之间的差异性。在建筑处理中，除色彩外，质感的处理也是不容忽视的。

近代建筑巨匠赖特可以说是运用各种材料质感对比而获得杰出成就的高手。他熟知各种材料的性能，善于按照各自的特性把它们组合成为一个整体并合理地赋予形式。在他设计的许多建筑中，既善于利用粗糙的石块、花岗石、未经刨光的木材等天然材料来取得质感对比的效果，同时又善于利用混凝土、玻璃、钢等新型的建筑材料来加强和丰富建筑的表现力。他所设计的"流水别墅"和"西塔里埃森"都是运用材料质感对比而取得成就的范例。图10-35a 为流水别墅，利用天然石材所具有的极其粗糙的质感特点与光滑的抹面进行对比；图10-35b 为西塔里埃森，石材和木材的质感对比。

a）　　　　　　　　　　　　　　　　　　b）

图 10-35　赖特作品中的材质运用

质感处理，一方面可以利用材料本身所固有的特点来谋求效果，另外，也可以用人工的方法来"创造"某种特殊的质感效果。例如对于混凝土这种常用建筑材料，美国建筑师鲁道夫非常喜欢使用一种带有竖棱的所谓"灯心绒"式的混凝土墙面来装饰建筑，而日本建筑师安藤忠雄则喜欢直接用高质量施工获得的细腻混凝土墙面来表现作品。图10-36a 为鲁

道夫的作品耶鲁大学建筑馆，采用"灯心绒"式的混凝土墙面；图 10-36b、c 为安藤忠雄作品中常见的细腻、光滑的混凝土墙面，这都是用人工的方法所创造出来的质感效果。

a)　　　　　　　　　　　b)　　　　　　　　　　　c)

图 10-36　混凝土建筑

质感效果直接受到建筑材料的影响和限制。在古代，人们只能用天然材料来建造建筑，其质感处理也只能局限在有限的范围内来作选择，随着技术的发展，每出现一种新材料，都可以为质感的处理增添一种新的可能，直到今天，新型的建筑材料层出不穷，这些材料不仅因为具有优异的物理性能而分别适合于各种类型的建筑，而且还特别因为具有奇特的质感效果而备受人们注意。例如镜面玻璃建筑刚一露面，便立即引起巨大的轰动，人们常常把它看成是一代新建筑诞生的标志。在美国，有许多建筑师极力推崇这种新材料，并以此创造出光彩夺目的崭新的建筑形象，据此，人们甚至根据该类型建筑光亮奇特的质感，而把这些建筑师当作一个学派——"光亮派"来看待。这一方面表明质感所具有的巨大的表现力，同时也说明材料对于建筑创作所起的巨大的推动作用。由此看来，随着材料工业的发展，利用质感来增强建筑表现力的前景是十分宽广的。

10.2.9　装饰与细部

装饰在建筑中的地位和作用，在不同的历史时期众说纷纭，有些观点甚至是截然对立的。即使处于同一时代的人，其看法也大相径庭，例如十九世纪著名建筑理论家拉斯金（John Ruskin）在他所著的《建筑七灯》（The seven Lamps of Architecture）一书中曾明确地指出：建筑与构筑物之间区别的主要因素就在于装饰；可是比他稍晚的卢斯（Adolf Loos）则认为：装饰即罪恶。这以后，新建筑运动蓬勃兴起，大多数建筑师主张废弃表面的、外加的装饰，认为建筑美的基础在于建筑处理的合理性和逻辑性；但美国建筑师赖特却独树一帜，不仅在作品中利用装饰取得效果，并认为："当它（指装饰）能够加强浪漫效果时，可以采用"。事实上，关于装饰在建筑中的地位和作用的争论，直到今天仍然没有终止。在国外，所谓的"后现代派"建筑师，虽然观点、风格不尽相同，但对于装饰都表现出不同程度的兴趣。

装饰在建筑中的地位和作用，从发展的总趋势看，建筑艺术的表现力主要应当通过空间与体形的巧妙组合、整体与局部之间良好的比例关系、色彩与质感的妥善处理等来获得，而不应企求于繁琐的、矫揉造作的装饰，但也并不完全排除在建筑中可以采用装饰来加强其表现力。装饰的运用只限于重点的地方，并且力求和建筑物的功能与结构有巧妙地结合。

就整个建筑来讲，装饰只不过是属于细部处理的范畴。在考虑装饰问题时，一定要从全局出发，使装饰隶属于整体，并成为整体的一个有机组成部分。任何游离于整体的装饰，即使本身很精致，也不会产生积极的效果，甚至本身愈精致，对整体统一性的破坏就愈大。

装饰可以分为雕塑类、浮雕类、壁饰类、构造类、小品类等。

其中的雕塑类、浮雕类、壁饰类离不开装饰纹样图案，纹样图案的题材、尺度的把握是关键。选择适当的纹样图案的题材，可以烘托气氛、突出建筑物的功能性质及性格特征，例如人民英雄纪念碑的浮雕，南越王墓博物馆的浮雕等，都可以借助纹样图案的题材突出建筑物的性格（图10-37）。当然，装饰纹样图案的设计，也必须在原有的基础上推陈出新，大胆地创造出既能反映时代、又能和新的建筑风格协调一致的装饰形式和风格。装饰纹样的疏密、粗细、隆起程度的处理，必须具有合适的尺度感，过于粗壮或过于纤细都会因为失去正常尺度感而有损于整体的统一。尺度处理还因材料不同而异，相同的纹样，如果是木雕应当处理得纤细一点，如果是石雕则应当处理得粗壮一些。再一点，应考虑到近看或远看的效果，从近处看的装饰应当处理得精细一些，从远处看的装饰则应当处理得粗壮一些，例如栏杆，由于近在咫尺，必须精雕细划，而高高在上的檐口，则应适当地粗壮一些。

图 10-37　建筑与浮雕

a）人民英雄纪念碑　b）人民英雄纪念碑碑座上的浮雕　c）西汉南越王墓博物馆立面浮雕　d）西汉南越王墓博物馆

小品类装饰其实和上述几类装饰差不多，同样需要仔细考量其内容和尺度，只是小品类装饰更加空间化，对空间环境的影响也更大了，之所以常常把小品和指示系统结合起来，正是利用了其巨大的空间影响力。

构造类装饰是指在建筑空间中同时具有建筑构造和装饰两种机能的装饰艺术形式。要使设计的构造具有装饰性，这需要设计师能够在构造和艺术装饰两个方面驾驭自如，处理得不好，可能会同时破坏构造和装饰两方面；处理得好，就能使各种构造转变为建筑空间艺术的有机构成要素，如线脚、漏窗、楼梯、墙面等，当前很多建筑家在不断改善这些构造的性能的同时，也不断赋予它们装饰的艺术性（图10-38）。

此外，信息墙、信息屏、商标等也正成为建筑装饰艺术的一个重要部分（图10-39）。

图 10-38 构造与装饰艺术

a) 贝聿铭设计的极具雕塑感的圆形楼梯 b) 科隆路德维希博物馆的天窗处理

c) 博塔设计的旧金山博物馆的外墙和圆筒天窗极具装饰性

图 10-39 商标、广告与装饰

a) 自发的广告牌淹没了立面设计 b) 考虑广告、有组织的商业信息墙设计，使立面气氛十足而不零乱

c) 合理放置商标、名称，可以起到点缀装饰建筑立面的作用 d) 信息屏与沿街立面

尤其是在商业建筑设计中，信息墙、信息窗的设计几乎可以取代立面设计，这是建筑对信息社会的一个必然反映。

小　结

1. 建筑设计应力求建筑物的外部体型能在正确反映内部空间的前提下给人美感。

2. 建筑的外部形体就是其性格特征的表现，它植根于功能，但又涉及到设计者的艺术意图。前者是属于客观方面的因素，是建筑物本身所固有的；后者则属于主观因素，是由设计者所赋予的。

3. 外部造型和立面设计的要点有：主从分明与有机结合、对比与变化、稳定与均衡、轮廓线的处理、比例与尺度、虚实与凹凸、外墙与开窗、色彩与质感、装饰与细部。以上法则都是交错存在的，需要在具体设计实践中融会贯通，灵活运用。

复习思考题

1. 运用本章知识，分析身边的建筑各自在外部体型处理上的得失成败。
2. 举例说明形体处理中的"减法"手法。
3. 信息化时代给建筑的立面带来了什么样的变化？
4. 试从建造技术发展的角度分析人们审美的变化。
5. 试说明建筑的"功能"、"形态"与"性格"之间的关系。
6. "细部决定成败"这句话是否说明装饰对于建筑形象的优劣起着决定性作用？

第 11 章 建筑技术经济

学习目标

本章包括建筑经济指标、涉及建筑经济的几个问题等内容。应重点掌握建筑技术经济指标的内容及其计算方法，初步了解建筑经济中存在的一些问题，以及在建筑设计中解决这些相关问题的方法。

任何建筑都存在着技术经济问题。建筑技术经济是一项综合性课题，涉及的范围是多方面的，如在总体规划、环境设计、单体设计、结构形式、建筑施工到建筑物的使用维修管理等一系列过程，均存在一个经济问题。但是在考虑上述各方面的问题时，应把一定的建筑标准作为思考建筑经济问题的基础。当然，对建筑设计工作者来说，应坚持规范与标准，防止铺张浪费，锐意追求建筑设计的高质量。另外，由于建筑的地区特点、质量标准、民族形式、功能性质、艺术风格等方面的差异，在考虑经济问题时，应该区别对待，如大量性建造的建筑，标准一般可以低一些，而重点建造的某些大型建筑，标准可以高一些。一幢好的建筑物，应该针对这些问题进行综合考虑和评价，尽可能地降低造价，使其获得最大的经济效益。

11.1 建筑技术经济指标

11.1.1 建筑面积

建筑物的建筑面积是指房屋建筑自然层的水平平面面积（即房屋外墙外围水平面积），是根据国家统一规定的计算原则，针对建筑设计平面图（包括方案设计、初步设计和施工图设计）进行计算的。由于建筑面积是我国控制基本建设规模和投资的主要依据之一，因此，它也是我国建筑技术经济的重要指标。国家建设部批准自 2005 年 7 月 1 日起实施的《建筑工程建筑面积计算规范》对建筑面积的计算作了详细的规定，在实际工程中应严格按照该规范的规定进行建筑面积的计算。

1. 计算建筑面积的规定

1）单层建筑物的建筑面积，应按其外墙勒脚以上结构外围水平面积计算，并应符合下列规定。

① 单层建筑物高度在 2.20m 及以上者应计算全面积；高度不足 2.20m 者应计算 1/2 面积。

② 利用坡屋顶内空间时净高超过 2.10m 的部位应计算全面积；净高在 1.20m 至 2.10m 的部位应计算 1/2 面积；净高不足 1.20m 的部位不应计算面积。

2）单层建筑物内设有局部楼层者，局部楼层的二层及以上楼层，有围护结构的应按其围护结构外围水平面积计算，无围护结构的应按其结构底板水平面积计算。层高在 2.20m 及以上者应计算全面积；层高不足 2.20m 者应计算 1/2 面积。

3）多层建筑物首层应按其外墙勒脚以上结构外围水平面积计算；二层及以上楼层应按其外墙结构外围水平面积计算。层高在 2.20m 及以上者应计算全面积；层高不足 2.20m 者应计算 1/2 面积。

4）多层建筑坡屋顶内和场馆看台下，当设计加以利用时净高超过 2.10m 的部位应计算全面积；净高在 1.20m 至 2.10m 的部位应计算 1/2 面积；当设计不利用或室内净高不足 1.20m 时不应计算面积。

5）地下室、半地下室（车间、商店、车站、车库、仓库等），包括相应的有永久性顶盖的出入口，应按其外墙上口（不包括采光井、外墙防潮层及其保护墙）外边线所围水平面积计算。层高在 2.20m 及以上者应计算全面积；层高不足 2.20m 者应计算 1/2 面积。

6）坡地的建筑物吊脚架空层、深基础架空层，设计加以利用并有围护结构的，层高在 2.20m 及以上的部位应计算全面积；层高不足 2.20m 的部位应计算 1/2 面积。设计加以利用、无围护结构的建筑吊脚架空层，应按其利用部位水平面积的 1/2 计算；设计不利用的深基础架空层、坡地吊脚架空层、多层建筑坡屋顶内、场馆看台下的空间不应计算面积。

7）建筑物的门厅、大厅按一层计算建筑面积。门厅、大厅内设有回廊时，应按其结构底板水平面积计算。层高在 2.20m 及以上者应计算全面积；层高不足 2.20m 者应计算 1/2 面积。

8）建筑物间有围护结构的架空走廊，应按其围护结构外围水平面积计算。层高在 2.20m 及以上者应计算全面积；层高不足 2.20m 者应计算 1/2 面积。有永久性顶盖无围护结构的应按其结构底板水平面积的 1/2 计算。

9）立体书库、立体仓库、立体车库，无结构层的应按一层计算，有结构层的应按其结构层面积分别计算。层高在 2.20m 及以上者应计算全面积；层高不足 2.20m 者应计算 1/2 面积。

10）有围护结构的舞台灯光控制室，应按其围护结构外围水平面积计算。层高在 2.20m 及以上者应计算全面积；层高不足 2.20m 者应计算 1/2 面积。

11）建筑物外有围护结构的落地橱窗、门斗、挑廊、走廊、檐廊，应按其围护结构外围水平面积计算。层高在 2.20m 及以上者应计算全面积；层高不足 2.20m 者应计算 1/2 面积。有永久性顶盖无围护结构的应按其结构底板水平面积的 1/2 计算。

12）有永久性顶盖无围护结构的场馆看台应按其顶盖水平投影面积的 1/2 计算。

13）建筑物顶部有围护结构的楼梯间、水箱间、电梯机房等，层高在 2.20m 及以上者应计算全面积；层高不足 2.20m 者应计算 1/2 面积。

14）设有围护结构不垂直于水平面而超出底板外沿的建筑物，应按其底板面的外围水平面积计算。层高在 2.20m 及以上者应计算全面积；层高不足 2.20m 者应计算 1/2 面积。

15）建筑物内的室内楼梯间、电梯井、观光电梯井、提物井、管道井、通风排气竖井、垃圾道、附墙烟囱应按建筑物的自然层计算。

16）雨篷结构的外边线至外墙结构外边线的宽度超过 2.10m 者，应按雨篷结构板的水平投影面积的 1/2 计算。

17）有永久性顶盖的室外楼梯，应按建筑物自然层的水平投影面积的 1/2 计算。

18）建筑物的阳台均应按其水平投影面积的 1/2 计算。

19）有永久性顶盖无围护结构的车棚、货棚、站台、加油站、收费站等，应按其顶盖水平投影面积的 1/2 计算。

20）高低联跨的建筑物，应以高跨结构外边线为界分别计算建筑面积；其高低跨内部连通时，其变形缝应计算在低跨面积内。

21）以幕墙作为围护结构的建筑物，应按幕墙外边线计算建筑面积。

22）建筑物外墙外侧有保温隔热层的，应按保温隔热层外边线计算建筑面积。

23）建筑物内的变形缝，应按其自然层合并在建筑物面积内计算。

24）下列项目不应计算面积：

① 建筑物通道（骑楼、过街楼的底层）。

② 建筑物内的设备管道夹层。

③ 建筑物内分隔的单层房间，舞台及后台悬挂幕布、布景的天桥、挑台等。

④ 屋顶水箱、花架、凉棚、露台、露天游泳池。

⑤ 建筑物内的操作平台、上料平台、安装箱和罐体的平台。

⑥ 勒脚、附墙柱、垛、台阶、墙面抹灰、装饰面、镶贴块料面层、装饰性幕墙、空调室外机搁板（箱）、飘窗、构件、配件、宽度在 2.10m 及以内的雨篷以及与建筑物内不相通的装饰性阳台、挑廊。

⑦ 无永久性顶盖的架空走廊、室外楼梯和用于检修、消防等的室外钢楼梯、爬梯。

⑧ 自动扶梯、自动人行道。

⑨ 独立烟囱、烟道、地沟、油（水）罐、气柜、水塔、储油（水）池、储仓、栈桥、地下人防通道、地铁隧道。

2. 术语

1）层高：上下两层楼面或楼面与地面之间的垂直距离。

2）自然层：按楼板、地板结构分层的楼层。

3）架空层：建筑物深基础或坡地建筑吊脚架空部位不回填土石方形成的建筑空间。

4）走廊：建筑物的水平交通空间。

5）挑廊：挑出建筑物外墙的水平交通空间。

6）檐廊：设置在建筑物底层出檐下的水平交通空间。

7）回廊：在建筑物门厅、大厅内设置在二层或二层以上的回形走廊。

8）门斗：在建筑物出入口设置的起分隔、挡风、御寒等作用的建筑过渡空间。

9）建筑物通道：为道路穿过建筑物而设置的建筑空间。

10）架空走廊：建筑物与建筑物之间，在二层或二层以上专门为水平交通设置的走廊。

11）勒脚：建筑物的外墙与室外地面或散水接触部位墙体的加厚部分。

12）围护结构：围合建筑空间四周的墙体、门、窗等。

13）围护性幕墙：直接作为外墙起围护作用的幕墙。

14）装饰性幕墙：设置在建筑物墙体外起装饰作用的幕墙。

15）落地橱窗：突出外墙面根基落地的橱窗。

16）阳台：供使用者进行活动和晾晒衣物的建筑空间。

17）眺望间：设置在建筑物顶层或挑出房间的供人们远眺或观察周围情况的建筑空间。

18）雨篷：设置在建筑物进出口上部的遮雨、遮阳篷。

19）地下室：房间地平面低于室外地平面的高度超过该房间净高的1/2者为地下室。

20）半地下室：房间地平面低于室外地平面的高度超过该房间净高的1/3，且不超过1/2者为半地下室。

21）变形缝：伸缩缝（温度缝）、沉降缝和抗震缝的总称。

22）永久性顶盖：经规划批准设计的永久使用的顶盖。

23）飘窗：为房间采光和美化造型而设置的突出外墙的窗。

24）骑楼：楼层部分跨在人行道上的临街楼房。

25）过街楼：有道路穿过建筑空间的楼房。墙根部很矮的一部分墙体加厚，不能代表整个外墙结构，因此要扣除勒脚墙体加厚的部分。

11.1.2 建筑物的单方造价

建筑物的单方造价（指平均每平方米建筑面积所花费的费用）＝房屋总造价/总建筑面积（元/m²）。它是衡量建筑物经济问题的一个主要经济指标，是各有关部门审批项目投资及设计主要依据之一。

在初步设计阶段以工程概算来确定单方造价。初步设计概算是指在初步设计或扩大初步设计阶段，根据设计要求对工程造价进行的概略计算。初步设计概算是由单位工程概算、单项工程综合概算和建设项目总概算经逐级汇总而成的。

施工图设计阶段以施工图预算来确定单方造价。施工图预算是在施工图设计完成后，以施工图为依据，根据预算定额、取费标准以及地区人工、材料、机械台班的预算价格进行编制的，也称作设计预算。

工程竣工后以工程竣工决算来确定单方造价。竣工决算是由建设单位编制的建设项目或单位工程从开始筹建起到投产或使用全过程中发生的一切费用总和。竣工决算由竣工决算报表、竣工决算报告说明书、竣工工程平面示意图、工程造价比较分析四部分组成。

各个不同阶段的单方造价均有不同的作用，必须严格控制，按规定的指标执行，如需变动则须经过有关部门批准，在实际工程中要防止出现概算超投资，预算超概算，决算超预算的现象。

（1）建筑单方造价的内容包括

1）房屋土建工程造价。

2）室内给排水卫生设备造价。

3）室内照明用电工程造价。

（2）其他 下列项目一般不计入建筑物的单方造价，应另列项目计算费用。

1）室外给排水工程。

2）室外输电线路。

3）采暖通风工程。

4）环境工程。

5）平整土石方工程。

6）室内使用设备费用（如剧院的座椅、旅馆的床铺等）。

11.1.3　建筑物的主要材料单方消耗量

由于各地区之间的定额标准不同，材料差价也不相同，故单方造价只能在同一地区才有可比性。由于差价的关系，即使是同一地区的建筑物，有时也影响单方造价的可比性，所以，除了单方造价外，也可以把每平方米建筑面积主要材料消耗量来作为另一项主要经济指标来进行评价。

建筑面积的主要材料一般为三材（钢材、木材、水泥）、砖和其他材料。每平方米的建筑面积造价的基本构成成分主要是材料用量和耗工量，而材料和工日消耗量可以在很大程度上反映造价指标，它可以排除材料价差和工日价差所带来的影响，具有一定的可比性。

新材料、新结构、新工艺的采用及施工技术的先进性均直接影响材料耗量和工日消耗量，故单方材料消耗量指标也可以反映出建筑设计和施工技术的先进与否。

11.1.4　面积系数

面积系数的计算公式为：

使用面积系数（%）＝使用面积（m²）/建筑面积（m²）×100%

结构面积系数（%）＝结构面积（m²）/建筑面积（m²）×100%

式中，使用面积是指建筑平面内可供使用的面积；结构面积是指建筑平面中结构所占面积。

从上述的面积系数分析中可以看出，在满足使用要求和结构选型合理的情况下，其使用面积越大，结构面积越小，则建筑经济性越好。其中结构形式对建筑中使用面积的影响是不小的，一般框架结构的建筑使用面积较混合结构的建筑要大。古代砖石结构建筑的结构面积系数有时几乎达到50%，而近代框架结构建筑的结构面积系数则可降至10%左右，有的甚至可低于10%。但必须是在保证结构安全性的前提下来降低结构面积系数。在实际工作中，一般性建筑通常以使用面积系数控制经济指标，如中小学建筑的使用面积系数，约在60%左右即可。

11.1.5　体积系数

有些建筑，只控制面积系数，依然不能很好地分析建筑经济问题，还必须考虑如何充分利用空间，并在空间组合时尽量控制体积系数，也是降低造价的有效措施。例如体育馆的比赛大厅、影剧院的观众厅、铁路旅客站的候车大厅、展览馆的陈列厅、超级市场的营业大厅等，在相同的面积控制下，如果对建筑体积未能加以控制，其体积系数可能出入很大。即使在一般性的建筑中，诸如学校、医院、旅馆、办公楼等，若对层高选择偏高，则因增大了建筑体积，而造成投资的显著增长。这就说明，选择适宜的建筑层高，控制必要的建筑体积，同样是控制建筑造价的有效措施。通常采用的建筑体积系数控制方法如下所示：

使用面积的建筑体积系数（m）＝建筑体积（m³）/使用面积（m²）

建筑体积的使用面积系数（%）＝使用面积（m²）/建筑面积（m²）×100%

其中，建筑体积应包括屋顶及地下室的体积。

从上两个控制系数的分析来看，单位使用面积的体积越小越经济，而单位体积的使用面积越大越经济。所谓越大或越小是相对的，需要建立在使用合理、空间完整的基础上，偏大偏小的系数都不具有实际意义，如剧院观众厅的体积指标，可控制在 4 ~ 9m³/座的范围之内，一般为 4.2m³/座，剧院观众厅的使用面积可控制在 0.7m²/座左右。有了这些经验数字，才能在建筑设计方案中考虑系数值的经济性、适用性与可行性。

对建筑体积进行适当控制也是控制建筑造价的一项有效措施。如建筑物层高选的太高，超过使用功能的实际需要，建筑体积增加，造价也就相应的增加。所以，在满足使用要求的基础上，应最大可能地将层高压缩到最小高度。

11.1.6　容积率

容积率是指建筑基地内所有建筑物面积之和与基地总用地面积的比值，容积率为无量纲常数，没有单位，它的大小反映出用地开发的强度及效益。容积率的计算公式为：

容积率＝总建筑面积（m³）/基地总用地面积（m²）

11.1.7　建筑密度

建筑密度指是基地内所有建筑基底面积之和与基地总用地面积之比，以百分比表示，它的大小表达了基地内建筑物直接占用土地面积的比例。建筑密度的计算公式为：

建筑密度（%）＝建筑总基底面积（m²）/基地总用地面积（m²）×100%

11.1.8　绿地率

绿地率是指建筑基地内，各类绿地的总和与基地总用地面积之比，以百分比表示。各类绿地包括：公共绿地、专用绿地、宅旁绿地、防护绿地和道路绿地等，但不包括屋顶、晒台的人工绿地。绿地率的计算公式为：

绿地率（%）＝各类绿地面积之和（m²）/基地总用地面积（m²）×100%

11.1.9　其他技术经济指标

某些建筑物除了可以使用上述技术经济指标外，还可以用另外的技术经济指标来进行建筑经济分析，如学校可以以"一个学生"为单位，影剧院以"一个观众"为单位，居住建筑以"每套"或"每人"为单位，求得其特点的技术经济指标。

11.2　涉及建筑经济的几个问题

11.2.1　适用、技术、美观与经济的关系

早在 2000 多年前，古罗马杰出的建筑师维特鲁威就提出建筑要符合"坚固、适用、愉悦"的原则，被后来的建筑师们奉为建筑学上的"六字箴言"。新中国建国之初大规模经济建设时期，提出了"适用、经济、在可能条件下注意美观"的方针。在当代，建筑的概念

得到延展，内涵得以丰富，建筑已经从单纯、狭义的房子扩展到包括建筑群体、城市的街道、地段、乃至整个城市，所有这些都离不开"适用、经济、美观"这一标准。在这里"适用"是主要矛盾，应该在适用的前提下来考虑经济问题，两者有机地结合起来。

所谓适用，是对建筑最基本的功能要求，也是最本质的要求，不同的建筑功能适用于不同人的各种基本功能需求，同时也要考虑到未来人们需求的发展变化对建筑的灵活适应性的要求，特别是随着社会经济水平的逐步发展，人们的生活方式、工作方式与消费方式有了很大的变化，随之而来的对建筑功能的要求也越来越多样，越来越细化，满足由此带来的不断发展变化的功能要求是"适用"的真正内涵。

所谓经济，在现阶段已经不能简单地理解为追求低造价，简易房式的经济，不能狭隘地理解投入少就是经济，而要追求全寿命的经济、高性价比的经济。此外，经济也涉及到资源观的问题，在造房时少投入资源，在用房时少消耗资源，才符合中国的国情，而且要有高舒适度，那种以牺牲功能、牺牲舒适度为代价，片面讲求经济和节约资源的做法是非常短视的。

一个建筑物不能脱离和违背适用条件去谈所谓的经济，不适用的建筑，本身就是一种极大的浪费，不可能获得好的经济效益。

新技术、新材料、新结构的采用必将加快施工进度，提高劳动生产率，节约原材料，可以使建筑物获得良好的经济效益，但在某些具体情况下也可能增加造价，此时应该将各种因素进行权衡，以决定是否采用。

纯粹为了追求的建筑艺术，而置经济性于不顾是不可行的，应该在满足使用和经济要求的前提下，通过设计手法尽可能赋予建筑物艺术效果。近年来，一些建筑设计出现了片面地追求形式上创新求异的趋向，片面地将"新、奇、特"作为建筑创作的方向，不顾使用功能、环境关系和技术经济条件，而是将建筑创新流俗于简单的感官冲击，将技术进步蜕化为单纯的材料和符号的堆砌，导致了大量单纯追求豪华、新奇，而忽略经济、适用的建筑作品的出现。

建筑设计的艺术水平的高低，并不单纯取决于采用高档材料的多少以及造价的高低，即使采用常规的材料和地方材料，也照样可以获得良好的艺术效果。当然，那种只顾经济性，完全不考虑建筑的艺术性也是不可取的。一个建筑物在不同程度上也是一个艺术作品，它随时展现在人们眼前，人们对其欣赏程度，实际上也具有一定的经济价值和社会效益在内的。

11.2.2　结构型式及建筑材料的选用

结构与建筑是紧密结合的，结构的型式不只是一个单纯的结构问题，它具有很强的综合性，它要考虑并满足使用功能的要求、施工条件的许可、建筑造价的经济性和建筑艺术上的造型美观等。不同的结构型式直接影响建筑空间和建筑形象，同时，建筑结构本身也具有一定的艺术性，应把结构与建筑两者有机地结合起来。

在同一种类型的建筑物中，可以采用不同的结构型式，如大跨度屋盖和高层建筑，均可以用不同的结构型式来实现，而不同的结构型式均有各自不同的经济性，同时，不同的结构型式须采用不同的施工方法，而各种施工方法所需的费用也各不相同。如何结合结构的特点及其使用功能，在创造建筑空间和表现建筑艺术的同时，合理选择结构型式，使其达到应有的经济效益，这是一个建筑设计工作者不容忽视的问题。

如何去经济合理地选择结构型式及其建筑材料,既达到建筑设计使用功能的要求又可以节省资金,达到降低建筑造价的目的,这是我们在建筑设计过程中必须给予高度重视的问题。我们要在充分掌握建筑材料的性质、性能和各项技术指标的基础上,了解和掌握不同类型建筑材料、设备的价格,以及它们在建筑物中的使用部位和占总投资的比例,并结合不同地区的气候环境,以灵活、合理、经济适用为原则,选用材料设备。把设计先进与经济合理的思想体现在材料设备的选型中自然会得到良好的技术经济效果,同样,不考虑地区的气候环境、材料的价格因素、资金的合理运用,自然会造成不良的设计后果。例如,某沿海城市拟建一座建筑面积 3.2 万 m^2 的会议中心,投资限额为 1.2 亿元,设计采用框架结构,设计为展示建筑物的宏伟,采用整体钢结构屋盖系统并双面延伸与外墙相连,形成一个门式钢架造型,其外部以大量金属板和玻璃墙组合构成外围护墙体系,首层地面的 70% 选用上好的花岗岩石材饰面,室内其他装饰也选用了很多高档材料,初步计算设计预算超出计划投资 1200 万元。经分析,屋面网架面积 17024m^2,耗用钢材 612t,综合单价按 7200 元/t 计算占用投资 440.6 万元;金属屋面保温系统面积 18046m^2,综合单价按 240 元/m^2 计算,占用投资 433.10 万元;首层地面的 11916m^2 的花岗岩铺地,综合单价按 1120 元/m^2 计算,占用投资 1096 万元;外墙围护结构总面积 11266m^2,综合单价按 1120 元/m^2 计算,占用投资 1262 万元,仅以上 4 项合计 3231.7 万元,占 1.2 亿元总投资的 26.93%。以上这些是超出投资限额的主要因素,后做了如下设计修改:取消钢网架金属屋面系统,取而代之以钢筋混凝土屋面和会议厅顶部大跨度的壳体钢筋混凝土屋面,避免了钢结构的盐分腐蚀问题,降低综合单价 31.86%,节省投资 278.36 万元;首层花岗岩被局部花岗岩和大部分人造面砖替代,降低综合单价 58.69%,节省投资 643.24 万元;取消了外墙钢架造型系统,取而代之以砌筑外墙,局部干挂石和幕墙组合体系,降低综合单价 28.57%,节省投资 360.55 万元,改变后的设计节省投资 1282.15 万元。

不同的结构型式,所采用的材料种类和强度指标不尽相同,在同一种材料中强度指标的采用也不完全相同,这些都直接影响建筑的经济性,故在设计中,在选用合适的结构型式的基础上,还要合理选择材料种类和强度指标,做到物尽其用,充分发挥材料的特性。

11.2.3 建筑工业化

建筑工业化是指建筑业要从传统的以手工操作为主的小生产方式逐步向社会化大生产方式过渡,即以技术为先导,采用先进、适用的技术和装备,在建筑标准化的基础上,发展建筑构配件、制品和设备的生产,培育技术服务体系和市场的中介机构,使建筑业生产、经营活动逐步走上专业化、社会化道路。

建筑工业化的理论在 20 世纪 20~30 年代初步形成,并在一些国家推行建筑工业化的过程中取得了成效,其后,迅速传播到东欧、原苏联、美国和日本。我国建筑工业化在 20 世纪 50 年代开始推行试验,1956 年国务院就发布了《关于加强和发展建筑工业化的决定》,指出了我国实行建筑工业化的方针、政策。建筑工业化是我国建筑业的发展方向,近年来,随着建筑业体制改革的不断深化和建筑规模的持续扩大,建筑业发展较快,物质技术基础显著增强,但从整体看,劳动生产率提高幅度不大,质量问题较多,整体技术进步缓慢。为确保各类建筑最终产品特别是住宅建筑的质量和功能,优化产业结构,加快建设速度,改善劳动条件,大幅度提高劳动生产率,我国应大力提倡建筑工业化。

实现建筑工业化,首先应从设计开始,从结构入手,建立新型结构体系,包括钢结构体系、预制装配式结构体系,要让大部分的建筑构件,包括成品、半成品,实行工厂化作业。一是要建立新型结构体系,减少施工现场作业,其主要手段是多层建筑应由传统的砖混结构向预制框架结构发展,高层及小高层建筑应由框架结构向剪力墙或钢结构方向发展,施工上应从现场浇筑向预制构件、装配式方向发展,建筑构件、成品、半成品以后场化、工厂化生产制作为主。二是要加快施工新技术的研发力度,主要是在模板、支撑及脚手架施工方向有所创新,减少施工现场的湿作业,其主要手段是在清水混凝土施工、新型模板支撑和悬挑脚手架有所突破,在新型围护结构体系上,大力发展和应用新型墙体材料。三是要加快"四新"成果的推广应用力度,减少施工现场手工操作,在积极推广建设部十项新技术的基础上,加快这十项新技术的转化和提升力度,其中包括提高部件的装配化、施工的机械化能力。

实现建筑体系化,把建筑设计、施工工艺和生产方式考虑到建筑工业化中去,同时也要在研究建筑共同性的前提下,又要能满足在不同情况下所出现的特殊性要求,做到既有统一又有一定灵活性,可选性和应变性要强,所以在设计中应尽量做到以下几点。

(1)编制并采用标准设计或定型设计　对于大量性的多次重复建造的同类型房屋,为加快设计速度和方便编制差异不大的施工方案,可以编制出标准设计或定型设计供选用。如标准住宅,单层厂房等工业化程度较高的建筑物。

(2)部分定型化　有些建筑物不能作为定型设计,而其中重复出现的某一部分,比如建筑单元,可以采用部分定型的方法。在住宅平面空间的组合中,就可以采用定型单元的组合方法。

(3)建筑和结构的构造作法定型化、标准化　对于一些通用的建筑构造和结构构造作法,如建筑构造上的屋面防水做法,结构上的框架节点构造等,可以使之定型,采用标准化设计,编制一些通用性标准图集,供设计和施工时选用。

(4)建筑构配件统一化、标准化　经常使用的建筑构配件如梁、板等构配件,可以采用标准构配件,编制标准图集。产品可在工厂中生产,设计和施工时按其标准进行选用,但在编制标准构件时,应充分考虑到通用和互换的可能性。

11.2.4　建筑节能与生态建筑

1. 建筑节能

我国是一个发展中国家,人均资源和能源相对贫乏,但在城乡建设中,增长方式比较粗放,发展质量和效益不高;建筑的建造和使用中,资源和能源消耗高,利用效率低的问题比较突出;一些地方盲目扩大城市规模,规划布局不合理,乱占耕地的现象时有发生;重地上建设,轻地下建设的问题还不同程度的存在,资源、能源和环境问题已成为城镇发展的重要制约因素。建筑业作为资源和能源消耗的大户,理应充分认识到在发展经济和实现现代化目标过程中节约资源能源的重要性和紧迫性,增强危机感和责任感,应做好建筑节能、节地、节水、节材(以下简称"四节")工作,是落实科学发展观,调整经济结构、转变经济增长方式的重要内容,也是保证国家能源安全的重要途径和建设节约型社会及节约型城镇的重要举措。要进一步增强紧迫感和责任感,转变观念,切实改变城乡建设方式,切实从节约资源中求发展,从保护环境中求发展,从循环经济中求发展,促进城乡建设和国民经济的持续健康发展。

（1）建筑节能　要通过城镇供热体制改革与供热制冷方式改革，以公共建筑的节能降耗为重点，总体推进建筑节能。所有新建建筑必须严格执行建筑节能标准，加强实施监管；要着力推进既有建筑节能改造政策和试点示范，加快政府既有公共建筑的节能改造；要积极推广应用新型和可再生能源；要合理安排城市各项功能，促进城市居住、就业等合理布局，减少交通负荷，降低城市交通的能源消耗。

（2）建筑节地　在城镇化过程中，要通过合理布局，提高土地利用的集约和节约程度。重点是统筹城乡空间布局，实现城乡建设用地总量的合理发展、基本稳定、有效控制；加强村镇规划建设管理，制定各项配套措施和政策，鼓励、支持和引导农民相对集中建房，节约用地；城市集约节地的潜力应区分类别来考虑，工业建筑要适当提高容积率，公共建筑要适当提高建筑密度，居住建筑要在符合健康卫生和节能及采光标准的前提下合理确定建筑密度和容积率；要突出抓好各类开发区的集约和节约占用土地的规划工作；要深入开发利用城市地下空间，实现城市的集约用地；进一步减少粘土砖生产对耕地的占用和破坏。

（3）建筑节水　降低供水管网漏损率，要重点强化节水器具的推广应用，提高污水再生利用率，积极推进污水再生利用、雨水利用；着重抓好设计环节执行节水标准和节水措施，合理布局污水处理设施，为尽可能利用再生水创造条件。

（4）建筑节材　积极采用新型建筑体系，推广应用高性能、低材（能）耗、可再生循环利用的建筑材料，因地制宜，就地取材。要提高建筑品质，延长建筑物使用寿命，努力降低对建筑材料的消耗；要大力推广应用高强钢和高性能混凝土；要积极研究和开展建筑垃圾的回收和利用。

建筑节能的总体目标是到2020年，我国住宅和公共建筑建造和使用的能源资源消耗水平要接近或达到现阶段中等发达国家的水平。具体目标是到2010年，全国城镇新建建筑实现节能50%；既有建筑节能改造逐步开展，大城市完成应改造面积的25%，中等城市完成15%，小城市完成10%；城乡新增建设用地占用耕地的增长幅度要在现有基础上力争减少20%；建筑建造和使用过程的节水率在现有基础上提高20%以上；新建建筑对不可再生资源的总消耗比现在下降10%。到2020年，北方和沿海经济发达地区和特大城市新建建筑实现节能65%的目标，绝大部分既有建筑完成节能改造；城乡新增建设用地占用耕地的增长幅度要在2010年目标基础上再大幅度减少；争取建筑建造和使用过程的节水率比2010年再提高10%；新建建筑对不可再生资源的总消耗比2010年再下降20%。

2. 生态建筑

在20世纪60年代，诞生了"生态建筑"的新理念，它使人意识到，耗用自然资源较多的建筑产业必须走可持续发展道路。20世纪末，生态建筑理念被引入中国。

生态建筑也称为绿色建筑、可持续发展建筑。它体现在建筑的各个领域上：在建筑经济学领域，生态建筑的实施方略带来了社会效益、环保效益和经济效益，并降低了建筑项目的风险；在建筑规划领域，生态建筑首先强调辨别建筑场地的生态特征和开发定位及风水优劣，以便充分利用场地的生态资源和能源，减少不合理的建筑行为对环境的影响，使建筑与环境和人持续和谐相处；在建筑设计领域，生态建筑采用建筑集成设计方案，并且遵守生态环境设计准则，将生态建筑物作为一个完整的系统，综合考虑生态建筑的间距、朝向、形状、结构体系、围护结构等因素；在建筑施工领域，生态建筑的目标是减少对周边环境造成的负面影响。综上所述，生态建筑遵循可持续发展原则，以生态绿色为目标，以高新技术为主导，针对建筑全寿命的各个领域，通过科学的整体设计，全方位体现"生态绿色、节省资源、以人为本、保护环境、和谐发展"的观念，创造出高效低耗、健康舒适、适于生存、生态平衡的生态建筑环境。

11.2.5　长期经济效益的评价

建筑经济效益后评价是指对建成投产后的项目经济效益的再评价，它作为一种科学的方法制度，已经成为许多国家和国际机构在项目管理工作中不可缺少的环节。从确保前评价和可行性研究的客观公证性，减少和避免决策失误的角度出发，以系统论和反馈控制原理为基础，对建设项目经济后评价及其指标体系的建立进行了探讨，可以作为提高建设项目决策水平的理论参考。经济效益具有长期性，因此对建筑经济问题要有远见，有些建筑在设计阶段看来很经济，但它在使用后的维修费用较多，或使用寿命短；有的建筑为了经济因素仅考虑短期使用功能要求，但经过一个时期后则需要更新和改造，缺乏超前服务意识，这样反而影响建筑的经济性，实质上是一种浪费；有的建筑在设计时看来似乎不经济，但有一定的超前服务意识，长期经济效益是好的；有的建筑为了加快施工进度，虽然增加了造价，但可早日投产，可获得更大的经济效益。

使用年限过长，其使用期内的各项费用的总和往往比一次性投资大许多倍。据西德对几种典型住宅进行费用的调查（其使用年限为 80 年），在使用期间所花费用中的维修费用为一次性投资的 1.3～1.4 倍之多。在英国，有一栋设备较完善的医院，有关部门对其进行费用分析，从设计、施工、设备更新、维修养护、使用管理等费用，维修养护费为总造价的 1.5 倍，而使用管理费为总造价的 1.4 倍，在这座医院的全寿命期间的费用中，原总造价仅占 10%，所以对长期经济效益要进行正确评价。

11.2.6　建筑设计中几个经济问题的考虑

1. 建筑平面形状

建筑平面形状对建筑经济具有一定的影响，主要反映在用地经济性和墙体工程量两个方面。

一般来说建筑平面形状越简单，它的单位面积造价就越低。以相同的建筑面积为条件，依单位面积造价由低到高的顺序排列的建筑平面形状依次是正方形、矩形、L 形、工字形、复杂不规则形。仅以矩形平面形状建筑与相同面积的 L 形平面形状建筑比较，L 形建筑比矩形建筑的围护外墙增加了 6.06% 的工程数量，相应造成施工放线的费用增加了 40%；土方开挖的费用增加了 18%；散水费用增加了 4%；屋面费用增加了 2%；就整幢建筑而言，单位面积造价增加约 5% 左右。由此可见在建筑设计过程中以满足建筑功能为前提，充分注意建筑平面形状设计的简洁，会在降低工程造价方面起到相当显著的作用。

其次，建筑平面形状与占地面积也有很大的关系，主要反映在建筑面积的空缺率上。平面形状规整简单的建筑可以少占土地，其建筑面积空缺率就小；平面形状较复杂的建筑物则需要占用较多的土地，因此其建筑面积空缺率就大。建筑面积空缺率的计算公式如下：

$$建筑面积空缺率 = \frac{建筑平面的最大长度 \times 建筑平面的最大进深}{底层平面的建筑面积} - 1$$

因此，在建筑面积相同的情况下，应尽量降低空缺率，采用简单、方整的平面形状，以提高用地的经济性。

建筑物墙体工程量的大小与建筑平面形状也有关。建筑面积相同的建筑，如果平面形状不同，则墙体工程量也不同，从而使外墙装饰面积、外墙基础、外墙内保温等工程量也相应增大，就整幢建筑而言单位面积造价增加了许多。由此可见在满足建筑功能的前提下，充分注意建筑平面形状设计的简洁，尽量选用外墙周长系数小的设计方案，会有效降低工程造价。

2. 建筑的面宽、进深

面宽的概念可以从两方面来说，一方面，"面宽"是指可用于采光的外墙面的长度，也可以说是建筑的外轮廓，这个"面宽"可以称作"采光面宽"，建筑密度越低，"采光面宽"越大；另一方面，"面宽"是指房间的宽度，也就是开间，是和房间的"进深"相对应的。

建筑的面宽和进深对建筑单位面积的墙体工程量有很大影响，在设计时，我们需要尽量减少墙体工程量，减少结构面积，增加使用面积，因此，在满足使用功能要求、不过多影响楼（屋）盖的结构尺寸和满足通风采光的前提下，适当加大建筑的进深，可以减少墙体工程量，降低造价，产生良好的经济效益。

建筑物的面宽和进深与用地经济性也直接相关，如在居住建筑中用地指标与每户面宽成正比，平均每户面宽较小时则用地比较经济，所以建筑面积一定时，加大建筑物的进深，可以节约用地，表 11-1 可以看出建筑进深与用地的关系。

表 11-1 建筑进深与用地关系的比较

进深/m	平均每户用地/（m²/户）	相当于进深 9.84m 住宅用地（%）	与 9.84m 进深住宅用地比较（%）
8.0	42.15	115.9	多用地 15.9
9.84	36.36	100	0
11	33.70	92.7	节约用地 7.3
12	31.81	87.5	节约用地 12.5

3. 建筑的层高与层数

建筑的层高在满足建筑使用功能的前提下应尽可能降低，因为在相同建筑面积的条件下，受到层高变化影响的主要是外墙、内墙、墙体饰面等，由于层高的增加而引起的相关项目的变化有：整体建筑高度加大使其基础设计随荷载的加大而增加，外墙、内墙等垂直承重及分隔构件的增加，垂直构件的抹灰装饰量增加；采暖、卫生、空调、电气等垂直管道及管径的增加；因空间体积加大而造成的水、暖、电、空调设备容量的增加；墙体脚手架及水、暖、电、空调安装脚手架的增加；垂直构件的模板数量的增加等，从而造成了工程总造价的增加。根据不同性质的工程综合测算，建筑层高每增加 10cm，相应造成建筑造价增加 2% ~ 3% 左右，如某综合楼原设计层高为 3.3m，建筑面积 78620m²，设计概算为 38230 万元，批准投资为 37200 万元，资金缺口 1030 万元，重新组织设计后，将原层高由 3.3m 降为 3.2m，改变设计后的设计概算在原概算投资的基础上垂直构件及装修部分的造价降低了 770 万元，水、暖、电、空调安装等部分的造价降低了 280 万元，合计降低造价 1050 万元，使该建设项目的最终设计概算在批准的投资计划之内，从而得以实施。当然，不同的建设规模，不同的装修档次，不同使用功能的建筑其层高的降低与造价的降低比例是不尽相同的，但是合理降低层高必然可以降低建筑造价。

　　相同的建筑面积，建筑的层数越多则用地越省，层高越高则用地越不经济。层数的增多不仅可以节约用地，同时可以降低市政工程费用，但层数也不宜过多，否则会增加建筑的使用人群密度，其相应的结构型式和设备、交通面积以及公共服务设施也会发生变化，单位面积造价反而增加。表 11-2 所示为住宅层数与用地的关系，表 11-3 所示为住宅层高与用地的关系。

表 11-2　住宅层数与用地的关系

层　　数	平均每户用地/（m²/户）	相当五层住宅用地（%）	与五层住宅用地比较（%）
3	44.84	123	多用地 23
4	39.56	108.8	多用地 8.8
5	36.36	100	0
6	34.22	94.1	节约用地 5.9
7	32.71	90	节约用地 10
8	31.58	86.9	节约用地 13.1
9	30.69	84.4	节约用地 15.6
10	29.95	82.4	节约用地 17.6
11	29.39	80.8	节约用地 19.2
12	28.94	79.6	节约用地 20.4
13	28.49	78.4	节约用地 21.6
14	28.16	77.4	节约用地 22.6
15	27.88	76.7	节约用地 23.3
16	27.59	75.9	节约用地 24.1

表 11-3　住宅层高与用地的关系

层高/m	平均每户用地/（m²/户）	相当层高 2.8m 住宅用地（%）	与层高 2.8m 住宅用地比较（%）
2.7	35.46	92.3	节约用地 7.7
2.8	36.36	100	0
2.9	37.14	102.1	多用地 2.1
3.0	37.98	104.5	多用地 4.5

小　　结

　　1. 建筑技术经济的主要指标有：建筑面积、建筑物的单方造价、建筑物的主要材料单方消耗量、面积系数、体积系数、容积率、建筑密度、绿地率和其他技术经济指标。

　　2. 建筑设计应合理把握"适用、技术、美观"与经济的关系，在"适用"的前提下来考虑经济问题。将两者有机地结合起来，在满足使用和经济的前提下，优化结构型式及建筑材料的选用，并综合考虑建筑工业化、建筑节能与生态建筑、建筑的长期经济效益评价等因素，通过设计手法使建筑物产生良好的艺术效果。

复习思考题

1. 建筑技术经济的主要指标有哪些？
2. 简述建筑设计中适用、技术、美观与经济的关系。
3. 在建筑设计中涉及建筑经济的问题有哪些？

第 12 章 建 筑 节 能

学习目标

　　本章包括建筑节能概述、建筑设计中如何考虑节能、建筑节能方式与节能技术等内容。通过本章的学习，重点了解国家的节能政策、建筑节能方式和节能技术，掌握建筑设计时需要考虑的节能要点，牢固树立节能意识。

12.1　建筑节能概述

1. 节能概述

　　改革开放以来，我国推进经济增长方式的转变取得了积极进展，资源节约与综合利用取得了一定成效，但总体上看粗放型的经济增长方式尚未得到根本转变，与国际先进生产力水平国家相比，仍存在资源消耗高，浪费大，环境污染严重等问题。随着经济的快速增长和人口的不断增加，我国淡水、土地、能源、矿产等资源不足的矛盾更加突显，环境压力日益增大。在建设节约型社会的指导思想下"减排降耗"已是可持续发展的主导方向，需要我们坚持资源开发与节约并重，以节能、节水、节材、节地、资源综合利用为重点，大力加强资源的循环利用，促进经济社会可持续发展，创造尽可能大的经济社会效益。

2. 建筑节能

　　建筑节能是指在建筑的规划、设计、新建（改建、扩建）改造和使用过程中执行节能标准，采用节能的技术、工艺、设备、材料和产品，提高保温隔热性能和降低采暖供热、照明、热水供应的能耗。

3. 节能建筑

　　节能建筑是指在不同地区、不同时间阶段满足建筑能耗指标要求的建筑。我国一直倡导发展节能建筑，降低能源消耗，我国现阶段规定：2010 年全国新建建筑全部执行节能省地标准，同时，对既有建筑的节能、节水改造逐步开展，全国城镇建筑总能耗要基本实现节能50%，到 2020 年北方和沿海经济发达地区和超大城市要实现建筑节能 65%的目标，以及节地、节水、节材目标。

4. 绿色建筑

　　绿色建筑是指在建筑生命周期内，包括由建材生产到建筑规划设计、施工、使用、管理及拆除等过程中，消耗地球资源最少，使用能源最少及制造废弃物最少的建筑物。绿色建筑广义的理解应是在建筑的整个生命周期内，推行本地材料，它被看作一种资源，极大地减少能耗，甚至自身产生和利用可再生资源，建成"零能耗"（广泛利用太阳能、风能、地热能）和"零排放"建筑。绿色建筑为人类提供健康、适用和高效的使用空间，最终实现与自然共生，从被动地减少对自然干扰，到主动地创造和利用环境，减少资源需求。

12.2 建筑设计中如何考虑节能

1. 建筑节能的范围

建筑物是有使用年限的，建筑物的生命周期大体分为以下几个过程：①建材生产供应；②施工建造；③使用运行；④维修更新；⑤拆除；⑥废弃物处理。这中间的各个环节，都涉及到能源的消耗，从而与建筑节能有直接的关系。诸如：如何节省用材，缩短运输；如何采用先进节能的施工技术；如何减少使用过程中的能源消耗；如何及时维修更新，保持良好的品质性能，延长使用年限；如何选择有利于材料循环使用的拆除技术；如何妥善处理废弃物，尽可能综合利用，减轻污染等。

气候带可分为严寒地区、寒冷地区、夏热冬冷地区、夏热冬暖地区，建筑所处的气候带不同，节能设计的方式与措施也不同。建筑节能既有硬节能，又有软节能。软节能主要是通过管理行为的方式实现节能，如制定法规、标准、制度、政策等；硬节能则是通过技术和物质手段实现节能，这其中又分为直接节能与间接节能：直接节能包括采暖、空调、通风、照明、热水、炊事、家电、电梯等各个环节的节能，间接节能通过非能源方面的节约，达到节约能源的目的，如节水、节材、减少维修、延长装修使用周期、延长建筑使用年限、增强建筑的维护系统热工性能等。建筑节能是个系统工程，大系统的节能是依靠各个子系统的节能来实现的。与建筑节能有直接关联的系统包括：建筑围护系统（外墙、外窗、屋面），采暖、制冷与通风系统（热源、管网、散热设备、热交换回收装置、温度控制及热计量设备等），太阳能及其他可再生能源系统（太阳能光热、光电设施，风能，水源热泵、地源热泵等），绿色照明及家电系统（高效节能荧光灯，发光二极管照明，电子镇流器，符合能效标准的节能家用电器），检测与技术咨询服务系统。

2. 建筑的节能设计要点

建筑的规划设计是节能设计的决策阶段，应把握好以下节能几点：

1）必须严格执行国家强制性节能标准，不得违背有关规定，这是保证新建建筑不出现违背节能标准的关键一环。

2）规划要有节能意识，朝向、间距、型体、色彩等规划要素，都包含节能问题。规划如能为采集利用天然能源和自然采光通风创造有利条件，建筑单体设计就有了节能的基础，否则只能事倍功半。

3）建筑设计要统筹考虑经济、适用、美观问题，不能单纯刻意地追求造型的独特和立面的新奇，而忽视节能造成浪费。在立面处理、剖面形式、体形系数、窗墙比、窗地比、南北窗面积比、层高、进深设计要素的选择上，都要有节能意识和措施。

4）尽量采用低成本、先进成熟的成套技术，以集成的方式综合地加以运用，这是实现建筑节能的硬措施。

5）围护结构是关键，薄弱环节先加强。据统计，在居住建筑的能耗构成中，采暖空调占到 65%，公共建筑中则达 69%，可见，要把采暖空调作为建筑节能的重点，把围护结构作为节能技术的重点部位。建筑围护结构的热工性能根据气候特点或以保温为主，或以隔热为主，或兼而有之，还有的需要考虑遮阳。在建筑节能设计中，应统一考虑外墙、外窗、屋面节能技术，重点推行外墙外保温系统及高效节能门窗技术。而窗往往是节能的薄弱部位，就窗而言，要与框料、玻璃、开闭五金、遮阳等节能技术配套使用，选择经济合理的配件组合，才会收到理想的节能效果。

6）大力推广太阳能技术，广泛利用可再生能源。太阳能利用系统包括太阳能热水系统，太阳能供暖和制冷系统，太阳能光伏发电系统等。在建筑设计中考虑太阳能技术与建筑造型相结合是太阳能利用的必备条件。我国太阳能资源丰富，应用前景十分广阔，当前以供热水和供暖为主，结合光伏发电和地源热泵的开发，弥补其不稳定的欠缺，使之得到广泛的推广和应用。

12.3 建筑节能方式与节能技术

1. 建筑节能方式

建筑节能的重点是采暖空调的节能，因此建筑节能方式可分为两种：建筑物自身的节能和空调系统的节能。建筑物自身的节能主要是从建筑的规划设计、建筑的围护结构、遮阳等方面考虑，空调系统的节能是从减少冷热源能耗、输送系统的能耗及系统的运行管理等方面进行考虑的。

建筑物自身节能，要根据建筑功能要求和当地气候参数，在总体规划和单体设计中，科学合理地确定建筑朝向、平面形状、空间布局、外观体型、间距、层高、色彩等，选用性价比高的节能型建筑材料，增强建筑外围护的保温隔热等热工性能，对建筑周围环境进行绿化，全面应用节能技术措施，最大限度地减少建筑物能耗，获得理想的节能效果。

建筑的朝向和平面形状对节能影响很大，同样形状的建筑物，长宽比为 4:1 时，东西向比南北向的冷负荷约增加 70%。在建筑物内布置空调房间时，应尽量避免布置在东西朝向的房间及在顶层的房间。节能建筑其空间布局宜紧凑，要减少窗墙比，减少体形系数。体形系数是建筑物外墙面积与其所包围的体积之比值，体形系数越大，越不节能，每增大 0.01 能耗指标增加约 2.5%。增加绿化面积，能调节小气候，外墙的立体绿化、屋顶绿化能显著减少太阳辐射，并美化净化环境，有利于节能。加强建筑围护结构的热工性能，也是建筑节能有效的方式之一，据数据统计，围护结构的传热系数每增大 $1W/m^2 \cdot K$，空调系统的设计负荷将增加近 30%。

2. 建筑节能技术

建筑节能技术可分为建筑围护系统节能技术及设备节能技术。围护系统节能技术又可分为外墙、外窗及屋顶三个子系统，设备节能技术主要是指空调系统节能技术。

围护结构系统节能技术是建筑节能的重点，也是建筑节能设计的首要措施。

外墙节能技术主要指外墙保温隔热系统，通常有外墙外保温、外墙自保温及外墙内保温三种。外墙外保温能消除冷桥，对建筑围护结构起到保护作用，是一种科学合理的保温方式；外墙自保温技术是新型墙材技术发展的结果，能够与墙体材料的改革结合运用，是一种新的保温方式，但存在冷桥部位有待完善；外墙内保温系统也存在冷桥，对建筑结构不利，国家已开始限制使用。

屋顶节能技术目的是阻止太阳辐射热，包括采用高效的整体成型新型隔热材料屋面、架空屋面、种植屋面、蓄水屋面等。这其中，种植屋面不仅能降低顶层的温度，还可以改善环境，避免屋顶结构受温差而产生裂缝，已被广泛应用。

外门窗节能是建筑节能最薄弱的环节，其能耗占建筑总能耗的50%，其中传热损失占25%，冷风渗透占25%。外门窗节能技术主要是从窗框、玻璃的隔热性能和成品窗的气密性等方面突破。常用的窗框材料有塑钢、玻璃钢、断桥铝等，常用的节能玻璃有双层中空玻璃、热工镀膜玻璃等。外门窗的气密性随着建材工艺的进步，已有很大的发展，通过设计阶段选择性价比高的门窗系列是节能设计的关键。外遮阳技术也是外门窗节能技术的一部分，阻止阳光直接辐射到室内是高效节能的一种方式。

空调系统节能技术是通过选用合理的空调方式，采用能效比高的主机和控制灵活的末端设备来实现节能的。空调系统的节能，涉及到设计、施工到运行管理各个环节，是一个系统的设计过程。

小　　结

1. 建筑设计要把握的节能要点有：

1) 必须严格执行国家强制性节能标准，不得违背有关规定，这是保证新建建筑不出现违背节能标准的关键一环。

2) 规划要有节能意识，朝向、间距、型体、色彩等规划要素，都包含节能问题。

3) 建筑设计要统筹考虑经济、适用、美观问题，不能单纯刻意地追求造型的独特和立面的新奇，而忽视节能造成浪费。

4) 尽量采用低成本，先进成熟的成套技术，以集成的方式综合地加以运用，这是实现建筑节能的硬措施。

5) 围护结构是关键，薄弱环节先加强。

6) 大力推广太阳能技术，广泛利用可再生能源。

2. 建筑节能方式包括：

1) 建筑物自身的节能。

2) 空调系统的节能。

复习思考题

1. 建筑节能的定义是什么？
2. 在设计阶段如何策划好建筑节能？
3. 建筑节能的方式有哪几种？

第13章 建筑策划

学习目标

本章包括建筑策划的目的、建筑策划的内容、建筑策划的原理等内容。通过本章的学习应对建筑策划有一个基本的概念，了解建筑策划方法和建筑策划设计因素，熟悉建筑策划的内容和建筑策划的特点。

13.1 建筑策划的目的

由于建筑活动的特殊性使得建筑创作和理论在很长的一个历史时期内得不到新的发展，从思维方式、调查手段、数据分析方法等方面一直沿用传统的建筑创作模式，建筑理论与评价也分别停留在表层的感性描述和意识形态上。因此培养出来的建筑师把更多的精力放在建筑理论和流派以及创作建筑作品的方面上，从而忽略了建筑的大众性、完美性，甚至忘记了建筑的最初定义。

今天建筑学的意义已经超出了仅仅是盖房子的简单概念。20 世纪 60 年代以后，建筑学理论流派竞相出台，建筑理论新概念不断涌现，然而方法的研究和科学的评价却相对滞后，于是出现了纯粹"建筑理论家"和"建筑设计匠人"，使建筑师向两个方向分化。系统论、信息论、计算机等现代理论和技术的应用为现代建筑设计方法论提供了科学的准备，建筑策划的萌芽在此时出现了，它一方面强调建筑师创作思想的体现，强调建筑的社会性、文化性、地域性和精神性等主观感性的因素，另一方面又运用计算机、统计学、科学调查法等近代科技手段对感性的、经验的建筑创作思想进行整理、归纳和反馈修正，使建筑创作在理论与方法、经验和逻辑推理中进行。与国外的设计环境相比，目前国内建筑师及业主对建筑策划和成本测算的认识不足，这个领域的知识和力量相对薄弱，导致了做建筑设计项目时的混乱和浪费。由于我国建筑教育模式的特征和自身的局限，加上建筑创作中诸多因素的影响，使建筑创作理论、方法和建筑评论的研究和发展较西方发达国家滞后了很长一段时间。

目前国内的建筑创作仍处于一些偏差中，这些偏差主要表现为只片面地强调经验传统，忽略方法论的研究；只注重经验资料的借鉴，忽略建筑创作思想和方法的创新；只强调建筑的空间组合、比例、尺度等感性的因素而忽略了建筑与社会、环境、文化、使用以及技术中的科学性；过分的强调建筑的外表、体形的所谓作品的艺术性，而大大地忽略了建筑作为产品的技术性，使得建筑完全变成了刻意追求风格和标新立异的个人情感的载体。建筑师缺乏社会责任感和科学态度，此时的建筑师就是"建筑设计匠人"。

建筑策划的理论和方法正是为我们提供了这样一个环节，在这里建筑师可以对项目的各种内部和外部条件进行分析，对项目的社会、经济和环境的相关因素进行科学的研究，对建筑设计的条件进行定量的分析和逻辑的推理，从而使得建筑设计真正具有较高的社会效益，环境效益和经济效益。

13.2 建筑策划的内容

13.2.1 建筑策划的概念

策划是设计进行定义的阶段，建筑策划是建筑设计过程的第一阶段，是一门科学的建筑设计方法，包括总体规划目标确定后，根据定向研究得出的设计依据，建筑策划强调有依据，依据科学办法和市场研究数据。这种设计过程应该确定业主、用户、建筑师和社会的相关价值体系，阐明重要的设计目标，揭示有关设计的各种现状信息及所需的设备。建筑策划应走在建筑规划设计之前，它应是整个工程建设最重要的灵魂之一，它是回答"我们往哪去？"的目的指南。

建筑策划应提出建筑规划设计的具体任务标准，约束建筑设计如何去运作。大多数的投资商单纯从产品生产的角度出发，为获取最大的投资效益，总是要求建筑师提交最节省的建筑方案，而建筑师单纯从"作品设计"的角度出发，总是提出最大胆的建筑方案。因此建筑策划应该是在投资商与建筑师之间为满足项目"性价比"而进行的有效工作。

建筑策划就是为业主而策划，为用户而策划，为建筑而策划，为环境而策划。它超越了简单地解决功能问题和单一的艺术形式问题，深入掌握建筑的本质，从而使建筑与场地条件、气候、人文和时代完美地结合在一起，满足用户的需求并促进用户的潜在需求，充分表达出业主、建筑师和社会的目标。

13.2.2 我国建筑策划的发展历程

自建国以来，国内的建筑规划设计市场经历了四个不同的阶段，第一阶段是典型的计划经济模型，建筑策划以政府行政指令为主。第二阶段是20世纪80年代改革开放以来，这一阶段的策划模式由政府的行政指令转向为设计的纯技术指导，但根本谈不上建筑产品的地域性、市场性和前瞻性，住宅产品一刀切，住宅小区以超理性的、模板化的布局和形式出现。第三阶段是投资商指导规划，自20世纪90年代开始，此时建筑的产品特性被投资商强调得淋漓尽致，步入市场经济的广大建筑师始终处在被动的地位，设计师时常会陷入无休止的方案修改阶段，此时投资商充当了建筑策划的角色。第四阶段是专业策划指导阶段，随着经济的发展、市场的不断开放、国外设计及策划理念的强烈冲击，以及外来专业细分概念的碰撞，国内建筑规划设计市场逐渐在由"投资商指导规划"发展到由"策划者指导规划"的阶段，也就是以"市场需求来指导规划设计"、以社会效益、经济效益、环境效益来评价开发项目的阶段。

13.2.3 建筑策划的方法

建筑策划是在建筑领域内运用科学规范的策划行为。根据建筑开发项目的具体目标，以客观的市场调研和市场定位为基础、以独特的概念设计为核心，综合运用各种策划手段，按一定的程序对未来的建筑开发项目进行创造性的规划，并以具有可操作性建筑策划文本作为结果的活动。建筑策划的方法应包含以下因素：

1）应用市场营销和建筑学的原理。

2）需要经验和规范，但不能仅仅依赖经验和规范。

3）以实态调查为基础，用系统论、信息论的思维方式，通过计算机等现代化手段对目标进行研究。

13.2.4 建筑策划的考虑因素

1. 建筑环境因素

环境直接影响建筑或用户的生存，对建筑所处的环境因素的调研（包括场地、气候、资源、土壤、地质构造、交通、通信等），是定位建筑产品的必要条件。图 13-1 所示为在干旱气候环境中所形成的特有的建筑形式。

图 13-1　吐鲁番苏公塔

2. 人文因素

建筑是一种社会性艺术。在建筑和城市领域，关于人们的心理需求的信息不断增多，环境心理学家和社会学家一直积极研究人们如何感知环境，如何在其中进行活动、感知，因此设计师应该在他们的设计中进行考虑。同时，建筑应该能够容纳所需进行的活动及人数，类型不同的建筑有其不同的需求。功能是必须意识到的设计问题中的一个，它需要策划者和设计师进行特殊考虑，这不仅意味着要安排好最节省的空间来容纳这些活动，还应包括满足各个不同等级的活动要求、特定的活动尺度、设备需求及支持特定活动所需的材料。图 13-2 和图 13-3 所示为卢浮宫新馆，设计充分体现了建筑师对人文精神的发扬。

图 13-2   巴黎卢浮宫新馆夜景

历史上每个地区都有各自的发展历程，它们与这些特定地区的人文、环境、文化、技术、时间、经济、美学传统相关联，这种历史背景会建立起一种文化脉络，所有新的发展都应服从并包含在这个脉络中，建筑策划就应该从那些建立起这个建筑的文化脉络中加以阐述清楚。图 13-4 所示为北京香山饭店，其风格定位在中国传统建筑的文化范围。

3. 技术因素

科学技术的发展，一直在影响着建筑形式与空间的变化。一个有意识的策划，可以通过对传统的认知或者通过逻辑化的推论以及科学的分析来完成。这两种程序方法应该产生出相同的结果来。历史实践已经证明，传统的认知代表着经验，通过借鉴这些经验能解决相同的问题（图 13-5），而科学分析是对于问题的现象所进行的有组织的观察。

图 13-3   巴黎卢浮宫新馆日景

今天，建筑师以建筑项目的技术可实现性、价格和美学因素为基础，从大量的各种先进的建筑材料、建筑体系和建筑过程中进行选择。如图 13-6 所示为纽约 JFK 机场，新技术的应用带来了新的建筑形式。

4. 时间因素

一个建设项目的时间取决于许多因素，时间也同时以不同的方式对建筑产生影响，建筑策划的任务是必须确定随着时间的推移，建筑变化的区域和形式，这种变化可以被业主和用户所接纳。这些项目以生长和变化为特点，同时也会使建筑在长时间内保持生命力，使永久性成为一个非常有价值的因素。如图 13-7 所示为巴黎圣母院，其有着恒久的生命力，图 13-8 所示为上海新天地，表现了建筑生命的成长性。

图 13-4 北京香山饭店

图 13-5 古罗马引水渠

5. 市场经济因素

建筑策划是在当今市场经济状态下应运而生的，也是时代赋予建筑师的历史和社会责任。缺乏市场化意识的传统建筑设计程序逻辑性和经济性差，没有一定的市场科学性，因此建筑师无法按传统设计程序保证项目的环境效益、经济效益、社会效益的均好性，也不能保证设计出的产品符合实际市场需要。通常情况下，建筑师对造价不感兴趣，而往往建筑师与业主容易发生分歧的原因就是费用的问题，对于业主来说通常最关心的问题是最初的建设资金及建筑设计的费用，他们想尽可能的降低这些费用。因此必须在策划过程中了解业主在目前的市场和经济状况下所能接受的方案，避免由于模糊的设计目标任务导致做建筑项目时的混乱和浪费。

图 13-6 纽约 JFK 机场

6. 建筑形式及美学因素

建筑的"艺术性"常常成为建筑师的创作动力，他们总是偏爱建筑的形式、空间及相关的思想意义，有些高明的建筑师可以敏锐地洞察到业主及整个社会对建筑美学的理解，从而巧妙地将业主、用户和社会对美学的认识有机地结合起来，这也是建筑师策划意识的体现。图 13-9 所示为深圳万科第五园，中国民居式的造型集中体现了先辈们的生存智慧和审美兴趣，是我们民族文化的宝贵遗产，其宝贵在于文化的一脉相承。

图 13-7 巴黎圣母院

图 13-8　上海新天地

图 13-9　深圳万科第五园

13.3　建筑策划的原理

策划是一门复合性、交叉性、边缘性的学科，其本质是思维的科学，同时也是一门实践科学、应用科学，它来自于实践，因此就不可避免地打上了现实的烙印。策划本身又是一个系统过程，它所涉及的信息、社会、人类、经济环境等方面的问题，是传统建筑学的理论研究中所难以涉猎的，建筑策划通常包含为建筑服务的示意性设计和设计发展阶段收集到的相关信息。

13.3.1　建筑策划的领域

1. 宏观方面

建筑策划应当从人与环境的关系、精神因素及社会机能、景观与经济、生态与可持续发展、建筑空间与人类的生理及心理的关系中分离出关键的问题及矛盾点，从而确定可能会导致产生出完全不同的设计结果和方案的相关领域。

2. 微观方面

建筑策划涉及的是空间、功能、造型、美学的、传统的抑或是现代的领域，对建设目标的确定，找出建设目标的重要价值信息从而构想建设目标的方案，对方案的未来效果及效益的预想，同时产生出设计任务。所有这些问题并不是对任何一个建筑方案都具有相同的重要性，策划者应该找出，认真考虑并决定哪些价值应该成为某个方案或方案的某部分的核心内容。最终，设计师在设计中所反映出来的价值会使建筑成为真正的优秀作品，而没有经过这种思考及对问题的深入探讨而形成的设计作品则可能是平庸、劣质和失败的。

13.3.2 建筑策划的内容

1. 对建设目标及目的的确定

"如果你不知道你想去哪里的话，那么你就永远不知道你什么时候会到达；你对自己要去哪里知道的越多，你就越有可能到达目的地。"

建筑策划程序中的第一步就是对于项目的目标和目的进行确定。作为建筑策划者，尽可能多的了解关于建设目标和目的是极为重要的，因为它们指导着策划的程序和进程。这些对目标及目的的陈述，定义了工作的范围。所有的步骤都将在目标和目的所确定的领域里进行，每一个项目都拥有处理形式、功能、经济和时间的设计目标。

2. 对建设项目外部条件的确定

没有一个建设项目是不依赖于所处的外部环境的制约而生存的，对于每一个项目来说，不管它是什么类型的，都会有一个思路或想法生成的历史和背景。理解一个项目的政治、社会、经济和地理历史背景，对于搞清所收集信息的意义是非常重要的。对于建设项目外部条件的研究工作通常会产生出项目所在国家和地域的背景的相关信息，以及针对建设项目的场地背景信息等，例如人口及经济发展的信息，地理及气候方面的信息等。一个设计师必须对项目的背景有所了解，但是并不需要进行详细的历史资料调查，而作为一个建筑策划者，必须将所收集到的信息加以分类、综合，并以一种清晰、有序的方式展现出来，这将对后续的设计工作大有裨益。

3. 对建设项目内部条件的确定

建设项目的内部条件即是建设项目的设施目标，业主的目标和目的为建设项目的目标和目的设定了直接的内部条件。这些条件集中在项目设计的设施上，并且成为该建设项目的设计参数。为帮助确定建设项目的目标和目的，建筑策划可以从四个方面入手来解决：建设项目的形式、功能、经济和时间。

形式目标就是想要表达出的形象，对于环境应有的感觉，设施与现场以及周边环境之间的关系。它们可能会体现出项目的历史或者社会背景，也可能与自然背景联系起来。形式目标表现出了项目美学方面的观点。

功能目标和目的处理的是业主的组织目标的功能内含，它涉及到人的数量和类型以及他们之间的关系，所要容纳的主要活动等。

建筑项目的经济目标和目的涉及到资金的来源，项目启动的费用，操作费用和长期的费用等项目预算内容。确定项目预算的目的是在空间数量以及施工质量之间取得平衡，以便在策划过程中进行充分的讨论，并趋于确定。

建设项目的时间目标和目的所关心的问题是时间表。计划的迁移时间，随着时间的推移可能发生的变化，针对发展的长期策划日期的确定及费用的分析，建设项目随着时间的推移会发生许多预料不到的变化，但这种变化是可分析的。

4. 建设项目空间构想的表述

对建设项目的目标、目的及内外部条件的确定工作结束之时，策划需要的信息与前期研究时所需要的信息同样的多，一些特殊设施的设计尤为重要，这时的策划所涉及的内容更为丰富而复杂，因为提供的信息将包含影响形成三维形体的因素以及每栋建筑物所具有的独特特征，尤其是其内部的尺度和空间关系。此时策划的核心是为了"设计"而非"规划"，策划的目标是建立三维的建筑形式。此阶段有三种表达方式：

（1）示意性设计　示意性设计所进行的策划工作必须确定建筑物的基本形式和空间的组织方式，以及美学特色，并应提供有关人文和文化因素、环境因素、城市或乡村文脉、生长和变化、特殊材料或需求、经济条件等方面的信息。

（2）设计深化　设计深化的策划工作要求设计师应该意识到所需的每个空间中的材料饰面、照明等级、光照控制、电力设备、空调以及设备、家具等问题。设计深化的策划工作也包含了与公共标准不同或超出一般公认标准的需求信息，使建筑师在进行建筑项目设计前对它的特点和重点有准确的把握。在某种意义上设计深化是对建设项目组成的各个特定空间的小型策划。

（3）设计任务书　设计任务书所需要的是细节性策划工作，包括制定完善设计任务书所需要的明确的建筑材料、设备家具等一些细部信息，这些信息会使建筑物的细节设计出现与众不同之处，但应该与总体概念保持一致，以使得整个建设项目保持同样的形式和空间意象，共同向社区传达所期望的形象。

5. 建筑项目实现手段的确定

（1）经济可行性　经济可行性研究包括对市场条件、可获得的资金、场地条件和建造费等方面结合起来进行评价，同时希望得到较好的经济回报。所有这些方面的信息都是定位于对未来建筑项目的实现而不可或缺的因素。

（2）场地适宜性　通过场地适宜性的研究，可以确定建设用地中是否可以容纳所期望的土地使用性质，场地适宜性研究仅需要显示出场地尺度是否足够大并是否具有适宜的建造条件，最终结果只需得到一维或二维的图表，而不是三维的建筑方案。

（3）总平面规划　与场地适宜性研究相比，总平面的设计工作就是为该场地的开发准备一份总平面规划方案。它主要规划出开发的不同阶段和项目有序的增长模式，因此总平面规划所需的主要数据与项目的开发、延续和随时间的变化所发生的变化有关，它的重点就是对于建设项目的未来的实现可能性或应该发生的事件做出预测。例如场地土质，排水条件、允许建造的类型和尺度，红线退让、建筑限高等限定因素的制约，建设项目得以实现的手段的确定。

（4）技术因素　针对建设项目的特点和特征，能否运用现有技术手段加以解决，包括对建设项目内部因素的构成，都将成为建筑项目实现过程中必须具备和确定的方法。例如古罗马的拱券技术解决了石材为主要建材的有限大跨度问题；网架、钢架结构解决了体育馆要求室内大跨度空间的问题；高速电梯实现了高层、超高层建筑的垂直交通的可行性和便捷性。科学技术的发展是建筑项目实现的重要手段，随着技术的进步，建设项目实现手段的日益丰富，也必将给策划师带来更大的发挥想象的空间。

13. 3. 3　建筑策划的特点

1. 建筑策划的产品特性

无论是何种类型的建筑都应具备其所载负的功能，不论是否以销售为目的，它都是提供给人们以满足其不同的物质和精神需求，因此追求建设项目的产品特性是建筑策划和建筑设计的起点。

2. 建筑策划的系统性

建筑策划是包含诸多因素及学科的一门综合性的系统思维过程。它要根据项目建议书及设计基础资料，提出项目构成及总体构想，其中包括：项目构成、人口关系、文脉因素、空间关系、使用方式、环境保护、结构造型、设备系统、建筑规模、经济分析、工程投资、建设周期以及预期的建设效果等，为进一步的深入设计提供依据。

3. 建筑策划的个性及创新性

建筑策划在知识经济时代属于"智力"产业，优秀的建筑策划应该表现出新概念、新主题、新方法、新手段，只有不断地创新才能使建设项目充满活力和个性，才能够为社会和业主创造出超值的社会效益、环境效益和经济效益。

4. 建筑策划的前瞻性和可操作性

建筑策划的理念、手段应表现为超前性、预见性。要预见到未来城市发展，市场变化以及科技创新对建设项目的推进作用。在实际的操作当中，我们常常被要求建筑产品要"一百年不落后"，当然这是一个绝对的概念，但它从另一个方面反映出人们对建设项目前瞻性的期望，同时任何建设项目的超前意识受制于可操作性的制约。市场条件、技术条件及相应客观条件难以达到，往往会使建筑策划成为"纸上谈兵"的一纸空文。

5. 建筑项目策划的风险性

风险无处不在，风险无时不有。随着经济的发展、建设规模的不断扩大、建筑需求的多样化、建筑功能的综合化、影响因素的复杂化、技术难度增大、分工细化和综合集成化、激烈的市场竞争等不确定因素的客观存在，在建筑策划中不可避免地存在种种风险。这主要包括：技术风险、自然条件风险、社会风险、经济风险、政策法规风险、经济管理风险等。

因策划结论的不同，同样的项目所体现出的设计思想、空间内容可以呈现出完全不同的概念，有时建设项目完成后，建筑的空间精神甚至可以引发区域内建筑、环境中人们的使用方式、价值观念、经济模式的改变。这也就是通常所说的"环境可以造就人"。

此外，我们需要在策划中引入风险概念，使建筑策划者树立风险意识，提高建筑策划的科学性，使建筑设计能够最充分地实现总体设计目标，保证在总体完成后具有较高的社会、经济、环境效益。

小　　结

1. 建筑策划是建筑设计过程的第一阶段，是一门科学的建筑设计方法。建筑策划应该是在投资商与建筑师之间为满足项目"性价比"而进行的有效工作。

2. 建筑策划的方法包含以下因素：

1）应用市场营销和建筑学的原理。

2）需要经验和规范，但不能仅仅依赖经验和规范。

3）以实态调查为基础，用系统论、信息论的思维方式，通过计算机等现代化手段对目标进行研究。

3. 建筑策划设计因素包括：建筑环境因素、文化因素、技术因素、时间因素、市场经济因素和建筑形式及美学因素。

4. 建筑策划的内容包括：对建设目标及目的的确定、对建设项目外部条件的确定、对建设项目内部条件的确定、建设项目空间构想的表述、建筑项目实现手段的确定。

5. 建筑策划的特点是：建筑策划的产品特性、建筑策划的系统性、建筑策划的个性及创新性、建筑策划的前瞻性和可操作性、建筑项目策划的风险性。

复习思考题

1. 通过学习建筑策划，如何重新认识建筑设计，建筑产品及建筑作品？
2. 建筑策划的要素有哪些？
3. 从网上或参考书中找出 3～5 个实际项目策划案例，阅读并理解。

参考文献

[1] 楼庆西. 中国古建筑二十讲 [M]. 北京：生活·读书·新知三联书店，2001.

[2] 陈志华. 外国古建筑二十讲 [M]. 北京：生活·读书·新知三联书店，2002.

[3] 罗小未. 外国近现代建筑史 [M]. 北京：中国建筑工业出版社，2004.

[4] 钱正坤. 世界建筑史话 [M]. 北京：国际文化出版公司，2000.

[5] 李必瑜. 房屋建筑学 [M]. 武汉：武汉工业大学出版社，2000.

[6] 吴焕加. 20 世纪西方建筑史 [M]. 郑州：河南科学技术出版社，1998.

[7] 邢双军. 房屋建筑学 [M]. 北京：机械工业出版社，2006.

[8] 裴刚，沈粤. 房屋建筑学 [M]. 广州：华南理工大学出版社，2002.

[9] 金虹. 房屋建筑学 [M]. 北京：科学出版社，2003.

[10] 武六元，杜高潮. 房屋建筑学 [M]. 北京：中国建筑工业出版社，2003.

[11] 舒秋华. 房屋建筑学 [M]. 武汉：武汉理工大学出版社，2002.

[12] 王学军，袁雪峰. 房屋建筑学 [M]. 2 版. 北京：科学出版社，2003.

[13] 杨金铎，房志勇. 房屋建筑构造 [M]. 北京：中国建材工业出版社，2003.

[14] 小林克弘. 建筑构成手法 [M]. 陈志华，王小盾，译. 北京：中国建筑工业出版社，2004.

[15] 史春珊. 现代形式构图原理——造型形式美基础 [M]. 哈尔滨：黑龙江科学技术出版社，1985.

[16] 史春珊，孙清军. 建筑造型与装饰艺术 [M]. 沈阳：辽宁科学技术出版社，1988.

[17] 戴俭. 建筑形式构成方法解析 [M]. 天津：天津大学出版社，2002.

[18] 爱德华·T. 怀特·建筑语汇 [M]. 林敏哲，林明毅，译. 大连：大连理工大学出版社，2001.

[19] 刘永德. 建筑空间的形态·结构·涵义·组合 [M]. 天津：天津科学技术出版社，1998.

[20] 辛华泉. 空间构成 [M]. 哈尔滨：黑龙江美术出版社，1992.

[21] 吕道馨. 建筑美学 [M]. 重庆：重庆大学出版社，2001.

[22] 刘先觉. 现代建筑理论 [M]. 北京：中国建筑工业出版社，1999.

[23] 亚历山大. 建筑的永恒之道 [M]. 赵冰，译. 北京：知识产权出版社，2002.

[24] 亚历山大. 建筑模式语言 [M]. 周序鸿、王昕度，译. 北京：知识产权出版社，2002.

[25] 保罗·拉索. 图解思考 [M]. 邱贤丰，译. 北京：中国建筑工业出版社，2002.

[26] 尹青. 建筑设计构思与创意 [M]. 天津：天津大学出版社，2002.

[27] 姚宏韬. 场地设计 [M]. 沈阳：辽宁科学技术出版社，2000.

[28] 芦原义信. 外部空间设计 [M]. 尹培桐，译. 北京：中国建筑工业出版社，1985.

[29] 北京注册建筑师管理委员会. 一级注册建筑师考试辅导教材——设计前期场地与建筑设计 [M].
北京：中国建筑工业出版社，2004.

[30] 建筑设计资料集编委会. 建筑设计资料集 [M]. 2 版. 北京：中国建筑工业出版社，1994.

[31] 东南大学，等. 房屋建筑学 [M]. 北京：中国建筑工业出版社，1985.

[32] 任乃鑫. 新编一级注册建筑师资格考试模拟作图题 [M]. 大连：大连理工大学出版社，2005.

[33] 建设部执业资格注册中心. 注册建筑师考试手册 [M]. 济南：山东科技出版社，1999.

[34] 同济大学，西安建筑科技大学，东南大学，等. 房屋建筑学 [M]. 4 版. 北京：中国建筑工业出版
社，2005.

[35] 李必瑜. 建筑构造（上、下）[M]. 北京：中国建筑工业出版社，2002.

[36] 李风，冷御寒. 民用建筑防火设计 [M]. 武汉：武汉大学出版社，1999.

[37] 李振霞，魏广龙. 房屋建筑学概论 [M]. 北京：中国建筑工业出版社，2005.

［38］ 张文忠．公共建筑设计原理［M］．2 版．北京：中国建筑工业出版社，2001.

［39］ 彭一刚．建筑空间组合论［M］．2 版．北京：中国建筑工业出版社，1998.

［40］ 刘芳，苗阳．建筑空间设计［M］．上海：同济大学出版社，2001.

［41］ 沈福煦．建筑设计手法［M］．上海：同济大学出版社，1999.

［42］ 潘谷西．中国建筑史［M］．5 版．北京：中国建筑工业出版社，2004.

［43］ 陈志华．外国建筑史（19 世纪末叶以前）［M］．北京：中国建筑工业出版社，2005.

［44］ 黄健敏．贝聿铭的艺术世界［M］．北京：中国计划出版社，贝斯出版有限公司，1996.

［45］ 李大夏．路易·康［M］．北京：中国建筑工业出版社，1999.

［46］ 朱昌廉．住宅建筑设计原理［M］．2 版．北京：中国建筑工业出版社，2005.

［47］ 鲁一平，朱向军，周刃荒．建筑设计［M］．北京：中国建筑工业出版社，1992.

［48］ 张建华．建筑设计基础［M］．北京：中国电力出版社，2004.